Ernst Peter Fischer

Das Schöne und das Biest

Ernst Peter Fischer

Das Schöne und das Biest

Ästhetische Momente in der Wissenschaft

Mit 71 Abbildungen, davon 8 in Farbe

Piper
München Zürich

ISBN 3-492-03943-X

Gesetzt aus der Aldus Antiqua
Satz: Verlagsservice G. Pfeifer / EDV-Fotosatz Huber, Germering
Druck und Bindung: Clausen & Bosse, Leck
Printed in Germany

Für Martin Rabe und die anderen,
die Holzen möglich machen

Inhalt

Am Anfang ein Märchen: **Die Schöne und das Biest**

»Das letzte Produkt der sich immer steigernden Natur ist der schöne Mensch.«

Johann Wolfgang von Goethe

»*Das* Schöne und das Biest?«, so wird sich vielleicht der eine oder die andere fragen, weil er oder sie sich bei der seltsamen Verbindung in der Überschrift dieses Buches doch eher an einen anderen Artikel – an das weibliche »die« nämlich – erinnern. Heißt es nicht »*Die* Schöne und das Biest«? Heißt nicht so ein Musical oder ein Film oder was auch immer? Und sind dabei mit dem Paar nicht ein schönes Mädchen und ein Untier gemeint? Was sollen die beiden mit der Wissenschaft zu tun haben, die im Untertitel erwähnt wird? Geht es nun in diesem Buch um Wissenschaft oder nicht, und wenn es um dieses ungeheuerliche Unternehmen geht, wieso kann dabei von *dem Schönen* die Rede sein? Hat nicht sogar der große deutsche Denker Martin Heidegger ein für allemal festgestellt, »Schönes gibt es überhaupt nicht in den Wissenschaften«? Was soll denn auch an der Wissenschaft, ihrem Fachjargon und ihren technischen Ausgeburten schön sein? Und wann sollten bei deren Entwicklung ästhetische Momente eine Rolle gespielt haben? Geht es bei den Forschern und ihren Forschungen nicht allein um die in meßbaren Quantitäten überprüfbare Richtigkeit und ihre Anwendung in Form von praktischer Nützlichkeit?

Natürlich handelt dieses Buch vor allem von der Wissenschaft. Es geht in unseren abendländischen Breiten immer um Wissenschaft, selbst wenn viele Menschen meinen, ohne sie auskommen oder sich gar von ihr fernhalten oder vor ihr verstecken zu können. Ohne Wissenschaft könnten die Menschen in den westlichen Gesellschaften gar nicht mehr leben, und sie brauchen dieses Abenteuer des Geistes über die Befriedigung körperlicher Bedürfnisse hinaus auch zur seelischen Erbauung, selbst wenn dies nicht immer so ohne weiteres spürbar ist. Die wissenschaftliche Forschung und die von ihr hervorgebrachten Qualitäten betreffen die Menschen innen wie außen. Allein aus diesem Grund sollte das Publikum – die Öffentlichkeit – es der Wissenschaft geradezu zur Pflicht machen, schön zu sein bzw. ihre Schönheit und das damit verbundene sinnliche Vergnügen deutlich zu demonstrieren.

Daß sich die Wissenschaft in dieser Hinsicht zur heutigen Zeit nicht in Hochform befindet, kann man nicht ihr allein anlasten. Sie gibt sich nach wie vor alle Mühe, es den Menschen recht (und ihnen das Leben leichter) zu machen, wie sie es seit vielen hundert Jahren versucht – und sie versteht nicht, wieso das Publikum meint, ihr sei dabei die Schönheit abhanden gekommen, die sie jahrhundertelang ebenfalls ausgezeichnet hat, und zwar nicht nur durch die Art ihrer öffentlichen Präsentation.

Heute scheint es vielen Menschen so, daß die Wissenschaft selbst dann ein häßliches Gesicht trägt, wenn sie elegant und bunt illustriert daherkommt. An dieser Stelle offenbart sich ein eklatanter Mangel der Moderne: Noch in den Zeiten der Aufklärung – also vor gut 200 Jahren – hat zum Beispiel das englische Universalgenie Erasmus Darwin das gesamte Wissen seiner Zeit in Versform ausgebreitet (»The Temple of Nature«), und der deutsche Biologe Ernst Haeckel hat vor rund 100 Jahren seiner Begeisterung für die Entdeckungen der Naturforschung in den berühmten »Kunstformen der Natur« Ausdruck verliehen (Abb. V).

Die schönen Künste und die Wissenschaft – sie gehörten einmal eng zusammen, und die Zuneigung, die Menschen

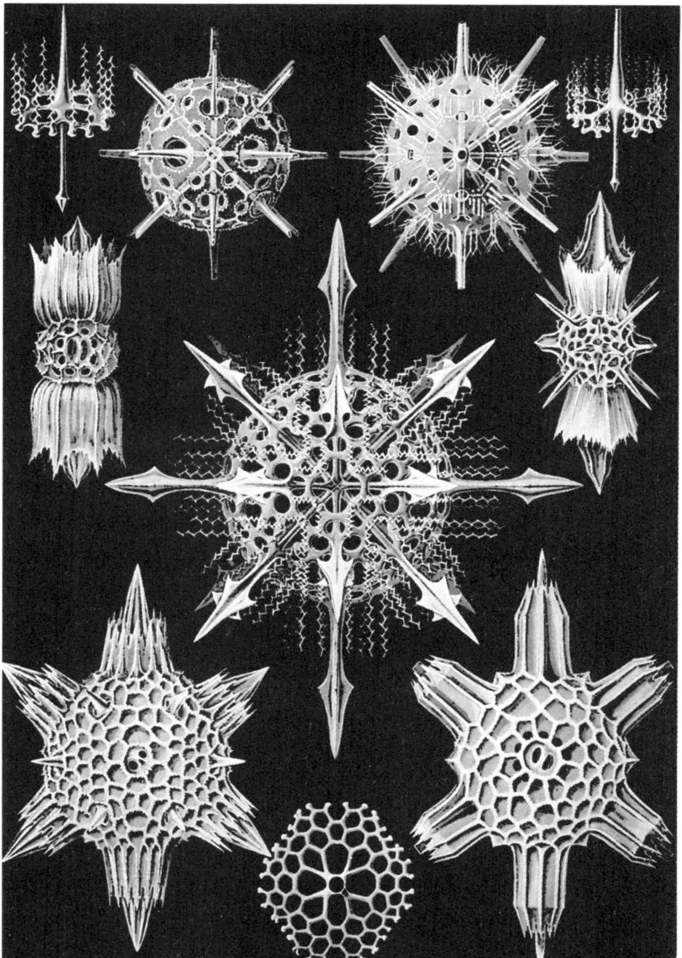

Abb. V Eine Tafel aus den »Kunstformen der Natur« von Ernst Haeckel, die deutlich macht, welche Freude an der Schönheit die Naturforschung erzeugen kann. Gezeigt werden verschiedene Arten von Radiolarien, die durch ihre Symmetrie bestechen – eine Eigenschaft, die in einem besonderen Kapitel des vorliegenden Buches analysiert und bewertet wird.

traditionell für ästhetisch gelungene Hervorbringungen empfinden, richtete sich dabei auch auf die Forschungsarbeiten, selbst wenn sie ursprünglich mehr auf etwas zielten, das nützlich sein sollte. Diese Zuwendung des Publikums fehlt der Wissenschaft inzwischen, und solch ein Defizit kann meiner Ansicht nach auf Dauer nur Schwierigkeiten und Schäden hervorbringen. Deutlich machen läßt sich dieser wesentliche Zusammenhang mit Hilfe des Märchens, das davon erzählt, wie »Die Schöne und das Biest« miteinander zu tun bekommen. Nach ein paar Vorgaben soll hiervon im Detail berichtet werden.

Ein paar Vorgaben

Unabhängig davon, ob sich nun die oder das Schöne mit dem Biest zusammentut: Wer in der Schule einen guten Deutschlehrer hatte, wird schon früh davor gewarnt worden sein, Überschriften zu bilden, in denen zwei große Begriffe durch eine einzige schlichte Konjunktion verbunden werden, zum Beispiel »Goethe und das 20. Jahrhundert« oder »Festkörperphysik und Molekularbiologie«. Der Grund für diese Warnung liegt darin, daß ein Autor zumeist weder von dem einen noch von dem anderen Gebiet genug Kenntnisse besitzt, um die Verknüpfung ohne Angst vor einer Blamage riskieren zu können. Das gilt für den hier zu verhandelnden Fall natürlich auch, und ich räume gern ein, daß ich wohl kaum »die Wissenschaft« in ihrer ganzen Weite umfassen und noch weniger »das Schöne« in seinen erstaunlichen Tiefen ausloten kann. Meine Rechtfertigung für die Konjunktion »und« besteht einzig in der Beobachtung, daß unsere Zeit offenbar so blind gegenüber den ästhetischen Elementen des Abenteuers Wissenschaft geworden ist, daß selbst auf das wenige hinzuweisen lohnt, was ich als Einäugiger zu sehen vermag.

Wenn es zu Gesprächen über das Thema dieses Buches kommt, dauert es nicht lange, bis jemand verzweifelt darum bittet, die zentralen Begriffe – vor allem den der Schönheit – genauer zu definieren. Solange es nämlich keine klaren Antworten auf die Fragen »Was verstehst Du unter Wissenschaft?« und »Was ist für Dich schön?« gibt, könne man sich nicht weiter unterhalten, wie zunächst unter allgemeinem Kopfnicken ergänzt wird. Dabei ist genau das Gegenteil der Fall, wie dann aber bald bemerkt wird. Denn sobald jemand tatsächlich versucht, sich in dieser Hinsicht genauer festzulegen, stockt entweder der allgemeine Redefluß oder es beginnt ein unsinniger Streit um Details einer Definition, und von dem eigentlichen Thema und seiner inneren Spannung – der Verbindung zwischen dem Schönen und der Wissenschaft – ist bald keine Rede mehr.

Es läßt sich weder leicht formulieren, was »das Biest« ausmacht, noch läßt sich klar sagen, was »das Schöne« ist, wobei mich diese negativen Feststellungen natürlich nicht aus der Pflicht entlassen, wenigstens anzudeuten, welche Ansicht ich denn vertrete bzw. auf welche Zielrichtung hin ich meine Inhalte vortragen möchte. Am einfachsten läßt sich vielleicht angeben, daß unter Wissenschaft das gemeint ist, was von ernsthaften Zeitschriften in den dafür vorgesehenen Rubriken publiziert und von interessierten Lesern unter dieser Bezeichnung akzeptiert wird. Und von Schönheit soll dann geredet werden dürfen, wenn das Geschmacksurteil »schön« für alle Menschen ohne besondere geistige Klimmzüge erreichbar ist, wobei sich die Bewertung sowohl auf natürliche Gegebenheiten als auch auf künstliche Hervorbringungen beziehen darf (mehr dazu in Kapitel 2).

Mit diesen Vorgaben kann das Buch beginnen, in dessen Verlauf natürlich andere Versuche von Festlegungen unternommen und vorgestellt werden, und zwar mehr für die Schönheit als für die Wissenschaft. Ich möchte betonen, daß diese begriffliche Arbeit nicht im Zentrum stehen wird. Es kommt mir eher auf die menschliche Tätigkeit an, die noch vor den Begriffen sich um das Begreifen bemüht. Gemeint ist die Fähigkeit der Wahrnehmung, wobei dieser Begriff auf griechisch *aisthesis* heißt.

Damit ist ein entscheidender Zusammenhang hergestellt. Denn der Begriff der Ästhetik, dessen heutige Verwendung nur wenig mit wissenschaftlicher Erkenntnis zu tun hat, leitet sich offenbar von einem Wortstamm ab, der das Gegenteil bezeichnen wollte. Mit dem hier aufgezeigten Bezug zur Wahrnehmung wird erkennbar, welches die ästhetischen Momente in der Forschung sein könnten, über die ich im folgenden berichten will.

»La belle et la bête«

Die fünf Worte »Das Schöne und das Biest« variieren – wenn man es genau nimmt – den Titel eines berühmten Filmes von Jean Cocteau aus den Jahren 1945/46, der »La belle et la bête« heißt und in dem Jean Marais die Hauptrolle spielt. In deutschen Kinos heißt der Streifen »Es war einmal – Die Schöne und das Tier«, und in der englischen Übersetzung wird das Werk unter der Kombination »Beauty and the Beast« präsentiert. Die Musical-Produzenten von heute haben daraus »The Beauty and the Beast« gemacht, und auf diese Weise hat man inzwischen das Tier bzw. Untier vergessen und sich auf »Die Schöne und das Biest« festgelegt.

Da Cocteau zum einen seinem Werk ein Kunstmärchen zugrunde gelegt hat – es stammt von Jean Marie Leprince de Beaumont –, und da sich der Film zum zweiten nicht sehr eng an den erzählten Stoff hält, muß derjenige, der nach dem eigentlichen Grund für die anhaltende Hingebung sucht, mit der das Publikum der Geschichte von der Schönen lauscht, seine Aufmerksamkeit an den genannten Werken vorbei lenken. Er muß den ursprünglichen Mythos ins Auge fassen, der davon berichtet, welche Verbindung »Das schöne Mädchen und das Tier« eingehen. In dieser Mythe nun geht es um einen Vater, der vier Töchter hat, von denen ihm die jüngste die liebste ist, wie sich jeder denken kann. (Eine Mutter taucht in der Darstellung nicht auf, was einen Psychologen zu gewissen Deutungen verlocken könnte. Das soll hier aber nur am Rande erwähnt werden. Mir liegt nur daran, auf die Zahl Vier hinzuweisen. Sie wird noch eine Rolle in diesem Buch spielen.)

Als der Vater seinen Töchtern einen besonderen Wunsch erfüllen möchte, erbitten sich die drei älteren das übliche, nämlich kostspielige Geschenke, während die vierte an einer weißen Rose Interesse zeigt. Dies klingt zwar einfach, erweist sich aber als vertrackt, denn um sie zu bekommen, muß der Vater in den verzauberten Garten eindringen, der vor dem Schloß eines wilden Tieres liegt.

Es kommt, wie es kommen muß, das heißt, der Vater wird bei dem Diebstahl erwischt. Er rechnet nun mit dem Schlimmsten, doch zur allgemeinen Überraschung erweist sich das Biest als großzügig. Der Vater darf zuerst noch einmal nach Hause zurückkehren, wobei leider nicht erwähnt wird, ob er dies mit der weißen Rose tun darf oder ohne sie auskommen muß. Er wird allerdings verpflichtet, nach drei Monaten zurückzukommen, um seine (zu diesem Zeitpunkt noch ungenannte und daher auch unbekannte) Strafe entgegenzunehmen.

Die vierte Tochter überredet jedoch ihren Vater, ihr zu erlauben, an seiner Stelle zu dem Tier gehen zu dürfen, was auch passiert. Das Biest erweist sich dabei erneut als großzügig. Es akzeptiert nicht nur den Personenwechsel, sondern verhängt auch keinerlei Strafe. Es tut eher das Gegenteil und bietet dem Mädchen ein Zimmer auf seinem Schloß an, in dem sich offenbar angenehm leben läßt. Der Schönen geht es gut, sie nimmt die Welt und die Dinge so hin, wie sie sind, und regt sich auch nicht weiter auf, als das Tier eines Tages nachfragt, ob man nicht irgendwann in der Zukunft einmal heiraten könnte.

Aufgeregt wird das Mädchen erst kurz nach diesem Antrag, als es plötzlich in einem Spiegel das Antlitz ihres Vaters erblickt und dabei erkennen muß, daß er krank ist. Sie bittet das Tier, für eine Woche nach Hause gehen zu dürfen, um ihn zu pflegen. Das Biest stimmt zu, allerdings nicht ohne seine besondere Liebe zu dem Mädchen zu beteuern und zu betonen, daß es sterben würde, wenn sie nicht binnen sieben Tagen auf das Schloß zurückkehrte.

Nach der Heimkehr vergißt die Schöne jedoch zunächst mehr oder weniger ihr Versprechen, bis sie eines Tages träumt, daß das Tier vor Verzweiflung im Sterben liegt. In diesem Augenblick kehrt sie auf das Schloß zurück, um dem Biest zu helfen. Dabei vergißt sie nicht nur völlig seine Häßlichkeit, die Schöne spürt auf einmal auch, daß das Tier wirklich nicht mehr ohne sie leben kann. Unter diesen Umständen verspricht sie ihm, seine Frau zu werden, wenn es nur nicht sterben würde.

Als sie sich dazu entschieden hat, wird es hell (in dem Mythos und in Cocteaus Film). Musik ertönt, und das Biest wird in einen Prinzen verwandelt – in einen schönen natürlich. Er erzählt von einer Hexe, die ihn in ferner Vergangenheit verzaubert hat. Die Macht über seine Gestalt als wildes Tier konnte nur durch ein schönes Mädchen gebrochen werden, das den Unglücklichen selbstlos lieben würde, und das heißt, allein seiner Güte – und nicht seiner Güter – wegen.

Und die Moral von der Geschicht' ...

Damit endet der Mythos. Natürlich wimmelt es in der Literatur von psychologischen, psychoanalytischen und anderen Deutungen dieses Mythos, und es soll um Gottes Willen nicht der Versuch gemacht werden, diesen sicher vielfach geistreich durchsetzten Haufen noch zu erweitern. Aber da nun schon einmal die Wissenschaft mit dem wilden Tier, dem »Biest«, verbunden worden ist, darf überlegt werden, wohin diese Parallele führt, wenn sie nicht nur aus sprachlich-klanglichen Gründen geschieht, sondern eher wörtlich genommen wird.

Ich konzentriere mich dabei auf den letzten Satz der Erzählung, der so ausgelegt werden könnte: Alles wird gut, wenn es Menschen gibt, die das Biest – also die Wissenschaft – nicht nur ihres Nutzens willen, sondern ihrer Qualität wegen achten und lieben. (So steht es jedenfalls in dem erzählten Märchen, wenn man den Begriff der »Güte« auch in dieser Weise verstehen darf.) Auch die Wissenschaft verkümmert und ist sogar vom Tode bedroht, wenn sich niemand um ihre intellektuellen und seelischen Bedürfnisse kümmert, wenn man vielmehr ausschließlich auf die häßliche (technische) Außenseite achtet, wenn man bestenfalls versucht, einige ihrer Hervorbringungen ohne Eigenleistung zu stehlen, wenn man sich nicht einmal danach erkundigt, wie sie das Werk, auf das man es abgesehen hat, überhaupt zustande bringen konnte, und welche Anstrengungen dazu nötig waren.

Die Wissenschaft – das Biest aus dem Märchen – wirkt zwar nach außen hin furchterregend und bösartig. In Wahrheit erweist sie sich aber an jeder entscheidenden Stelle als großzügig, und sie vertraut denjenigen, die sich mit ihrer Hilfe ein Heim gebaut haben und sie deshalb nicht mehr als unheimlich empfinden sollten. Es lohnt sich demnach, so bietet es der Mythos unserem modernen Blick dar, sich um die Wissenschaft zu kümmern, auch wenn sie manchmal wie ein Untier oder ein Ungeheuer wirkt. Wissenschaft verdient unsere Zuwendung, und zwar schon allein ihres Vorhandenseins wegen.

Warum dies meines Erachtens tatsächlich so ist, soll in diesem Buch vorgestellt und erläutert werden. Es gilt das zu verstehen, was der Wiener Ingenieur und Sozialreformer Josef Popper, der als Schriftsteller unter dem Namen »Lynkeus« bekannt geworden ist, zu Beginn des 20. Jahrhunderts geschrieben hat.[1] Popper, der sich als Wissenschaftler mit Kraftübertragungen befaßt hat, versuchte bereits 1901 deutlich zu machen, daß man die »technischen Fortschritte [auf jeden Fall auch] nach ihrer ästhetischen und kulturellen

[1] Josef Popper (1838-1921) ist weder verwandt noch verschwägert mit dem berühmten Sir Karl Popper (1902-1994), der als Philosoph in der Wissenschaft später noch seinen Auftritt haben wird.

Bedeutung« zu bewerten habe, und er tat dies mit den folgenden Worten:

»Man sagt: Die Fortschritte in den Wissenschaften überhaupt, und auch speziell jene der Naturwissenschaft, seien eine Forderung der Vernunft, jene der Technik eine Forderung unseres Nutzens und unserer Bequemlichkeit; aber ich habe die Ueberzeugung gewonnen, daß das nur einen Theil der Sache erschöpft, ich behaupte nämlich: Beide, sowohl die wissenschaftliche als die technische Thätigkeit, dienen auch zur Befriedigung unserer Empfindung, genau in jener Art, in der das seit jeher die Kunst zu bewirken imstande war.«

1 *Ästhetische Wissenschaft* Schöne Ideen und elegante Experimente

»Die höchste Schönheit der menschlichen Natur besteht in dem Glanz der Wissenschaft.«
Thomas von Aquin

Am Anfang der modernen Wissenschaft steht etwas, das post-moderne Zeitgenossen glatt unwissenschaftlich nennen und verwerfen: Als Nikolaus Kopernikus im 16. Jahrhundert die Erde aus der Mitte des Weltalls nahm, um sich dort die Sonne vorstellen zu können, da vollzog er diesen heute als revolutionär empfundenen Schritt nicht, weil es eine entscheidende Beobachtung gab, die zugleich gegen die alte (geozentrische) und für die neue (heliozentrische) Sicht der Dinge am Himmel sprach. Kopernikus handelte überhaupt nicht aus naturwissenschaftlichen Gründen, sondern aus Motiven, die sich durch das Beiwort »ästhetisch« charakterisieren lassen. In seinem Hauptwerk von 1543, in dem es um die »Umwälzungen der himmlischen Kugelschalen« geht (»De revolutionibus orbium coelestium«), schwärmte er nämlich von der Idee, daß die Sonne »ihren Sitz in der Mitte hat«, und er fragte seine Leser verzückt,

»Denn wer möchte sie in diesem herrlichen Tempel als Leuchte an einen anderen Ort stellen als dorthin, von wo sie auch das Ganze zugleich beleuchten kann?«

Natürlich zeigte sich auch Kopernikus – ebenso wie kurz vor ihm der berühmte Martin Luther und andere Männer, die den Himmel aus unterschiedlichen Gründen im Visier hatten – unzufrieden über viele ungenaue Vorhersagen der zeitgenössischen Astronomie. Daran hat seine heliozentrische Konstruktion der Welt jedoch nicht viel ändern können – allen hartnäckigen und bis heute anderslautenden Gerüchten zum Trotz. Und auf die Messungen bzw. Beobachtungen, mit denen die Einwände gegen eine Umlaufbahn der Erde um die zentrale Position der Sonne verworfen werden konnten, die es also nahelegten, das neue Modell des Kopernikus dem älteren des Ptolemäus mit der ruhenden Erde im Mittelpunkt des Kosmos vorzuziehen, auf diesen experimentellen Beweis mußte die Gemeinde der Wissenschaftler noch sehr lange warten, nämlich bis in die Mitte des 19. Jahrhunderts, und zwar vor allem wegen quantitativer bzw. technischer Gründe (siehe Abb. 1-1).

Doch das Fehlen einer experimentellen Untermauerung hat weder bei der Entwicklung der Kosmologie noch bei der

Abb. 1-1 Wenn das heliozentrische Weltbild die Verhältnisse am Himmel korrekt (und nicht nur schön) wiedergibt, muß sich die Erde um die Sonne drehen. Dann muß sie zum Beispiel im Winter eine andere Position haben als im Sommer, und dann muß man zu diesen Zeiten einen (beliebigen) Fixstern unter verschiedenen Perspektiven sehen und einen Winkel – die Parallaxe – dazwischen messen können. Wenn dieser Winkel nicht beobachtbar ist, dann kann man nicht behaupten, daß sich die Erde um die Sonne bewegt. So dachte man zum Beispiel in der Antike, und dieses Argument vertrieb damals den frühen Gedanken an ein heliozentrisches Universum, der von Aristarch geäußert worden war. Aristarch hatte auch aus einem eher ästhetischen Moment heraus argumentiert: Er hatte sich davon überzeugt, daß die Sonne wesentlich größer ist als die Erde, und aus diesem Grunde erschien es ihm angemessen, sie ins Zentrum zu stellen. Nur: Man konnte den Winkel nicht ermitteln und kam nicht auf die Idee, die Entfernung des Fixsterns könnte so groß sein, daß die Parallaxe zu klein ist, um ohne Hilfsmittel gemessen werden zu können (sie ist kleiner als eine Bogensekunde). Immerhin geht es bei der Entfernung um Millionen von Lichtjahren, während die Erdbahn mit Lichtminuten auskommt. Die benötigte Technik dafür stand erst im 19. Jahrhundert zur Verfügung: 1838/39 gelang es, die Parallaxe an dem Stern 61 Cygni zu messen und damit die Bewegung der Erde nachzuweisen. Daß sich die Erde bewegt, hatte man allerdings schon längst vorher akzeptiert bzw. gewußt. Die Frage lautet nur, wodurch war diese Gewißheit entstanden?

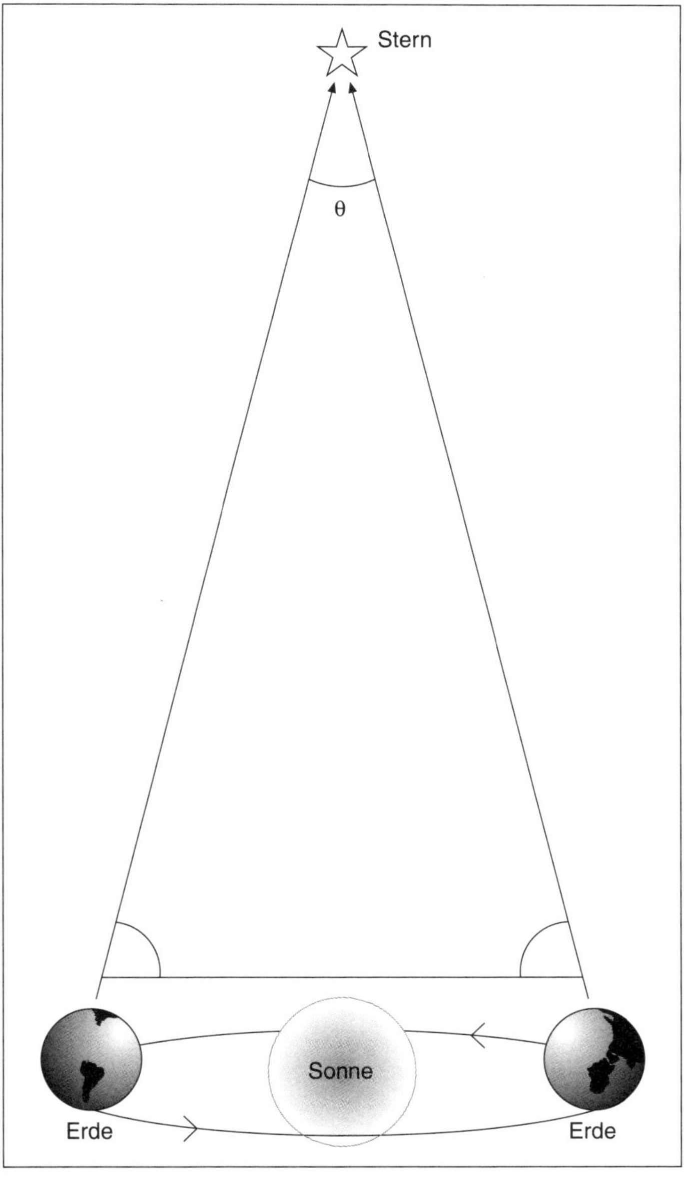
Stern
θ
Erde
Sonne
Erde

Entfaltung unseres Bildes vom Universum gestört. Auf präzise Nachweise kam es den Menschen nicht an, und alle technischen Mängel und Ungenauigkeiten lassen nur um so heller das eigentliche Motiv hervortreten, nämlich das damals wie heute umfassend verbreitete und allgemein menschliche Bedürfnis, im Kosmos Schönheit vorzufinden. Kopernikus drückt das auch ihn beherrschende Verlangen so aus:

»Wir finden daher in dieser Anordnung [mit der Sonne in der Mitte des Kosmos] die wunderbare Symmetrie der Welt und den festen harmonischen Zusammenhang zwischen Bewegung und Größe der Kugelschalen, wie sie auf keine andere Weise gefunden werden kann.«

Lieber schön als richtig

Dieses ästhetische Element des heliozentrischen Weltbildes muß den Menschen allgemein aufgefallen sein und eingeleuchtet haben, denn sonst ist nicht zu verstehen, warum das System des Kopernikus im Laufe der Zeit ohne jeden experimentellen Beweis akzeptiert und von jedermann als unverrückbar zutreffend angesehen wurde. Das ästhetische Element des heliozentrischen Weltbildes muß den Menschen bis heute gefallen und einleuchten, weil sie es nach wie vor als Gewißheit behandeln, obwohl es bekanntlich längst als unzutreffend erkannt worden ist.

Wie sehr »falsch« das kopernikanische Weltbild ist, zeigen die Befunde der Astronomie von Tag zu Tag deutlicher. Bekanntlich befindet sich nämlich die Sonne weder in der kosmischen Mitte, noch verharrt sie in der Ruhe, die Kopernikus ihr zubilligte. Richtig ist nur, daß sich die Erde noch viel mehr bewegt und – wie viele andere Planeten auch – die Sonne umrundet. Das ganze Sonnensystem – und mit ihm die Erde und die Menschen – vollführt eine komplizierte Fluchtbewegung, und zwar als winziger Teil einer Galaxie namens Milchstraße, die eher am Rande des Universums zu finden ist, das die Wissenschaft mit ihren modernen Apparaten über- und einsehen kann. (Daß einige der heutigen Intellektuellen, die Schwierigkeiten mit dem traditionellen Gottesbild haben, diese Randlage vielleicht eher als angemessen und damit möglicherweise sogar als schön empfinden, soll nur nebenbei bemerkt werden. Beklagt über die extreme Nähe zum Rand haben sich jedenfalls noch nicht sehr viele Zeitgenossen – sie scheint den Menschen zu gefallen.)

Aber so seltsam es klingt: Als die apparative Entwicklung der Physik endlich so weit war, daß sie die Drehung der Erde um die Sonne nachweisen konnte – und zwar gegen Mitte des 19. Jahrhunderts durch die Messung einer sogenannten Fixsternparallaxe –, da hat sich niemand mehr dafür interessiert bzw. darüber aufgeregt (Abb. 1-1). Das heißt, natürlich waren einige Physiker von den technischen und mathematischen Details begeistert, die dann ihre Kollegen Friedrich Wilhelm Bessel und Joseph von Fraunhofer klären mußten, um die schöne neue Ordnung am Himmel wissenschaftlich zu bestätigen. Aber nötig war die Messung nicht, um irgend jemanden von einer heliozentrischen Welt zu überzeugen. Das kopernikanische Modell hatte sich ohne technische Hilfe in den Köpfen durchgesetzt, und zwar einfach deshalb – so darf vermutet werden –, weil es symmetrisch und harmonisch wirkte. Mit anderen Worten: Die Menschen haben sich für das neue Weltbild entschieden, weil sie es *schön* fanden. Sie haben ihre Wahl nach der Schönheit, nach ästhetischen Kriterien getroffen und nicht mehr als sie im Sinn gehabt.

Dreifaltigkeit

Hilfestellung auf diesem Weg zur Akzeptanz hatte unter anderem Johannes Kepler geleistet, der als einer der ersten Astronomen schon früh im 17. Jahrhundert (kurz vor der Zeit des Dreißigjährigen Krieges) davon überzeugt war, daß die Sonne in der Mitte der Welt ruht. Aber wie bei Kopernikus wird auch

Keplers feste Einstellung weniger durch wissenschaftliche und mehr durch ästhetisch zu nennende Gründe und Hintergründe verständlich. Die Sonne verkörpert für ihn das »Prinzip aller Schönheit der Welt«, und deshalb gehört sie in das Zentrum. Kepler hält darüber hinaus das heliozentrische Weltbild vor allem aus seinen religiösen Bedürfnissen heraus für wahr. Für ihn bezeugt keine andere Vorstellung der Welt deutlicher die christliche Dreifaltigkeit (Trinität) als der Vorschlag des Kopernikus mit der Sonne im Zentrum, von wo aus sie die Erde mit Licht und Leben versorgt und auf einer ewigen Umlaufbahn hält. Im heliozentrischen System sieht Kepler das großartige »Abbild des drei-einen Gottes«, und das ist es, wonach er, der jede Wissenschaft als einen Dienst an Gott – als Gottesdienst – ansieht, wirklich und mit all seinen Kräften sucht.

Nun wird es moderne, aufgeklärte Zeitgenossen geben, denen eine derart aufdringliche Bildlichkeit nicht unmittelbar einleuchtet. Heute kann man sich Wissenschaftler wie Kepler nur von Begriffen erhellt vorstellen. Doch der Weg dorthin ist weiter, als man meint. Die abstrakten Konzepte stehen nicht am Anfang der modernen Wissenschaft, an dem Kepler tätig ist. Und von seinen Erfahrungen und Berichten läßt sich lernen, daß auch das wissenschaftliche Erkennen nicht allein außen (durch Beobachtungen) beginnt, sondern auch von innen her (durch dort angesiedelte Vorstellungen und Bilder) vorbereitet werden muß.

Für Kepler ist die heliozentrische Ordnung des Kosmos offenbar vor allem deshalb wahr (und zugleich schön), weil sie mit seinen inneren Ideen zusammenpaßt, weil die Bilder, die das äußerlich Wahrgenommene in ihm entstehen läßt, mit den Bildern übereinstimmen, die – so seine Worte – »von intellektuellen und innen vorhandenen Gegebenheiten hervorgelockt werden«. Erkennen findet für Kepler statt, wenn diese Bilder »in der Seele aufleuchten«, wie er es in einer Schrift aus dem Jahre 1604 ausdrückt. Solch ein Erleben kann ich mir nur als eine Berührung mit der Schönheit vorstellen .

Was Kepler aus eigener Erfahrung sagt, wird den philosophisch bewanderten Leser sofort an einen zentralen Gedanken von Platon erinnern, für den Erkennen ebenfalls mit einem Zur-Deckung-Kommen von äußeren Eindrücken und inneren Bildern zu tun hatte. Platon sprach in diesem Zusammenhang von *Ideen*, wobei es ihm wichtig war, daß die Ideen im Gegensatz zu den flüchtigen und veränderlichen Erscheinungen eine unwandelbare Festigkeit besaßen.

Die moderne Wissenschaft versucht zwar, derartige Postulate abzuschütteln. Ansonsten weist sie aber längst in eine vergleichbare Richtung, vor allem dann, wenn Erkenntnistheorie von Psychologen betrieben wird. Offenbar beginnt das menschliche Verstehen lange vor dem Stadium, in dem die rational formulierten Sätze auftauchen, mit denen man sich schließlich verständigt. Und am einfachsten ist es, sich frühe Bilder vorzustellen, die im menschlichen Inneren entstehen. In einem sehr skizzenhaften Modell läßt sich vorstellen, daß zunächst unbewußte Prozesse in Gang kommen müssen, die natürlich ohne klar erfaßte Begriffe operieren und uns statt dessen etwas anderes anbieten, was man sich als eine Bildersammlung vorstellen kann. Diese Imaginationen – die frühen Bilder – können von der Tätigkeit der Seele erfaßt und unter diesen Umständen auch mit den Bildern verglichen werden, die durch die Wahrnehmung von außen vermittelt worden sind.

Die Rolle der Bilder

An dieser Stelle soll zur Klarheit eine Anmerkung gemacht werden, die mit der hier benutzten Sprache zu tun hat. Im Deutschen ist es sehr schwierig, zu erklären, was ein »Bild« ist bzw. was mit »Bild« gemeint ist. Auf jeden Fall soll unter »Bild« etwas anderes verstanden werden als das, was eine Photographie zeigt oder was auf einem Fernsehschirm zu sehen ist. Im Englischen gibt es dafür das Wort *picture*, das von dem *image* zu unterscheiden ist, für das manch ein Lexikon unter anderem ebenfalls die Übersetzung »Bild« (oder auch »Bildnis«) angibt.

Was im Inneren einer Person entsteht, ist natürlich kein *picture*, sondern so etwas wie ein *image*, also ein Bild, das mit der Imagination, der Einbildungskraft, zu tun hat und deshalb eher ein Gemälde als eine Photographie ist. Ein gemaltes Bild entsteht aus seinen Einzelteilen immer neu, und was ein Mensch aus den Wahrnehmungen macht, die von außen kommend über die Sinne gelingen, wird zuletzt natürlich ebenfalls solch ein *image*. Damit treffen zwei vergleichbare Größen zusammen, die sich ein Naturwissenschaftler in allerersten Näherung als komplexe Aktivität von Nervenzellen vorstellen kann. In seinem Jargon kann er sich sogar ausmalen, daß es beim Zusammenbringen (Vergleichen) der beiden Bild-Muster zu einer Art Resonanz kommen kann, was dann die seelische Regung zur Folge haben kann, die Kepler und andere große Forscher als »Aufleuchten« kennen und beschrieben haben (und die normal Sterbliche erleben, wenn ihnen plötzlich etwas »einleuchtet«). Wenn für dieses innere Leuchten ein Beispiel aus dem 20. Jahrhundert gefordert wird, darf auf den Physiker Richard Feynman verwiesen werden, der ein sehr bildhaftes Verfahren – die sogenannten Feynman-Diagramme – ersonnen hat, um die Wechselwirkung zwischen den elementaren Bestandteilen der Materie anschaulich verstehen zu können. Als er eines Tages das Diagramm vor Augen hatte, in dem die Umwandlung von Elektronen, Protonen und Neutrinos richtig erfaßt war, da »leuchtete das verdammte Ding«, wie Feynman es selbst ausgedrückt hat.

Ich schlage vor, solche Geschichten ernst zu nehmen und ihnen in einer Erkenntnistheorie der Wissenschaft gebührend Platz zu geben. Feynman schwärmt keineswegs kitschig herum, wenn er den Begriff »leuchten« verwendet. Ihm wurde auf diese Weise signalisiert, daß die Natur tatsächlich so funktioniert und daß er sie in diesem Augenblick (!) – wortwörtlich – durchschaut hat.

Der romantische Dichter Novalis hat die Seele des Menschen bekanntlich dort geortet, wo Innen und Außen zusammentreffen. So gesehen, »leuchtet« es sofort ein, daß Feynmans Erkenntnisse auch seine Gefühle betreffen, und dieser Zusammenhang ließe sich für jeden Forscher zeigen. Es läßt sich sogar darüber spekulieren, daß es Einsichten gibt, die erst durch Gefühle überhaupt möglich werden. Eine solche innere Bewegtheit kann auf einer frühen Stufe vermutlich am besten erfassen, ob die verfügbaren Bilder zusammenpassen oder nicht. Gemeint ist die kognitive Stufe, auf der die *images* etwas zeigen, das zwar geahnt, aber (noch) nicht benannt werden kann. Noch bleibt ohne Begriff, was in der Mitte der Seele zu sehen ist, so daß die Psychologen an dieser Stelle von symbolischen Bildern sprechen. Sie suchen damit verständlich zu machen, wie auf der Stufe, wo das Erkennen beginnt, ästhetische Momente ins Spiel kommen.

Archetypen

Die seltsamen »Gegebenheiten«, von denen bei Kepler oben die Rede war und von denen die inneren Bilder stammen, muß man sich (vielleicht) als Grundbestandteile der menschlichen Erfassung von Wirklichkeit vorstellen, mit deren Hilfe das Denken aufbricht. Die moderne Psychologie spricht in diesem Zusammenhang manchmal von Archetypen, und es ist am einfachsten, sich dieses Vorgegebene als tragfähige Brücke zwischen den Sinneswahrnehmungen (von außen) und den Ideen (von innen) vorzustellen.

Kepler verwendet den schwierigen Begriff des Archetypus ebenfalls, und zwar in Zusammenhang mit dem Konzept, das uns hier vor allem interessiert, dem Konzept der Schönheit nämlich. Für Kepler, den erfahrenen Naturforscher, dem die Wissenschaft so viele Erkenntnisse verdankt, lassen sich die Archetypen, mit denen bildhaft unser Denken beginnt, durch die geometrischen Gebilde veranschaulichen, die als Kreise, Linien und Winkel bekannt sind. Er schreibt:

»Die Spuren der Geometrie sind in der Welt ausgedrückt, wie wenn die Geometrie gleichsam der Archetypus des Kosmos wäre.«

Die Welt empfindet Kepler nun deshalb als schön, weil sie mit geometrischen Mitteln erfaßt werden kann, wie es im Falle des heliozentrischen Systems gelingt. Oder allgemein bzw. universell von Kepler ausgedrückt: »Die Geometrie ist der Archetyp für die Schönheit der Welt«, was im Latein des Originals »Geometria est archetypus pulchritudinis mundi« heißt.

So schön dieser Satz klingt und so nützlich es ist, ihn auswendig zu lernen: An dieser Stelle muß der Hinweis folgen, daß es für Menschen unseres Jahrhunderts wahrscheinlich nicht mehr möglich ist, korrekt nachzuvollziehen, was Kepler meinte, als er von Archetypen sprach. Zu seiner Zeit bestand noch nicht die strikte Trennung zwischen den materiellen und den geistigen Bereichen, die von René Descartes eingeführt worden ist und die das westliche Denken beherrscht. Seit Descartes muß man sich entscheiden, ob etwas zur *res cogitans* gehört oder eine *res extensa* ist – mein als PC bekanntes Werkzeug ist Materie, meine Gedanken (während ich auf dem PC schreibe) sind es nicht; es gibt in der Sprache keine Möglichkeit, sich neutral zu äußern. Ich vermag nur über Dinge zu reden, die entweder zu der einen oder zu der anderen Sphäre gehören, und es besteht Grund zu dem Verdacht, daß die Archetypen sich dieser Einteilung verweigern. Für Kepler spielte dies, wie gesagt, keine Rolle. Allen derzeitigen Versuchen einer genaueren Bestimmung der Archetypen legt diese Dichotomie aber so hohe Hindernisse in den Weg, daß es geraten scheint, an dieser Stelle besser umzukehren und einfachere Fragen in Augenschein zu nehmen.

Harmonie und Symmetrie

Keplers Hauptwerk heißt »Harmonices mundi«. Es beschreibt also »die Harmonie der Welt«, wie jeder leicht übersetzen kann, ohne dabei ernst zu machen mit der eigentlich doch nicht zu übersehenden Tatsache, daß das Ziel der in ihm beschriebenen naturwissenschaftlichen Tätigkeit ästhetisch ist. Kepler erkundete die Welt, weil ihre Schönheit ihn dazu antrieb. Er hatte das Gefühl, bei seinen Forschungen auf Schönheit zu treffen, und damit steht er nicht allein. Der Wunsch der Wissenschaftler, das Schöne zu finden, läßt sich vielmehr durch die Jahrhunderte nach Kepler bis in die Moderne verfolgen, wie auf den nächsten Seiten an einigen Beispielen vorgestellt werden soll.

Es geht im Falle von großer Wissenschaft stets sowohl um Harmonie – wie bei Kepler – als auch um Symmetrie – wie bei Kopernikus –, und der berühmteste Kopf des zu Ende gehenden 20. Jahrhunderts, Albert Einstein, machte beides mit dem ersten Satz seiner berühmten Veröffentlichung klar, die im Jahre 1905 das präsentierte, was heute Relativitätstheorie heißt. Einstein stellte diese Theorie überhaupt nur auf, weil ihn eine Asymmetrie – eine fehlende Symmetrie – störte, die in einem der Grundpfeiler der Physik zu stecken schien, wenn ihn jemand mit Bewegung versehen wollte. Gemeint sind damit die – in mathematischer Form gehaltenen – Beschreibungen von elektrischen und magnetischen Feldern, die vor allem zeigen, wie deren gegenseitige Abhängigkeit und Beeinflussung aussieht und zustande kommt. All dies konnte im 19. Jahrhundert in einem Formelpaket zusammengefaßt werden, das unter Physikern als die Maxwell-Gleichungen (Abb. 1-2) bekannt ist. Zunächst verdienen diese unsere Aufmerksamkeit, weshalb sich Einsteins Asymmetrie noch eine Seite lang gedulden muß.

Benannt sind diese berühmten Formeln nach dem schottischen Physiker James Clerk Maxwell, der mit ihren Symbolen den Einsichten über die Wechselwirkung zwischen Elektrizität und Magnetismus, die sein britischer Kollege Michael Faraday auf eine mehr intuitive Weise gewonnen hatte, eine mathematisch-ästhetische Form geben konnte. Faradays Suchen nach dem Zusammenwirken von elektrischen und magnetischen Kräften bzw. Erscheinungen war dabei eben-

Die Schreibweise, die in heutigen Physik-Lehrbüchern für Anfänger üblich ist:	$\nabla \cdot E = 4\pi\rho$	(1)
	$\nabla \cdot B = 0$	(2)
	$\nabla \times E + \frac{1}{c}\dot{B} = 0$	(3)
	$\nabla \times B - \frac{1}{c}\dot{E} = \frac{4\pi}{c} j$	(4)
Die weniger stark komprimierte Schreibweise, die Maxwell zu Beginn seiner Forschungen verwendete:	$\frac{\partial Ex}{\partial x} + \frac{\partial Ey}{\partial y} + \frac{\partial Ez}{\partial z} = 4\pi\rho$	(1)
	$\frac{\partial Bx}{\partial x} + \frac{\partial By}{\partial y} + \frac{\partial Bz}{\partial z} = 0$	(2)
	$\frac{\partial Ey}{\partial x} - \frac{\partial Ex}{\partial y} + \frac{1}{c}\dot{B}_z = 0$; $\frac{\partial Ez}{\partial y} - \frac{\partial Ey}{\partial z} + \frac{1}{c}\dot{B}_x = 0$; $\frac{\partial Ex}{\partial z} - \frac{\partial Ez}{\partial x} + \frac{1}{c}\dot{B}_y = 0$	(3)
	$\frac{\partial By}{\partial x} - \frac{\partial Bx}{\partial y} - \frac{1}{c}\dot{E}_z = \frac{4\pi}{c} j_z$; $\frac{\partial Bz}{\partial y} - \frac{\partial By}{\partial z} - \frac{1}{c}\dot{E}_x = \frac{4\pi}{c} j_x$; $\frac{\partial Bx}{\partial z} - \frac{\partial Bz}{\partial x} - \frac{1}{c}\dot{E}_y = \frac{4\pi}{c} j_y$	(4)
Die stärker komprimierte relativistische Schreibweise:	$\partial_\nu F^{\mu\nu} = \frac{4\pi}{c} j^\mu$	1 und 4
	$\varepsilon^{\mu\nu\kappa\lambda} \partial_\nu F_{\kappa\lambda} = 0$	2 und 3

falls durch das Verlangen ausgelöst worden, Symmetrie in der Natur zu finden, also durch ein ästhetisches Moment. Warum begann Faraday mit seiner Suche nach diesem Schönen?

Abb. 1-2 Die legendären vier Maxwell-Gleichungen, mit denen ausgedrückt wird, wie elektrische (E) und magnetische Felder (B) zustande kommen und sich gegenseitig induzieren. Elektrische Felder entspringen aus elektrischen Ladungen, und Magnetfelder kommen durch Ströme (j) zustande. (Die mathematischen Details müssen hier übergangen werden.) Für den Fall des Vakuums, in dem es keine Ladung und keinen Strom gibt, lassen sich die Maxwell-Gleichungen zu einer Wellengleichung umformen. Sie beschreibt die Ausbreitung einer elektromagnetischen Welle mit der Geschwindigkeit c. Dabei handelt es sich um die Lichtgeschwindigkeit, die den Maxwell-Gleichungen zufolge konstant ist. Jedenfalls sehen die Gleichungen keinen Bezug auf ein Koordinatensystem vor. Diese Eigenschaft hat Einstein ernst genommen und die Newtonsche Mechanik so geändert, daß auch in ihr die Lichtgeschwindigkeit konstant ist. Das Ergebnis kennen wir als Theorie der Relativität.

Zu Beginn des 19. Jahrhunderts hatte der Däne Hans Christian Oerstedt beobachtet, daß eine Magnetnadel von einem Draht beeinflußt wird, wenn durch ihn ein Strom fließt (Abb. 1-3). Mit anderen Worten: Elektrizität hat magnetische Auswirkungen. Dies konnte zwar jeder sehen, aber nur einer sah weiter, und das war Faraday. Er ahnte, daß mit der abgelenkten Kompaßnadel nur die eine Seite einer wechselseitigen Abhängigkeit sichtbar geworden war. Eine symmetrisch vorgehende Natur – so sein Gedanke – müßte die Wirkung auch in die andere Richtung laufen lassen. Mit anderen Worten: Magnetische Felder müßten auch elektrische Ströme erfassen und möglicherweise hervorrufen können.

Faraday machte sich zwar sofort an die Arbeit, aber es kostete viele Jahre sorgfältigen Experimentierens, bis er den ihm innerlich längst zur Gewißheit gewordenen symmetrischen Effekt auch in der Außenwelt der Drähte, Spulen und Ströme nachweisen konnte. Die Intensität und Länge der Suche Faradays kann wohl am besten verstanden werden als Ausdruck seiner Sehnsucht nach Schönheit und der Gewißheit, beim Studium der Natur auf sie zu stoßen..

Der Wunsch nach Symmetrie steht – wie schon angedeutet – am Anfang der Erfolgsgeschichte, die sich im wissenschaftlichen Leben von Einstein abgespielt hat. Seine berühmte Abhandlung mit dem Titel »Zur Elektrodynamik bewegter Körper«, die den Inhalt der speziellen Relativitätstheorie liefert, beginnt mit dem Hinweis, daß die Anwendung der Gleichungen Maxwells »auf bewegte Körper zu Asymmetrien führt, welche den Phänomenen nicht anzuhaften scheinen«.

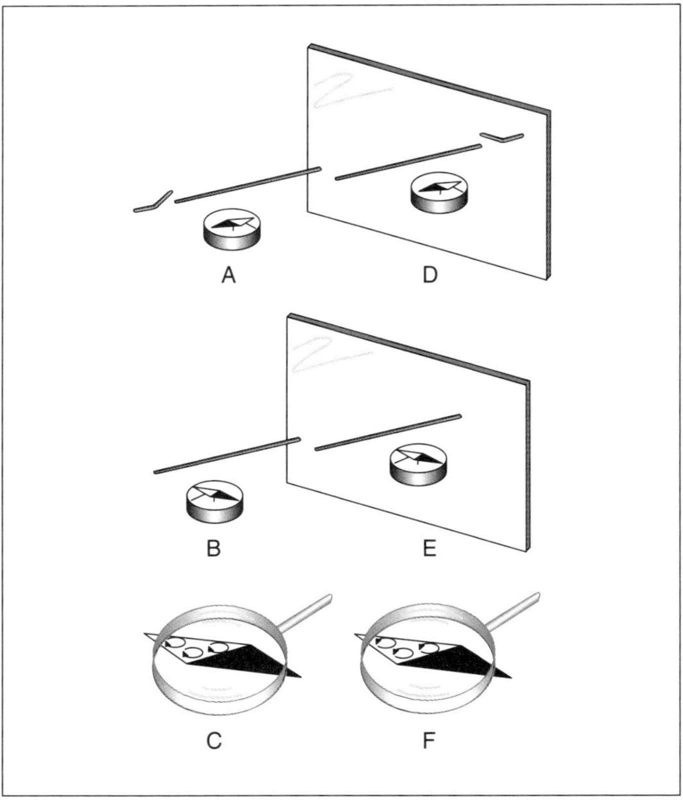

Während sich bei Faraday die widersprüchlichen Wirkungen elektrischer und magnetischer Felder gegenüberstanden, hatte Einstein mit einem Konflikt zwischen den elektromagnetischen Gleichungen Maxwells und den mechanischen Gesetzen zu tun, die auf Newton zurückgingen und nach ihm benannt sind. Während sich in der älteren Mechanik Newtons Geschwindigkeiten bewegter Körper ohne Einschränkung addieren – wie sich dies der gesunde Menschenverstand vorstellt –, gaben die Maxwell-Formeln eine Abweichung vor. Die Geschwindigkeit der elektromagnetischen Wellen, aus denen Licht bestand, mußte ihnen zufolge konstant bleiben. Das heißt, sie mußte unabhängig davon sein, ob sich die Quelle der Strahlen bewegte. Das Licht aus einer Taschenlampe würde immer mit Lichtgeschwindigkeit unterwegs sein, so schnell Gerät und Betreiber auch von Ort zu Ort eilten. Selbst wer auf einer Lichtwelle ritt, konnte die Welt beleuchten und sie damit auch weiterhin sehen.

Der Eindruck, den die Maxwell-Gleichungen auf Einstein gemacht haben, muß demnach sehr groß gewesen sein. Wie hätte er sonst die eben geschilderte und auf den ersten Blick überhaupt nicht einleuchtende und mit allen anschaulichen Vorstellungen scheinbar unvereinbare Konsequenz in Form

Abb. 1-3 Oerstedts Versuch sieht zwar einfach aus, aber er hat seine Probleme mit der Symmetrie. Zunächst einmal wird die Kompaßnadel (A, D) nach links gelenkt, wenn ein Strom fließt (B). Man weiß heute, daß die Wechselwirkung durch das Magnetfeld zustande kommt, das der Strom nach den Maxwell-Gleichungen (siehe Abb. 1-2) aufbaut. Wenn man den Vorgang in einem Spiegel betrachtet, scheint etwas nicht zu stimmen: Die Ablenkung der Nadel erfolgt auf den ersten Blick in die »falsche« Richtung (E), und die Frage stellt sich, ob das Spiegelbild des Versuchs etwas zeigt, das physikalisch nicht möglich ist. Die Antwort lautet, daß durch eine Spiegelung nicht nur links und rechts, sondern auch Nord- und Südpol vertauscht werden, weil die magnetischen Eigenschaften der Nadel durch rotierende Elektronen zustande kommen. Und deren Drehrichtung kehrt sich um (C, F). Symmetrien sind nicht so offensichtlich, wie sie scheinen. Um sie wahrnehmen zu können, muß man schon mit dem Denken begonnen haben.

einer konstanten Lichtgeschwindigkeit zu dem Prinzip erheben können, mit dem er zuerst die mechanische Welt aus den Angeln heben und zuletzt das Verständnis für Raum und Zeit grundlegend ändern sollte? Einstein sah die Asymmetrie zwischen Newtons Mechanik und Maxwells Elektrodynamik, und er entschied sich, die schöneren Gleichungen zu erhalten und die Gesetze der Bewegung zu ändern. (In einer autobiographischen Skizze hat sich Einstein später bei Newton dafür entschuldigt.)

In den Maxwell-Gleichungen – und das ist ein Teil des Wunderbaren an ihnen, das die Physiker so verzückt –, kommt die Lichtgeschwindigkeit zweimal vor: einmal als die Geschwindigkeit, mit der sich Lichtwellen im leeren Raum ausbreiten, und dann noch als ein fester Zahlenwert, der benötigt wird, um zwischen unterschiedlichen Maßeinheiten zu vermitteln. Einstein zog daraus den Schluß, daß die Lichtgeschwindigkeit tatsächlich konstant sein müsse, und er brachte im Vertrauen auf die Überzeugungskraft dieser von seinem Standpunkt aus einfachen Annahme – und ohne eine zuverlässige experimentelle Evidenz – viele Jahre damit zu, die anderen Gesetze der Physik – zum Beispiel die Mechanik Newtons – so abzuwandeln und umzuformen, daß sie mit der zunächst aus rein ästhetischen Gründen entwickelten und nur so verständlichen Annahme einer unveränderlichen Lichtgeschwindigkeit vereinbar wurden.

Es waren also vor allem ästhetische Gründe, die Einstein zur Relativitätstheorie führten, und Außenstehende sollten sich klarmachen, daß Physiker durch die Maxwell-Gleichungen so fasziniert sein können, wie Musiker durch Partituren. Der Zauber, der von dem Formelquartett ausgeht, wird vor allem bei dem Wiener Physiker Ludwig Boltzmann spürbar, der später noch ausführlicher zu Wort kommen wird. Boltzmann hat einmal davon gesprochen, daß er beim Anblick der Maxwell-Gleichungen so viel »Wonne« und »Lebensglück« empfindet, wie Goethe es seinem Faust auszudrücken gestattet, als er in dem Monolog zu Beginn des Weltspiels das Buch von Nostradamus aufschlägt und »das Zeichen des Makrokosmos« erblickt, wie es in einer Regieanweisung heißt. Dieser Anblick läßt Faust dann ausrufen:

»War es ein Gott, der diese Zeichen schrieb,
Die mir das inn're Toben stillen,
Das arme Herz mit Freude füllen,
Und mit geheimnisvollem Trieb
Die Kräfte der Natur rings um mich her enthüllen?«

Was Boltzmann im 19. Jahrhunderts beim Anblick von Maxwells Theorie des elektromagnetischen Feldes empfand, spürten die Physiker im 20. Jahrhundert erneut, als Einstein ihnen die Relativitätstheorie der Raumzeit offenlegte. Seine Suche war nicht nur ästhetisch motiviert gewesen, sie hatte zuletzt auch ein schönes Ziel erreicht.

»Diese eigentümliche Schönheit«

Wie große Wissenschaft vor sich geht, kann nur verstehen, wer akzeptiert, daß es in den Köpfen ihrer Hervorbringer letztlich ganz ähnlich zugeht wie in den Köpfen der Dichter und Maler. Am deutlichsten ausgedrückt hat das der französische Mathematiker Henri Poincaré, der in seinem Buch »Wissenschaft und Hypothese« nach dem Erscheinen der Relativitätstheorie festhält:

»Der Gelehrte studiert die Natur nicht, weil das etwas Nützliches ist; er studiert sie, weil er daran Freude hat, und er hat Freude daran, weil sie so schön ist. Wenn die Natur nicht so schön wäre, so wäre es nicht der Mühe wert, sie kennenzulernen.«

Dem ist zunächst fast nichts hinzuzufügen, bis man wenige Zeilen später auf den Hinweis stößt, daß Poincaré ausdrücklich »nicht von einer Schönheit, welche die Sinne berührt« spricht, also »nicht von der Schönheit der Eigenschaften und Erscheinungen«. Er meint vielmehr die seiner Ansicht nach »viel intimere« Schönheit, »welche aus der harmonischen Ordnung der Teile hervorgeht und welche von der reinen Intelligenz erfaßt werden kann«. Es ist nun die Suche nach »dieser eigentümlichen Schönheit«, der sich der Forscher Poincaré zufolge verschreibt, und ausschließlich ihretwegen »verurteilt sich der Gelehrte zu langen und mühsamen Arbeiten«, wie der französische Mathematiker und Philosoph anmerkt.

Natürlich ist dem letzten Satz ohne Abstriche zuzustimmen, aber ganz ohne die Schönheit, zu der wir durch sinnliche Wahrnehmung Zugang erhalten, kann nicht auskommen, wer den ästhetischen Momenten in der Wissenschaft nachgehen will. Wenn Poincaré zutreffend sagt, daß wir die Natur erforschen, weil wir Freude an ihrer Schönheit haben, dann weicht er nur um Nuancen von den ersten Sätzen jenes berühmten Buches ab, mit dem so etwas die der Anfang der westlichen Wissenschaft markiert wird. Gemeint ist die »Metaphysik« von Aristoteles, die mit der häufig – vor allem in philosophischen Festreden – zitierten Feststellung beginnt, »Alle Menschen streben von Natur her nach Wissen«.

Aristoteles, der selbstverständlich nur Menschen seines Kulturkreises im Auge hatte und haben konnte, begründet seinen Satz, und zwar im zweiten Satz seiner »Metaphysik«, der in philosophischen Festreden meist nicht mehr erwähnt wird. Die Menschen streben nämlich nicht aus Machtgier nach Wissen, sondern aus Freude, wie Aristoteles ausdrücklich festhält, und er gibt darüber hinaus sogar die Quelle der Freude an:

»Alle Menschen streben nach Wissen; dies beweist die Freude an den Sinneswahrnehmungen, denn diese erfreuen an sich, auch abgesehen von dem Nutzen und vor allem anderen die Wahrnehmungen mittels der Augen.«

Zur Wahrnehmung

Wahrnehmung also steht am Anfang der menschlichen Suche nach Wissen, und diese Fähigkeit ist nicht nur besser als die von Poincaré angeführte reine Intelligenz in der Lage, etwas als schön zu erfassen – zum Beispiel die Natur selbst. Die Wahrnehmungsfähigkeit gehört auch – als erste Stufe auf dem Weg zum Denken – zu den Kriterien, mit denen große Forscher sich vom Durchschnitt abheben. Wenn Faraday die durch einen Strom bewegte Kompaßnadel sieht, dann beobachtet er nicht nur ihre Drehung – das tun alle anderen auch –, dann nimmt er vielmehr wahr, daß in diesem Fall (dem Auge unsichtbar bleibende) elektrische und magnetische Felder ineinandergreifen – ein Phänomen, das er nun genauer untersuchen wird. Und wenn Einstein einen fallenden Gegenstand sieht – in den er sich mit seinen Gedanken hineinversetzt –, dann registriert er nicht nur Fallhöhe und -dauer, was alle anderen auch können, dann wird ihm auf einmal klar – er nimmt es wahr –, daß ein im freien Fall befindlicher Mensch während des Stürzens keine Schwerkraft mehr spürt – ein Phänomen, dem er nun genauer auf den Grund gehen wird. Nach langen Jahren des Suchens hat er dabei die Relativitätstheorie der allgemeinen Art gefunden.

Von Wahrnehmung wird noch ausführlich die Rede sein, weil sie unmittelbar zu den ästhetischen Momenten in der Wissenschaft führt. Denn wenn Aristoteles in der »Metaphysik« von dieser Qualität der Sinne spricht, dann verwendet er, wie schon oben erwähnt, das griechische Wort *aisthesis*. Es braucht nicht betont zu werden, daß davon der Begriff der Ästhetik, den unsere Sprache kennt, abgeleitet worden ist. So klar dieser Zusammenhang vor Augen liegt, so klar zeigt sich aber auch, das die alte und die neue Verwendung der *aisthesis* nicht mehr viel gemeinsam haben. Wer heute von Ästhetik redet, hat kaum noch Wahrnehmen und Erkennen im Sinn. Er oder sie meint vielmehr eine Theorie der Schönheit, wie man sie auf Kunstwerke bezieht. Die Aufgabe dieser modernen Ästhetik besteht darin, Antworten zu geben, wenn gefragt wird: »Was macht ein Kunstwerk zu einem Kunstwerk?«, oder: »Was unterscheidet einen Flaschenständer von einer surrealistischen Plastik?« Die Kunstästhetik muß sich zum Beispiel konkret äußern, wenn – wie es tatsächlich geschehen ist – eine ursprünglich von Joseph Beuys gestaltete Fettecke nach erfolgter Raumpflege durch das Reinigungspersonal ihr Aussehen verändert hat. All diese sicher verdienstvollen Bemühungen finden allerdings meilenweit entfernt von der naturwissenschaftlichen Suche nach Erkenntnis statt.

Natürlich soll die Kunstästhetik auf keinen Fall gestört werden. Ebensowenig soll allerdings auf den Versuch verzichtet werden, das Schöne der Ästhetik – das Schöne, das man mit der theoretisch operierenden Vernunft und dem wahrnehmenden Vermögen intellektuell und sinnlich erfassen kann –, für die Naturwissenschaft zurückzuerobern. In der Tat läßt sich nämlich nicht nur von Kunstwerken, sondern auch von wissenschaftlichen Abhandlungen in mathematischer Sprache behaupten, sie seien »von ungewöhnlicher Schönheit«, wie es der schon genannte Ludwig Boltzmann einmal ausgedrückt und in einer Rede gegen Ende des 19. Jahrhunderts geradezu pathetisch wie folgt ausgeschmückt hat:

»Schönheit, höre ich Sie da fragen; entfliehen nicht die Grazien, wo Integrale die Hälse recken, kann etwas schön sein, wo dem Autor auch zur kleinsten äußeren Ausschmückung die Zeit fehlt? – Doch; gerade durch die Einfachheit, durch die Unentbehrlichkeit jedes Wortes, jedes Buchstabens, jedes Strichelchens kommt der Mathematiker unter allen Künstlern dem Weltenschöpfer am nächsten; sie begründet eine Erhabenheit, die in keiner Kunst ein Gleiches – Ähnliches – höchstens in der symphonischen Musik hat. Erkannten doch schon die Pythagoräer die Ähnlichkeit der subjektivsten und der objektivsten der Künste. – Ultima se tangunt. Und wie ausdrucksfähig, wie fein charakterisierend ist dabei die Mathematik. Wie der Musiker bei den ersten Takten Mozart, Beethoven, Schubert erkennt, so würde der Mathematiker nach wenigen Seiten seinen Cauchy, Gauß, Jacobi, Helmholtz unterscheiden. Höchste äußere Eleganz, mitunter etwas schwache Knochengerüste der Schlüsse charakterisiert die Franzosen, größte dramatische Wucht die

Engländer, vor allem Maxwell. Wer kennt nicht seine dynamische Gastheorie? – Zuerst entwickeln sich majestätisch die Variationen der Geschwindigkeiten, dann setzen von der einen Seite die Zustandsgleichungen, von der anderen Seite die Gleichungen der Zentralbewegung ein, immer höher wogt das Chaos der Formeln; plötzlich ertönen die vier Worte: ›Put n = 5.‹ Der böse Dämon V verschwindet, wie in der Musik eine wilde, bisher alles unterwühlende Figur der Bässe plötzlich verstummt; wie mit einem Zauberschlag ordnet sich, was früher unbezwingbar schien. Da ist keine Zeit, zu sagen, warum diese oder jene Substitution gemacht wird; wer das nicht fühlt, lege das Buch weg; Maxwell ist kein Programmmusiker, der über die Noten die Erklärung setzen muß. Gefügig speien nun die Formeln Resultat auf Resultat aus, bis überraschend als Schlußeffekt noch das Wärmegleichgewicht eines schweren Gases gewonnen wird und der Vorhang sinkt.«

Eine Frage der Form

Man braucht nicht alle Einzelheiten zu verstehen, um wahrzunehmen, was Boltzmann hier stellvertretend für alle fühlenden Forscher ausdrücken will. Aber es sollte deutlich geworden sein, daß – zumindest für den genießenden Kenner und Ästheten – eine wissenschaftliche Arbeit nicht nur durch ihren Inhalt, sondern genausogut durch ihren Stil bzw. ihre Form ausgezeichnet ist. Es ist immer die Art der Darbietung – die Form einer Arbeit eben –, die auf ihren Autor hinweist. Tatsächlich haben wissenschaftliche Publikationen vor allen Dingen dann eine durchschlagende Wirkung auf die Forschung, wenn sie nicht nur inhaltlich von großer Bedeutung, sondern zugleich auch unter dem Aspekt der Form auffällig sind. Natürlich muß – vor allem in unserem Jahrhundert – jede zur Veröffentlichung eingereichte Arbeit im Bereich der exakten Naturwissenschaften bestimmte Vorschriften einhalten, um angenommen zu werden: Es muß eine Zusammenfassung geben, der ganze Text

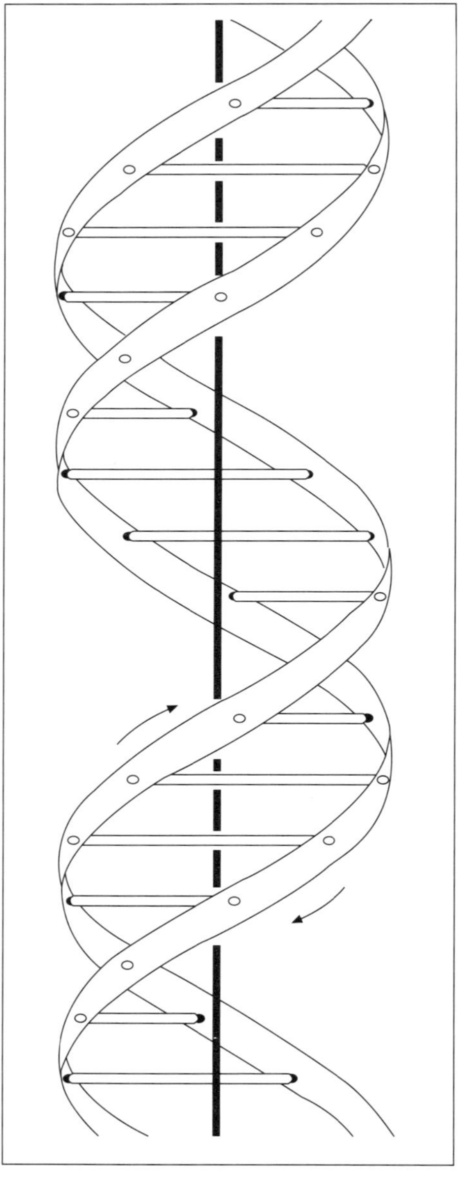

Abb. 1-4
Das Original der Doppelhelix aus der Zeitschrift ›Nature‹ im Jahre 1953 stammt von Odile Crick, die sich nicht als Naturwissenschaftlerin, sondern als Zeichnerin für diese Struktur interessiert hat. Ich vermute, daß der durchschlagende Eindruck der Publikation nicht zuletzt auf die ästhetische Qualität des Moleküls zurückgeht. Die Struktur mußte nicht nur richtig sein, sie mußte auch in der richtigen Form präsentiert werden.

muß erst die Methoden nennen und die Ergebnisse anführen, bevor in einer Diskussion deren Bedeutung erörtert werden darf. Auch ist klar, daß diese vielen Formalien der Form abträglich sind und ihr keinen großen Spielraum mehr lassen. Trotzdem schaffen es große Autoren in dem von Boltzmann beschriebenen Sinne, unmittelbar durch ihren Stil zu glänzen und ihren Ergebnissen durch die Art der Darstellung die Wucht und Überzeugungskraft zu verleihen, die sie weit über den Durchschnitt erhebt und in den Himmel der Klassiker aufsteigen läßt.

Als Beispiel sei auf die berühmte Arbeit des Amerikaners James Watson und des Briten Francis Crick aus dem Jahre 1953 hingewiesen, mit der sie im Fachblatt ›Nature‹ der wissenschaftlichen Öffentlichkeit ihren Vorschlag für die Struktur des Erbmaterials unterbreiteten (Abb. 1-4). Watson und Crick präsentierten damals zum ersten Mal die heute durch Schulbücher und viele Abbildungen in allen möglichen Illustrierten jedem Kind vertraute Doppelhelix, die zum Symbol des damit eingeleiteten Zeitalters der Molekularbiologie geworden ist .

Es gibt viele wissenschaftliche Gründe dafür, die kurze Arbeit von 1953 als eine große Wende der Biologie anzusehen. Gleichwohl sollte man die ästhetischen Aspekte nicht übersehen, die jedem auffallen, der den Originaltext zur Hand nimmt. Natürlich gab es nach 1953 noch viele andere Vorschläge zur Struktur der Erdmaterials, und es gibt bestimmte Varianten, die von Watson und Crick nicht beachtet bzw. erfaßt worden sind. Trotzdem verbreitet ihre Arbeit den in der Wissenschaft ungewöhnlichen Flair des Endgültigen, und dies liegt nicht nur an der sprachlichen Darstellung, sondern auch an der Tatsache, daß die Doppelhelix selbst – das neue Modell der Erbmoleküle – weniger in einer exakten und mehr in einer überzeugenden Form präsentiert wurde: Sie ist das graphische Werk einer Künstlerin. Die erste Doppelhelix wurde von Cricks Frau Odile gezeichnet, die sich einen Namen als Malerin gemacht hat. Vor allem aus diesem Grunde reagieren auch unsere Sinne, also unsere Wahrnehmung, wenn wir die vorgelegte Struktur des Erbmaterials sehen. Die schöne Schraube ist unmittelbar überzeugend, und die Wirkung, die von ihr ausgeht, kann durch keinerlei Korrekturen im Detail verändert oder beeinflußt werden. Diese Kleinigkeiten interessieren auch niemanden. Sie sind einfach nicht mehr schön.

Die Schönheit der Schraube

Es ist unmöglich, von der Doppelhelix nicht gefesselt zu sein, und es ist wahrscheinlich sehr voreilig zu meinen, man könne alle ästhetischen Aspekte dieses Wunderwerks der evolutionären Natur in geeigneter Form und vollständig zusammenstellen. Einen Versuch will ich jedenfalls machen (Tab. 1-1), ohne allerdings die dort genannten Gründe für die Schönheit der molekularen Schraube weiter zu vertiefen. Daß die DNA-Schraube ästhetisch ansprechend ist, haben übrigens selbst die Konkurrenten von Watson und Crick gemerkt, die im Rennen um die Aufklärung der Struktur unterlegen waren. Sie haben sich der Schönheit des Modells nicht entziehen können und Bemerkungen der Art, »zu schön, um falsch zu sein« hören lassen.

Tab. 1-1 Einige Gründe für die Schönheit der Doppelhelix

Grund	Details
Künstlerischer Entwurf	Seite 40
Proportion des Goldenen Schnitts	Seite 88
Pythagoreische Tetraktys	Seite 62
Hohe Symmetrie	Seite 174
Kreisform des Querschnitts	Seite 43
S-Linien	Seite 70
Einheit in der Vielheit	Seite 76
Experimentelle Eleganz	Seite 48

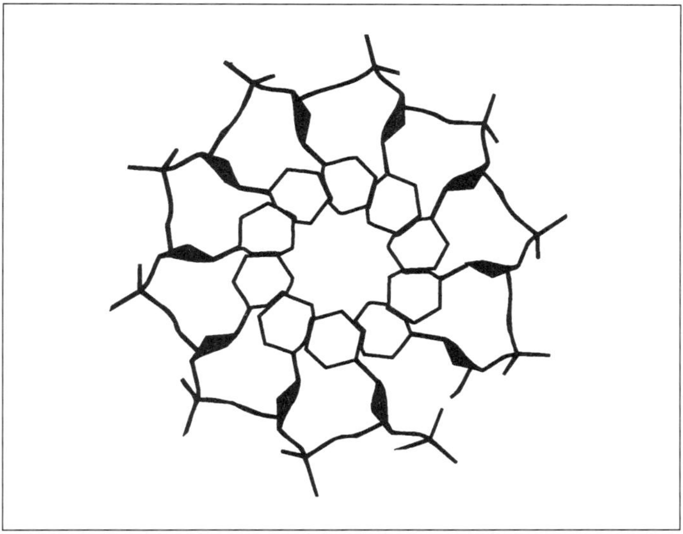

Abb. 1-5 Die Innenansicht der Doppelhelix. Der Blick auf ein DNA-Molekül entlang der Achse.

Schön ist dabei nicht nur der Blick auf die elegante Außenseite (Abb. 1-4) des Moleküls, aus dem das Leben entsteht und an dem es hängt. Schön ist auch der Blick in das innere der sich windenden Struktur (Abb. 1-5), die bei geeigneter Farbgebung der Bauteile sogar so gestaltet werden kann, daß man beinahe an die Rosette einer gotischen Kathedrale erinnert wird.

Des weiteren ist es möglich, in der genetischen Schraube den goldenen Schnitt zu entdecken (mehr dazu im nächsten Kapitel), und zum dritten gehört es zu den chemischen Details des Erbmoleküls, im Inneren der Struktur genau vier Bausteine zu besitzen. Es hätte Pythagoras und seinen Anhängern – den Pythagoreern – gefallen, daß die heilige Vierzahl, die sie *tetraktys* nannten und entsprechend verehrten, auf diese Weise genau im Kern des Lebens festzumachen ist und von hier aus ihre Wirkung entfaltet.

Die Bemerkungen und Zusammenstellungen dienen nicht dem Zweck, der Doppelhelix magische oder andere unwissenschaftliche Eigenschaften anzudichten. Sie möchten nur dem Gedanken Ausdruck verleihen, daß es nicht stimmen kann, wenn man sagt, mit der erkannten Struktur gebe es kein Geheimnis mehr im Bereich des Lebendigen. Die Doppelhelix löst nämlich das Rätsel des Lebens nicht – die Doppelhelix *ist* das Rätsel des Lebens. Man muß die Struktur nur in geeigneter Weise wahrnehmen.

Die Relevanz des Schönen

Der englische Physiker Paul Dirac hat einmal von den Theorien Einsteins gesagt, daß sie uns nicht nur durch ihre Wahrheit, sondern vor allem durch ihre Schönheit überzeugten. Niemanden würde es stören, wenn sich – so Dirac – mit Hilfe von beobachteten astronomischen Daten herausgestellt hätte, daß Einsteins Theorien die physikalisch meßbare Wirklichkeit des Kosmos nicht korrekt erfassen. Dirac hat ganz allgemein konstatiert, daß eine schöne Theorie, die falsch ist, die Menschen mehr interessiere als eine häßliche Theorie, die richtig ist. Und er persönlich hat daraus die Konsequenz gezogen, sich um eine moderne Form der Physik – die sogenannte Quantenelektrodynamik – nicht weiter zu kümmern, so genau sie auch Versuchsergebnisse vorhersagen könne. Dieser Theorie der Wechselwirkung von Licht und Materie fehle jede Eleganz und Schönheit.

Was Dirac über Einstein und andere sagte, läßt sich problemlos auf das Modell von Watson und Crick übertragen. Es ist sofort und gerne glaubhaft, daß die Erbsubstanz so aufgebaut ist, wie es uns das Bild der Malerin zeigt, und eigentlich will niemand etwas anderes glauben. Detailbesessene Chemiker, die kleine Abweichungen des Modells gegenüber der Wirklichkeit anmahnen, dürfen mit höchstens halbvollen Hörsälen rechnen, und sie müssen darauf gefaßt sein, daß sie auf eine fast unwissenschaftlich zu nennende Weise abgewiesen werden. Mein Doktorvater, der Nobelpreisträger Max Delbrück, hat zum Beispiel – nachdem die Doppelhelix bekannt war –, schon vor dem Beginn eines Vortrags, in dem eine alternative Struktur präsentiert werden sollte, allen Anwesenden geraten, nach Hause zu gehen und ihre Zeit sinnvoller zu verbringen – schließlich sei an der Doppelhelix nicht zu zweifeln.

Übrigens ist es die besondere Form der Arbeit von Watson und Crick aus dem Jahre 1953, die einem Argument den Wind aus den Segeln nimmt, mit dem oft versucht wird, die Naturwissenschaften neben der Kunst als zweitrangig hinzustellen bzw. Forscher als austauschbar abzuwerten und dem einmaligen und unersetzlichen Genie des Künstlers gegenüberzustellen.

Man sagt und hört nämlich oft, daß die Doppelhelix auch dann gefunden worden wäre, wenn es Watson und Crick nicht gegeben hätte. Irgendwelchen Forschern nach ihnen würde die Möglichkeit, die Molküle treppen- und schraubenartig anzuordnen, schon eingefallen sein. Und man meint ganz allgemein für die Wissenschaften sagen zu können: Was die Doktoren A und B heute entdeckt haben, wäre den Professoren C und D spätestens morgen eingefallen. Umgekehrt würde es die Poesie von Goethe oder seine Tragödie mit dem Helden Faust ohne den Dichter nie gegeben haben.

Solche Argumente werden aus unterschiedlichen Motiven vorgebracht, zumeist in der Absicht, die Naturwissenschaftler oder ihre Tätigkeit abzuwerten. Doch hinkt der Vergleich deshalb, weil im Falle des Dichters die *Form* gemeint ist, die er seinen Stoffen gibt – auch vor Goethe ist es in der Poesie um Liebe und Treue gegangen, und den Faust-Stoff haben andere vor und nach ihm bearbeitet –, während im Falle der Forscher der *Inhalt* angesprochen wird – also die Struktur eines Moleküls in dem angeführten Beispiel. Wird aber verglichen, was tatsächlich vergleichbar ist, dann darf die Form, die eine wissenschaftliche Publikation hat und mit der sie wissenschaftliche Ergebnisse präsentiert, nicht abschätzig behandelt und als nebensächlich abgetan werden. Die Form steht als Leistung für sich und hat durchaus Einfluß auf die Wirkung eines Ergebnisses. Sie macht ein ästhetisches Moment in der Wissenschaft aus, und das beste Beispiel ist die oben beschriebene Präsentation der Doppelhelix.

Damit komme ich zu Diracs Bewertung der Schönheit einer Theorie zurück, die darüber hinaus verständlich macht, warum viele Wissenschaftler und die Öffentlichkeit lange Zeit an Theorien hängen, selbst wenn sie wissen, daß sie falsch sind. Falsch ist zum Beispiel – vom streng wissenschaftlichen Standpunkt aus betrachtet – das heliozentrische Weltbild, das mit den großen Namen Kopernikus und Kepler verbunden ist: Es kann bekanntlich keine Rede davon sein, daß die Sonne im Zentrum der Welt »ruht«. Und ebenso »falsch« ist die immer noch beliebte Vorstellung, daß Elektronen auf definierten Bahnen einen Atomkern umrunden, die ihrerseits eine feste Lage und Struktur haben, so wie es etwa das berühmte »Atomium« oder andere anschauliche Skizzierungen suggerieren. Die Menschen orientieren sich an diesen Modellen offenbar einfach deshalb, weil sie ihnen ästhetisch zusagen und gefallen, einen anderen Grund sehe ich nicht. Wissenschaft wird dann akzeptiert – unabhängig von aller erforderlicher Korrektheit –, wenn sie etwas Schönes hervorbringt; sie wird eher zurückgewiesen, wenn sie dies nicht tut und häßlich wirkt. Das Interesse an Wissenschaft, so scheint es, hängt nicht primär an der Wahrheit, die ihre Ergebnisse enthalten, sondern an der ästhetischen Qualität, die sie für die Öffentlichkeit gewinnt.

Das elegante Experiment

Die Form spielt in der Wissenschaft nicht nur bei der Darstellung eine Rolle. Sie wird auch in den Ergebnissen selbst erkennbar, und zwar nicht nur im Fall von schönen Theorien, sondern auch oder gerade bei eleganten Experimenten. Eleganz – das ist eigentlich das höchste Lob, das Wissenschaftler sich untereinander machen, und dabei haben sie trotz der ästhetischen Kategorie die Erkenntnis im Auge, die der gemeinte Versuch bringt. Sie gewinnt ihren Wert eben auch durch seine Eleganz.

Als Beispiel läßt sich die Klärung einer Frage betrachten, die sich im Anschluß an die Entdeckung der Doppelhelix stellte. Erbmaterial muß bekanntlich die Eigenschaft haben, sich zu verdoppeln, und natürlich legte die Doppelhelix die Annahme nahe, daß dabei aus einem Doppelstrang des Moleküls zwei gemacht werden. Aber wie? Würde man in der zweiten Generation einen alten und einen neuen Doppelstrang finden? Oder gäbe es zwei Doppelstränge, die zur einen Hälfte alt und zur anderen Hälfte neu waren? Vor allem aber: Wie könnte man diese Frage durch ein Experiment beantworten bzw. entscheiden?

Die Lösung ist zwei amerikanischen Biologen, Frank Stahl und Matthew Meselson, gelungen, und ihr 1957 durchgeführtes »Meselson-Stahl-Experiment« galt in Fachkreisen sofort als klassisch, was im Klartext heißt, es bedurfte keinerlei Ergänzung, es war in seiner Form vollkommen und somit auch vollendet schön.

Die jahrelange Vorgeschichte, die Suche nach dem geeigneten System für den geplanten Versuch, die eigentliche Tätigkeit im Laboratorium, das Hantieren mit analytischen Ultrazentrifugen und radioaktiven Chemikalien und vieles mehr – all das läßt sich natürlich ebensowenig unter dem Aspekt der Eleganz untersuchen wie die handwerklichen Arbeiten und Reinigungsaktionen eines Malers in seinem Atelier. Aber als Ergebnis aller Bemühungen läßt sich ein so einfaches Ergebnis in eine so übersichtliche und ansprechende Form bringen (Abb. 1-6), daß viele Wissenschaftler heute noch ganz verzückt klingen, wenn sie in ihren Vorlesungen das berühmte »Meselson-Stahl-Experiment« behandeln.

Eine Voraussetzung des Versuchs bestand in der Möglichkeit, das Erbmaterial physikalisch schwerer zu machen, ohne es chemisch zu verändern. Diese Idee allein hat etwas Schönes an sich, nämlich die Einsicht, daß die chemischen Eigenschaften eines Atoms – zum Beispiel seine Fähigkeit, sich mit ande-

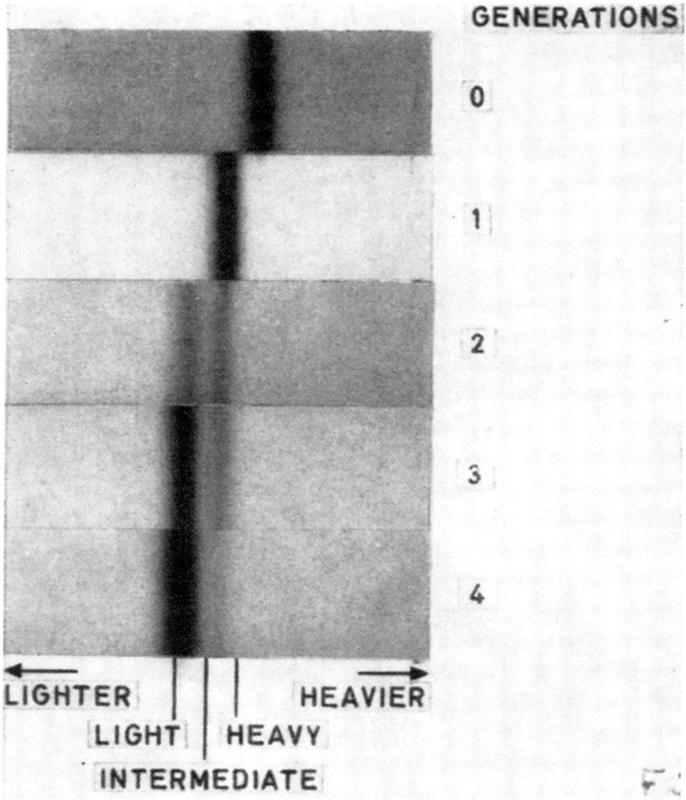

Abb. 1-6 Das Ergebnis des »Meselson-Stahl-Experiments« aus dem Jahre 1957 besteht aus dunklen Bändern, die sich von einer Generation zur nächsten verändern. Das Erbmaterial wird im Laufe der Zeit stufenweise leichter, wie durch die Verschiebung nach links angezeigt wird. Der Versuch beginnt (Generation 0) mit Zellen (von Bakterien), die in einem Medium mit schwerem Stickstoff gewachsen sind (einige Details im Text). Die nachfolgenden Generationen werden mit gewöhnlichem (leichten) Stickstoff gebildet. Wie man sich den dazugehörenden Mechanismus vorzustellen hat, zeigt Abb. 1-7. (Aus John Kendrew: »Der Faden des Lebens«, München 1967.)

ren Atomen zu verbinden – von seinen äußeren Elektronen bestimmt werden, während die physikalischen Eigenschaften – zum Beispiel die Masse – im Atomkern stecken. Die Aufteilung ist durch das Vorhandensein von Atomen bekannt geworden, bei denen der Kern ein wenig umfangreicher ist, ohne daß dies Änderungen bei den Elektronen nach sich zieht.

Die Experten reden in solch einem Fall von den Isotopen eines Atoms, und Meselson und Stahl haben im Oktober 1957 damit begonnen, Bakterien mit Nährstoffen zu füttern, die ein schweres Stickstoff-Isotop enthielten. Dieser Stickstoff wurde nach und nach durch Stoffwechselvorgänge in die Moleküle der Bakterien eingebaut, und die beiden Biologen setzten diese Behandlung so lange fort, bis das ganze Erbmaterial der Bakterien schwer geworden war. Dann begannen sie, normale Nährstoffe (zum Beispiel Zucker) mit dem natürlichen leichten Stickstoff zu verfüttern, und das dabei nach und nach in den Bakterien entstehende Erbmaterial wurde in jeder Generation untersucht.

Tatsächlich – und dies war eine weitere Voraussetzung für den eleganten Versuch – stand den Wissenschaftlern damals zum ersten Mal ein höchst raffiniertes Verfahren zur Verfügung, die sogenannte analytische Ultrazentrifugation. Dank dieser Technik waren sie in der Lage, nicht nur schweres und leichtes Erbmaterial, sondern auch Zwischenstufen zu unterscheiden. Das Bild, das die Auswertung dieses Verfahrens ergab, und das Bild, das man sich anschließend von dem eigentlich interessanten Vorgang selbst machen konnte (Abb. 1-7), sind so eng miteinander verwandt, daß ihr ästhetischer Reiz und die sinnlich wahrnehmbare Überzeugungskraft des »Meselson-Stahl-Experiments« für sich selbst sprechen und jedes weitere Wort überflüssig machen.

Schwindel mit Schönheit?

Weiter oben wurde Paul Dirac zitiert mit seinem Diktum, daß eine schöne Theorie mehr interessiert als eine richtige.

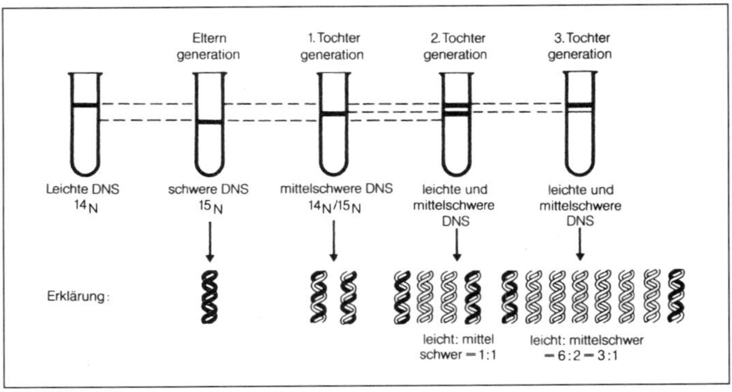

Abb. 1-7 Eine Darstellung der Vorgänge, die durch das »Meselson-Stahl-Experiment« (Abb. 1-6) sichtbar werden. Man sieht den akzeptierten Ablauf der Replikation, der aus dem experimentellen Ergebnis unmittelbar ablesbar ist. Für die meisten Wissenschaftler und die Öffentlichkeit ist der Fall damit abgeschlossen. Man hat ein schönes Bild des grundlegenden Mechanismus vor Augen.

Natürlich ist damit nicht gemeint, daß eine völlig falsche – und somit unsinnige – Theorie vor den Augen der Wissenschaft bestehen kann, und sei sie noch so elegant. Trotzdem bedauern es die meisten Forscher schon, wenn ihre so schönen Gedanken und Theorien durch häßliche Fakten widerlegt werden. Manchmal kann man sich des Eindrucks nicht erwehren, daß sie eher dazu neigen, an den Tatsachen vorbeizusehen, als daß sie auf die Idee kämen, ihre Vorstellungen und Theorien zu ändern.

Wenn man den letzten Satz auf seinen philosophischen Gehalt hin abklopfen wollte, käme man bald zu der Frage, was eine Tatsache ist. Die Tat ist in dem Wort nicht zu übersehen, und in der experimentellen Forschung ist eine Tatsache durch das Ergebnis eines Versuches gegeben, eben durch das, was jemand getan hat. Dabei kann man sich natürlich ungeschickt angestellt und etwas falsch gemacht haben, und dann läßt sich die Tatsache – das Ergebnis – leicht leugnen, wenn es einem nicht in den Kram paßt.

Genau nach diesem Motto hat der amerikanische Physiker Robert Millikan gehandelt, als er in den ersten Jahrzehnten unseres Jahrhunderts versuchte, die Ladung eines Elektrons zu bestimmen. Man spricht dabei von der Elementarladung und meint damit, daß elektrische Ladungen in der Natur nicht kontinuierlich in jeder Größe vorkommen, sondern nur als Vielfaches eines bestimmten Wertes, eben der Elementarladung. Heute wird diese Einsicht (mit Einschränkungen, die für diese Betrachtung ohne Bedeutung sind) zwar als *Tatsache* behandelt, aber als Millikan sich mit seinem berühmten »Öltröpfchenversuch« daran machte, die Ladung eines Elektrons zu messen, konnte davon noch nicht die Rede sein. Millikan konnte nur annehmen, daß er der Elementarladung auf der Spur war (und woher dieser Gedanke kommt, wird weiter unten in einem anderen Kapitel erörtert).

Um so erstaunlicher die Art und Weise, in der er vorging. Die Laborbuchaufzeichnungen, die erst nach seinem Tod bekannt geworden sind, zeigen nämlich, daß Millikan nur solche Versuche für die Publikation nutzte, die seiner Theorie der Elementarladung entsprachen. In solchen Fällen benutzte er sogar das Wort »Beauty«, um die entsprechende Messung zu charakterisieren (Abb. 1-8). Und nur die schönen Daten hat der Nobelpreisträger veröffentlicht – alle anderen hat er unter den Tisch fallenlassen!

Hat er damit seine Daten geschönt? Hat da jemand Schwindel mit Schönheit betrieben?

Natürlich kann man solch eine Meinung äußern und an dieser Stelle nur eine banale Bagatelle der Wissenschaftsgeschichte sehen. Aber ich schlage vor, Millikans *beauty* und sein Vergnügen daran ernster zu nehmen. Mir scheint es nämlich offenbar, daß sich ein erfolg- und einflußreicher Physiker hier mehr auf sein Gefühl für die Schönheit der Natur und weniger auf seine analytische und technische Fähigkeit verlassen hat – und zwar gleich zweimal. Zum einen war für Millikan der Gedanke an eine Elementarladung so schön, daß er deswegen seinen Versuch überhaupt

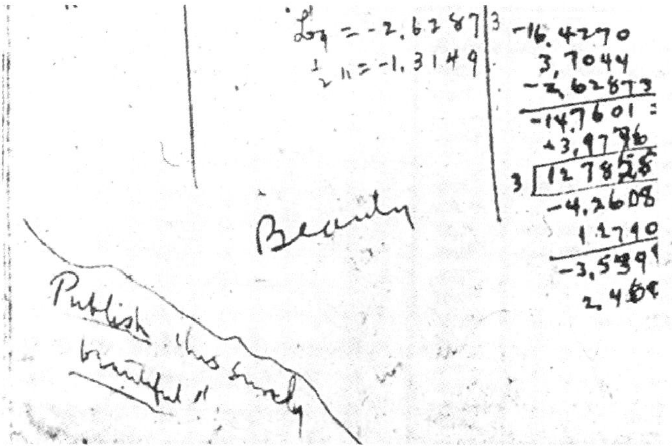

Abb. 1-8 Auszüge aus den Laborbüchern von Robert Millikan, die in ihrer Gesamtheit zeigen, daß sich der amerikanische Physiker nicht an alle Daten gehalten, sondern nur die wenigen ausgesucht und veröffentlicht hat, die ihm schön genug erschienen sind. Das Wort »Beauty« ist nicht zu übersehen. Was »beautiful« war, wurde publiziert.

unternahm. Und zum zweiten muß man ihm als geschicktem und erfahrenem Physiker einfach zutrauen, den wahrgenommenen Ablauf einer Messung danach beurteilen zu können, ob sie brauchbar war oder nicht.

Die eigentlich Frage steckt an einer anderen Stelle, und sie lautet, woher Millikan die innere Sicherheit und Gewißheit nehmen konnte, daß es überhaupt eine Elementarladung gibt? Er konnte nur so agieren, wie er es getan hat, weil ihm die Existenz einer solchen Naturkonstante allen rationalen Zweifeln zum Trotz einleuchtete. Dies ist nur verständlich, wenn man diesen Gedanken – wie oben dargelegt – als schön bezeichnet und unterstellt, daß Forscher die Natur erkunden, weil sie schön ist. Genau dies nun hat Millikan auf seine Weise getan – nicht mehr und nicht weniger. Er hat die ersehnte *beauty* jedenfalls dabei gefunden, und er sagt es ausdrücklich!

2 *Was das Schöne so alles sein kann*
Das lange Bemühen um einen leichten Begriff

»Schönheit – was das sey, weiß ich nit,
obwohl sie vielen Dingen anhanget.«
Albrecht Dürer

Nachdem im ersten Kapitel für die lange Zeit von Nikolaus Kopernikus bis Henri Poincaré und darüber hinaus angedeutet wurde, daß es all die Jahrhunderte hindurch sowohl in der großen als auch in der kleinen Wissenschaft nicht nur mit rechten, sondern auch mit *schönen* Dingen zugegangen ist, taucht ganz selbstverständlich die Frage nach einer Definition bzw. einer möglichen Zuordnung und einer genauen Bestimmung des zentralen Begriffs dieses Buches auf, um den ich mich drehe, wie es die Planeten um die Sonne tun:

Was ist das Schöne? Und wann benutzt man den etwas anderen Begriff der Schönheit? Wie unterscheidet sich das Naturschöne, etwa in Form einer Landschaft oder in der Erscheinung einer Blume, vom Kunstschönen, das Menschen geschaffen haben? Und was ist mit den Menschen selbst? Was verleiht ihnen bzw. ihrer Gestalt Schönheit? Läßt sich festlegen, was ein schöner Körper ist, und zwar möglichst eindeutig und einsichtig? Und kann man verstehen, warum sich tatsächlich gleichzeitig und ohne Gefahr, in Widersinnigkeiten abzugleiten, sowohl von der Schönheit in der Natur als auch von der Schönheit eines Weltbildes bzw. einer Theorie sprechen läßt?

Natürlich werden die meisten dieser Fragen offenbleiben müssen, denn es gibt weder Datenbanken noch Internet-Adressen, in denen die erwünschten Antworten in Form einer Information gespeichert sind und abrufbereit liegen. Es lohnt sich aber trotzdem, einmal in einer Enzyklopädie – zum Beispiel in der von Kluge – nachzuschauen, denn dort findet der Leser unter anderem den Hinweis, daß das Wort »schön« vom alt-hochdeutschen *sconi* kommt, was so viel wie »ansehnlich« meint. Mir gefällt diese Herkunft, denn in dem Ansehnlichen stecken Sinne (das Sehen) und Gefühle (das Sehnen) zugleich, und beides zusammen wird benötigt. Zum einen nenne ich einen Gegenstand selbst schön, den ich in der Welt vorfinde – nicht nur im Bereich der Kunst, sondern auch im Umfeld der Natur. Und ich zeichne ihn mit dem Begriff aus, wenn er mir gefällt. Zum zweiten nenne ich auch die Empfindung schön, die ich dadurch habe, daß mir dieser Gegenstand zusagt und ein gewisses Begehren oder eine bestimmte Lust in mir weckt. Vielleicht ist es am einfachsten, man stellt sich das Schöne als die eigentümliche Qualität der Wahrnehmung vor, die bei einem Betrachter Wohlgefallen und Freude auslöst und ihn dazu bringt, das Sehenswürdige (ihm gegenüber) auch liebenswürdig zu finden.

Die gegebene Schönheit

Wenn in einem weder philosophisch noch kunsthistorisch ausgerichteten Buch versucht wird, etwas über das Schöne zu sagen, dann darf so getan werden, als ob das damit Gemeinte sich von dem mit dem anderen Substantiv – der Schönheit – erfaßten Inhalt nicht sonderlich unterscheidet. Das Schöne wird schön durch die Schönheit, soll ein berühmter Philosoph einmal geäußert haben. Ein schöner Satz, gewiß. Ich benutze beide Begriffe trotzdem so gleichbedeutend wie möglich, da es andere Unterscheidungen gibt, die für den wissenschaftlichen Kontext von größerem Interesse sind.

Es ist schon im Gegenüber der intellektuell erfaßbaren Schönheit, von der Poincaré spricht, und der uns eher vertrauten sinnlich zugänglichen Schönheit, wie ich sie etwa in der Natur wahrnehmen kann, deutlich geworden, daß es verschiedene Zugänge zu diesem Thema gibt, und ich möchte an dieser Stelle den Vorschlag machen, daß sich niemand den Mut nehmen lassen sollte, seine eigene Fassung für das zu finden, was schön ist bzw. was das Schöne sein könnte. Wenn von kitschigen oder ironischen Wendungen (»Nun siegt ´mal schön!«) abgesehen wird, wenn man schaut, wie Menschen unaufgeregt das vorgefundene Attribut »schön« zuteilen, dann läßt sich der Eindruck gewinnen, daß sie im Grunde keine Belehrung über den Begriff brauchen. Kein erwachsener Mensch sollte sich von anderen erklären lassen, was schön ist, schon allein deshalb nicht, weil es weder eine Instanz noch eine Person als höchste Autorität gibt, die dies tun könnte: Schön ist das, was ohne Begriff allgemein gefällt, wie es bei Immanuel Kant ausgedrückt wird, der nicht nur dem Geschmack seiner aufzuklärenden Zeitgenossen vertraut, sondern die Philosophen zugleich daran erinnert, daß derjenige, der Schönheit erfahren will, sich zu diesem Zweck frei zu fühlen und keinerlei Interessen zu verfolgen hat.

Ich lerne aus dem Satz von Kant vor allem, daß es nicht zuträglich ist, Schönheit umfassend und allgemeingültig dadurch zu erklären, daß relevante andere Eigenschaften von Gegenständen, etwa der Glanz von Gold oder Diamanten, an die Stelle des Schönen gesetzt werden. Natürlich gibt es immer wieder Versuche dieser Art, wobei nicht bemerkt wird, daß sich der neue Begriff zumeist auch nicht einfacher verstehen läßt (und bekanntlich nicht alles Gold ist, was glänzt). Wenn ich zum Beispiel sage, schön ist das, was glänzt, und jetzt meine, eine Erklärung der Schönheit abgegeben zu haben, dann stimmt dies einfach nicht. Ich stehe statt dessen vor einer neuen Aufgabe, nämlich zu erläutern, was »glänzen« bedeutet und wie dabei im wahrnehmenden Menschen eine angenehme Reaktion ausgelöst wird. Und all dies wird auf keinen Fall leichter und von naturwissenschaftlicher Seite eher schwieriger.

Vielleicht ist es nur wichtig, Vertrauen darin zu haben, daß es »die Schönheit« bzw. »das Schöne« gibt, daß jede Person sie registrieren und empfinden kann, und daß es den Menschen einfach gegeben ist, was diese Begriffe ausdrücken. Schönheit zu finden ist den Menschen nicht aufgegeben. Dies trifft vielleicht für die Wahrheit zu, die bei den Griechen noch »das Unverborgene« hieß, und dies bedeutet ja nur, daß sie (für die Sinne) zunächst verborgen ist. Schönheit hingegen ist nie verborgen. Sie ist offen sichtbar und den Menschen auf diese Weise gegeben. Menschen können die Schönheit sowohl mit den Sinnen als auch mit dem Geist wahrnehmen, und sie erwerben diese Fähigkeit bereits im frühen Kindesalter, wenn sie ihre Eltern über die Sinne erkennen und damit ästhetisch erfassen – über ihre Schönheit also. Menschen orientieren sich an der Schönheit vom Anfang ihres Lebens an. Sie nehmen die Welt unter diesem Aspekt wahr, noch bevor sie die Wirklichkeit in die Begriffe packen, mit denen sie sich dann zumeist verständigen. Menschen sind von ihrem Ursprung her ästhetische Wesen, und es wäre der Mühe wert, zu lernen, von dieser Fähigkeit durchgehend Gebrauch machen, und zwar mit der Freude, die dazugehört.

Daß Schönheit den Menschen umsonst – *gratis* – gegeben ist, daß sie somit eine Gnade – *gratia* – ist, darauf hat vielleicht am deutlichsten der Schriftsteller Theodor Haecker hingewiesen, und zwar in seinem »Versuch über die Schönheit«, der 1936 erschienen ist. (Er hat im gleichen Jahr von den Nationalsozialisten Rede- und zwei Jahre später sogar Publikationsverbot erhalten.) Haecker bezweifelt in seinem Essay, daß die Menschen es sind, die irgendwelchen Dingen mit der Schönheit etwas verleihen, das diese Objekte ohne diesen Akt nicht hätten. Denn wenn über eine Landschaft gesagt wird, daß sie schön ist, dann drücken diejenigen, die so sprechen, nicht nur ihren Gemütszustand aus. Sie stellen auch etwas über die Landschaft selbst fest, ohne allerdings genauer bestimmen zu können, was an einer betrachteten Szene schön ist. Nach Haecker ist dies weder nötig noch möglich, denn *an* einer Landschaft ist nichts schön. Da gibt es keine Einzelheit, die ihre Schönheit ausmacht – etwa die

Farbe der Wiesen oder die Konturen der Erhebungen. Nur die Landschaft selbst – als das Ganze, das die Wahrnehmung mit den Sinnen und vor den Begriffen erschließt – verdient die Zuordnung dieses begehrten Attributs.

Das vernachlässigte Schöne

Natürlich kann man sich um eine präzisere und möglichst widerspruchsfreie Klärung des Begriffs bzw. der Begriffe »schön« und »Schönheit« bemühen, wie es die Philosophen seit jeher im Laufe der abendländischen Kultur versucht haben. Aber wer sich daran macht, ihren gedanklichen Spuren zum Schönen zu folgen, wird bald finden, daß sich manche im Verlauf ihres Nachsinnens zu leichtfertig von der Wahrnehmung entfernt haben, auf die es mehr ankommt, wenn es um das Erkennen und Verstehen der Welt geht. »Nachsinnen« heißt ja, daß man sich zunächst den Sinnen anvertraut und sich eigentlich auch an ihren Vorgaben orientieren sollte.

Wer bei den Philosophen Auskunft über das Schöne sucht, wird weiter feststellen, daß viele deutsche Denker bald mehr an Kunst und Künstler gedacht und das Schöne, seit es so bei G. W. Hegel zu lesen steht, als sinnliches Scheinen irgendeiner Idee charakterisiert und damit das Naturschöne nahezu ausgeschlossen haben. Hegels Bestimmung erinnert zwar entfernt an das wahre Schöne, das uns Sokrates in den Platonischen Dialogen anbietet, wenn er das irdische Schöne erblickt und sich gerührt fühlt, aber weiterhelfen kann die sicher liebenswürdige Bestimmung in diesem Zusammenhang meines Erachtens kaum. Und wer sich nun von den griechischen Anfängen an durch die Jahrhunderte zu arbeiten versucht, wird irgendwann feststellen müssen, daß viele Philosophen – zum Beispiel René Descartes, George Berkeley und Baruch Spinoza – die Schönheit sehr nachlässig behandelt und sich im strengen Sinne überhaupt nicht näher festgelegt haben.

Mit anderen Worten: Den Wissenschaftlern stehen viele Türen offen, wenn sie zu dem Schönen kommen und sich mit ihm beschäftigen wollen. Diese Freiheiten gilt es möglichst gut zu nutzen, und zwar im Rahmen der modernen Wissenschaft, die im 17. Jahrhundert von Europa aus die westliche Welt überzeugt und heute praktisch den ganzen Globus erobert hat. Eine zentrale gedankliche Leistung am Anfang dieser wissenschaftlichen Neuzeit war die Entdeckung eines Gegenübers, des Gegenstandes, den man auch Objekt nennt. Wenn heute Wissenschaft betrieben wird, dann beobachtet ein Subjekt ein Objekt, und das Ziel des Subjektes besteht darin, möglichst objektiv zu berichten bzw. möglichst objektive Aussagen zu machen.

Damit ist die berühmte Streitfrage unvermeidlich, ob Schönheit subjektiv oder objektiv ist, ob das Schöne eines Gegenstandes durch ihn oder durch mich entsteht, der ihn zum Beispiel mit den Augen beobachtet. Steckt Schönheit in der Welt, auch wenn es kein Ich darin gibt? Oder findet Schönheit nur im Kopf des Betrachters statt, in der es die Welt nur als sinnlich vorbereitete und ermöglichte Erscheinung gibt?

In meinen Augen kann die Antwort – wie oben bei Theodor Haecker – nur »sowohl als auch« lauten, wie im weiteren klar gelegt werden wird. Anders ausgedrückt: Schönheit spielt sich zwischen Betrachter und Gegenstand ab. Sie bringt und bindet beide zusammen. Schönheit spielt ihre Rolle auch zwischen den Menschen und bringt sie einander näher. Man will haben, was schön ist. Man versucht, sich dem, was schön ist, zu nähern. Das Schöne ist das eigentliche Ziel, auch wenn wir die Natur erforschen.

Ganz einfach für den alltäglichen Gebrauch ausgedrückt: Schönheit ist ein positiver Wert, den Menschen anstreben. Schönheit gefällt, ohne daß jemand sagen könnte oder müßte, warum dies für ihn der Fall ist. Schönheit bringt Genuß, wobei zu beachten ist, daß nicht alles, was jemand genießt, auch schön sein muß. Schönheit macht Liebe möglich und liefert Motive für Handlungen. Schönheit erfährt man zunächst ganz persönlich, und zwar durch die eigene Wahrnehmung, wenn diese sich aufmerksam und frei zugleich der Welt und den Menschen zuwendet, um sie zu verstehen.

Ein Lob der Unschärfe

Selbst wenn alle diese sich auf den gesunden Menschenverstand berufenden Bestimmungen Zustimmung finden sollten, muß trotzdem geklärt werden, ob für den hier verfolgten naturwissenschaftlichen Zweck eine genaue Definition von Schönheit nicht allein deshalb ratsam ist, weil im Rahmen von Wissenschaft jeder benutzte Begriff klar und deutlich definiert sein sollte. Man kann man sich doch nur zu wissenschaftlichem Reden aufschwingen, wenn die verwendeten Begriffe scharf umrissen und klar festgelegt sind! Oder wie soll man sonst der Gefahr namens Beliebigkeit entkommen?

Meine Antwort hierauf heißt, daß die geforderte begriffliche Schärfe unnötig ist, und ich gehe sogar so weit, zu behaupten, daß maßgebende Konzepte der Wissenschaft nicht nur unscharf bestimmt sind, sondern unscharf bestimmt sein *müssen*, um überhaupt einen wissenschaftlichen Dialog zu ermöglichen. Es scheint mir sogar ein großer Fehler des naturwissenschaftlichen Vorgehens zu sein, die Begriffe mit allen Mitteln präzisieren zu wollen, und zwar aus mindestens vier Gründen:

Erstens kann man an einem Begriff – wie zum Beispiel Atom, Gen oder Leben – nichts mehr erforschen, wenn von Anfang an ganz genau für immer und ewig festliegt, was damit gemeint ist. Und selbst der kürzeste Blick in die Geschichte der Wissenschaft macht deutlich, daß »Atom« heute etwas völlig anderes bedeutet als zur Zeit der Antike, in der der Begriff geprägt wurde.

Zweitens hat es überhaupt keinen Zweck, einen Begriff – wie zum Beispiel Gen – so einzuengen, daß zwar eine Gentechnikerin damit zufrieden ist – ihr reicht ein Molekül bestimmter Länge in der Gestalt der oben ausführlich gewürdigten Doppelhelix –, daß hingegen ein Evolutionsbiologe oder eine Immunologin damit wenig anfangen kann. Beide interessiert weniger die nackte Erbsubstanz und mehr deren Wechselwirkung mit anderen Stoffen in der Zelle und ihre Tricks, mit denen es gelingt, lange genug stabil zu bleiben, um als Gen überhaupt in Erscheinung treten zu können.

Drittens macht sich sehr rasch lächerlich, wer einen Begriff ganz genau definieren will, denn dann wird es zumeist besonders leicht, Gegenbeispiele zu finden, vor allem dann, wenn bessere Meßtechniken auf den Markt kommen. Wenn etwa Reinheit als völlige Abwesenheit von Fremdsubstanz festgelegt wird, kann man sofort den Schluß ziehen, daß es Reinheit in irgendeinem praktischen Sinne nicht gibt. Irgendein analytisches Verfahren wird schon dafür sorgen, daß man Beimischungen finden kann.

Viertens muß ein scharf abgegrenzter Begriff sehr weit von der sinnlichen Wahrnehmung entfernt sein, der er entsprungen ist. Natürlich kann man sich ein präzise festgelegtes System bereiten, aus dem man seine Einsichten gewinnt. Aber wer es benutzt, verzichtet auf den Teil der Erkenntnisse, der durch Mithilfe der Sinne zustande kommen könnte, und dazu kann nicht geraten werden.

Was das Schöne sei

Nach dieser verzögernden Zwischenrede braucht sich niemand mehr zu wundern, daß es auch in der Anwendung auf die Naturwissenschaften keine exakte Bestimmung von Schönheit gibt. Vielleicht dürfen wir über die Schönheit in demselben Sinne reden wie Newton über die Gravitation: Was sie ist, kann niemand sagen; uns reicht zu wissen, daß es sie gibt und daß wir angeben können, was sie vermag.

Im Verlauf der abendländischen Geschichte haben sich

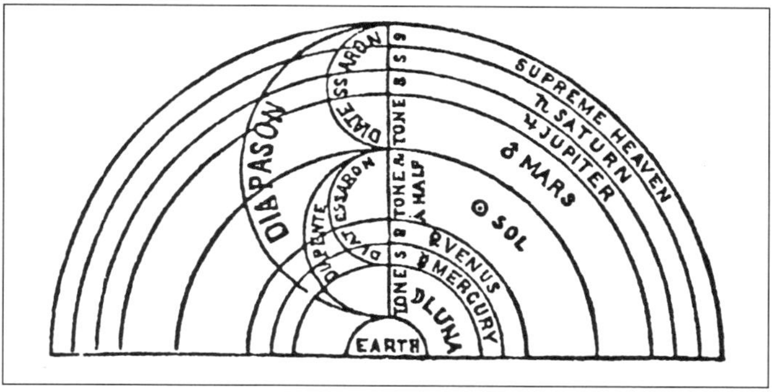

Abb. 2-1 Pythagoras ist allen heutigen Schülern durch den Satz des Pythagoras bekannt, für dessen Beweis er den Göttern aus Dankbarkeit 200 Ochsen geopfert haben soll. Pythagoras und seine damaligen Schüler haben unter anderem gefunden, daß er harmonische Tonintervalle an einem Monochord durch ganzzahlige Verhältnisse der Saitenlängen erzielen kann. Seine Ideen zur Harmonie der Sphären führten ihn dazu, Zahlen und Zahlenverhältnisse als gestaltende Form des Kosmos anzusehen. Er gründete den Bund der Pythagoreer, die auf die heilige Vierzahl (tetraktys) schwörten. Daneben vermutete Pythagoras, daß die Erde und das Leben rund sind, also einen Kreis bilden. Das heißt, er glaubte an die Reinkarnation. Auf jeden Fall finden sich im Denken seiner Schule einige archetypische Vorstellungen (Kreis, Vierzahl), die bis heute ihren Reiz nicht verloren haben und als schön empfunden werden – wie das vorliegende Bildchen. In dem gezeigten Diagramm haben die Pythagoreer versucht, eine Beziehung zwischen der Tonleiter (in ganzen oder halben Schritten) und den Positionen der Planeten zu konstruieren, die sich zwischen der Erde und der Sphäre der Fixtsterne befinden.

dennoch viele Menschen Gedanken darüber gemacht – auch außerhalb der philosophischen Systeme –, wie besonders auffällige oder speziell wirksame Aspekte des Schönen zu erfassen sind. Einige Vorschläge sollen hier mit dem Hintergedanken angeschaut werden, ob sie im naturwissenschaftlichen Kontext tragfähig sind oder ob sich besser ohne sie zurecht kommen läßt.

Die für unsere Zwecke und auf den ersten Blick einfachste Bestimmung des Schönen geht auf die Gruppe von suchen-

Das genetische Material

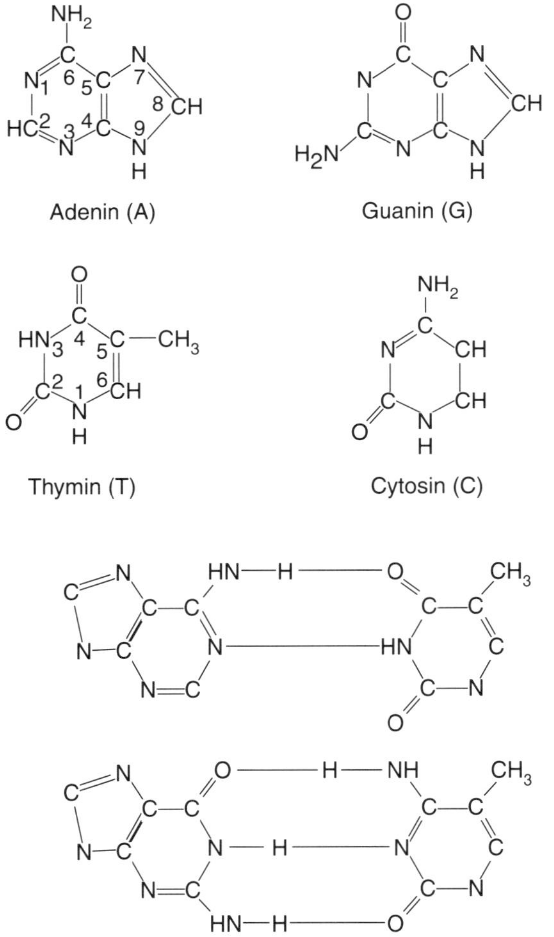

Abb. 2-2 Die Doppelhelix besteht in ihrem Inneren aus vier Basen, die als zwei Basenpaare in Erscheinung treten. Im molekularen Zentrum des Lebens trifft man auf eine tetraktys als Grundelement. Pythagoras hätte dies als schön empfunden. Mir gefällt es auch.

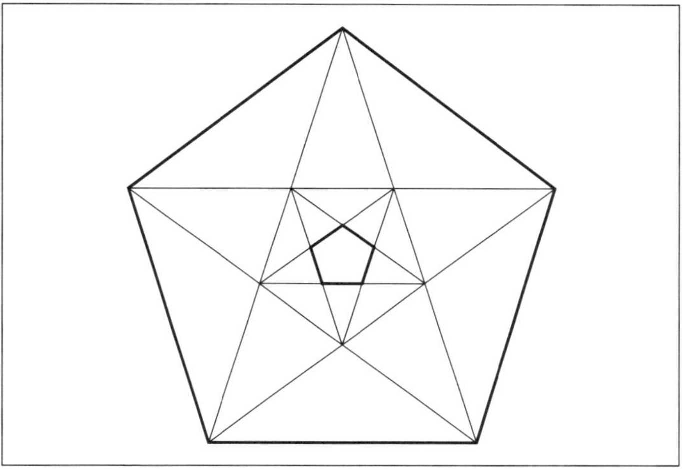

Abb. 2-3 In einem Pentagramm schneiden sich die Diagonalen wechselseitig im Verhältnis des Goldenen Schnitts, was als schön empfunden wird (wie im nächsten Kapitel ausführlich zur Sprache kommt). Im Inneren entsteht dabei wieder ein Pentagramm, für dessen Diagonalen natürlich dasselbe gilt. Man kann den Prozeß im Prinzip nach innen hin beliebig oft wiederholen und unendlich viele selbstähnliche Pentagramme finden. Umgekehrt kann man sich auf diese Weise auch vorstellen, daß große Gestalten aus ihren kleinen Vorläufern herauswachsen.

den Menschen zurück, die sich um einen Mann namens Pythagoras geschart haben. Sie haben im fünften Jahrhundert vor Christus die Harmonien gesucht und bestimmt, die sich durch Zahlen ausdrücken lassen, und Sätze der Art »Alles ist Zahl« geprägt (Abb. 2-1). In den Zahlen steckten für die Pythagoreer nicht nur die Quantitäten, die wir heute in ihnen ausschließlich wahrnehmen. Für die Weisen dieser Schule zeigten sich vor allem *Qualitäten* in den Zahlen. Sie konnten heilig sein wie etwa die Vier, die dann *tetraktys* hieß. Ihre Bedeutung zeigt sich etwa in den vier Elementen Erde, Wasser, Feuer und Luft, aus denen sich das antike Periodensystem zusammensetzte, oder in den vier Säften des Hippokrates, die bei einem gesunden Menschen im Gleich-

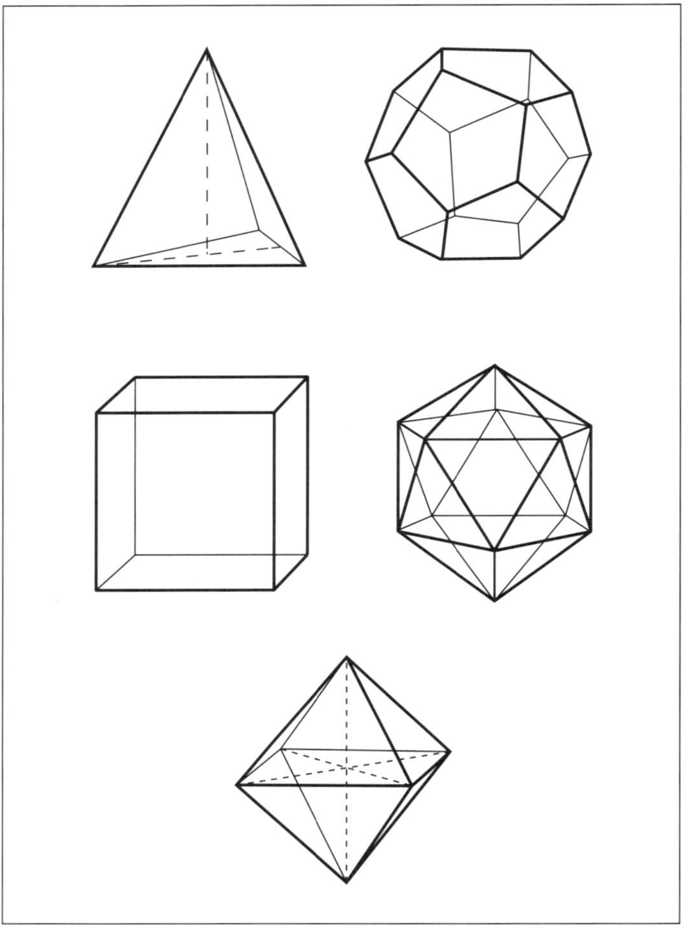

Abb. 2-4 Im Dialog »Timaios« ordnet Platon den Grundbestandteilen der Welt regelmäßige Körper zu – der Erde den Würfel, der Luft das Oktaeder, dem Feuer die Pyramide (Tetraeder), dem Wasser das Ikosaeder. Die Welt als Ganzes, so Platon, habe der Schöpfer (der Demiurg) in Form eines Pentagondodekaeders angelegt. Somit gibt es eigentlich fünf Weltkörper, was mit den Lehrsätzen des Euklid zusammenpaßt. In seinen »Elementen« beweist Euklid nämlich, daß es nur fünf reguläre Polyeder gibt. Sie alle hat Platon verwendet.

gewicht sein mußten – gemeint sind Blut, Schleim und zwei Sorten von Galle. Einem Pythagoreer wäre zum Beispiel sofort aufgefallen, daß die Struktur, die im Zentrum des Lebens steckt – die schon mehrfach erwähnte Doppelhelix –, in ihrem Innersten gerade eine solche heilige *tetraktys* aus vier chemischen Bausteinen (den sogenannten Basenpaaren) bewahrt und mit ihr das Leben ermöglicht (Abb. 2-2).

Schönheit war für einen Anhänger des Pythagoras vor allem durch äußere Maße definiert: Ein Gebilde gilt als schön, wenn die Teile der betrachteten Struktur untereinander und zum Ganzen in einem harmonischen Verhältnis zueinander stehen. Als Beispiel betrachten wir das geheimnisvolle Zeichen des pythagoreischen Bundes, das Pentagramm (Abb. 2-3), das in seinen Seiten und Diagonalen die Zahl veranschaulicht, die als Goldene Zahl bzw. Goldener Schnitt bezeichnet (und in einem eigenen Kapitel vorgestellt) wird.

Pythagoras hat einen nicht zu unterschätzenden Einfluß auf Platon gehabt, der nicht nur Philosoph, sondern vor allem Geometer war, und zwar immer dann, wenn es ihm um die Erklärung der materiellen Welt ging, wie wir heute sagen würden. Ganz im Sinne von Pythagoras hat Platon seine berühmten regelmäßigen Körper (Polyeder) entworfen – und zwar gerade wieder vier Stück, um aus ihnen die vier Elemente ableiten bzw. aufbauen zu können, mit denen die Antike seit Demokrit sich aufmachte, die sichtbare Wirklichkeit zusammenzustellen (siehe dazu Abb. 2-4). Was auf den ersten Blick absurd erscheint – wieso soll die Welt aus geometrischen Gebilden bestehen? –, gewinnt im Blickfeld der modernen Physik allmählich an Sinn, und zwar dann, wenn man Platons Bemühen so deutet, daß er nicht nach dem materiellen, sondern nach dem ästhetischen Grund der Welt fragt und ihn in Form von Symmetrie findet. Denn nur symmetrische Körper – Quadrat, Tetraeder, Oktaeder und Ikosaeder – sind in Platons Vorstellungswelt zugelassen, und dahinter steckt eine sehr verständliche und anschaulich orientierte Sehnsucht nach Schönheit. Auch Platon untersucht die Dinge vor allem deshalb, weil er das Gefühl hat, daß er dabei eine Form von Schönheit findet, die ihm zusagt. (Daß die kleinsten Teilchen der Materie – die Atome bzw. deren Bestandteile – keine Dinge mehr sind, sondern uns nur noch – wie von Platon geahnt – als Symmetrieformen entgegentreten, wird noch ausführlicher abgehandelt.)

Natürlich war Platon mehr philosophisch als geometrisch tätig, und natürlich hat er sich in seinen Dialogen Gedanken zu der Frage gemacht, »was das Schöne sei«. Schließlich ist es kein anderer als Sokrates, der diese Frage stellte, und zwar in seinem Gespräch mit einem sogenannten Weisheitslehrer, dem Sophisten namens Hippias. In dem von Platon überlieferten Dialog macht Sokrates seinem Gegenüber deutlich, daß es für viele von uns zwar einfach sei, anzugeben, was *schön* ist – zum Beispiel ein schöner Krug, ein schönes Pferd oder ein schönes Mädchen –, daß es aber überhaupt nicht mehr einfach sei, zu sagen, was *das Schöne* ist, was also all die von Menschen als schön angesehenen Gegenstände und Personen auszeichnet und beeindruckend wirken läßt.

Sokrates argumentiert nun im Verlaufe des Gesprächs, daß man das Schöne weder als das Brauchbare, noch als das Schickliche und leider auch nicht als dasjenige definieren kann, das für die Sinne angenehm ist – denn Lust, so läßt er Hippias erkennen, empfindet man auch, wenn von Schönheit nicht unbedingt die Rede sein muß. Und so stellt sich im Laufe des Dialogs heraus, daß es keine gültige Antwort auf die Frage gibt, »was das Schöne sei«.

Ganz ertraglos bleibt allerdings die Platonische Gesprächsführung nicht, denn für unsere Zwecke besonders interessant ist die Feststellung von Sokrates, daß zwar zum einen »der schönste Affe häßlich ist, verglichen mit dem menschlichen Gesicht«, daß aber zum anderen »das schönste Mädchen, mit Göttinnen verglichen, häßlich ist«. Affe – Mensch – Gott – das sieht alles ganz vernünftig und überzeugend aus, was Platon da seinem Sokrates in den Mund legt, zumindest auf den ersten Blick, der Philosphielehrer nicken und schmunzeln läßt. Doch beim erneuten Lesen stellt man dann fest, daß Sokrates zwei Ebenen ins Spiel bringt und so vermischt, daß sie anschließend keine ergiebigen Schlüsse mehr tragen können.

Ist der zitierte Dialog mit dem Weisheitslehrer Hippias möglicherweise nicht ganz ernst zu nehmen? Stellt er weniger eine Unterweisung im Schönen und mehr eine Übung im Denken dar, und zwar für die Schüler der Athener Akademie?

Im Rahmen dieser Möglichkeiten sei es einmal gestattet, Einwände gegen Sokrates zu erheben, und einer von ihnen könnte so lauten: »Wenn Du, o Sokrates, Affen und Menschen ästhetisch – in ihrer sinnlichen Wirkung auf meine Wahrnehmung – vergleichst und die bessere Position derjenigen Art voraussetzt, der wir beide angehören, dann macht Deine Rede natürlich nur vom menschlichen Standpunkt aus Sinn. Ansonsten, mein Lieber, triffst Du mit voller Wucht daneben, wie Dein Zeitgenosse Zhuangzi in China süffisant bemerkt hat. Bei ihm heißt es nämlich:

›Die Menschen haben ihre Schönheitsköniginnen; aber wenn ein Fisch so eine Schönheit sieht, taucht er in die Tiefe, und wenn ein Vogel sie sieht, fliegt er davon. Wer von ihnen weiß also, was auf Erden wirklich schön ist?‹«

Um diese den Griechen entgangene chinesische Einsicht an modernen Beispielen zu erläutern: Einen Bonobo zum Beispiel wird das Gesicht von Robert Redford kalt lassen im Vergleich zu dem einer Artgenossin, und ein Schimpanse wird Sokrates überhaupt nicht häßlich finden, so wie viele Menschen das möglicherweise tun, wenn sie eine der Statuen betrachten, die den Philosophen darstellen.

Sokrates erklärt in meinen Augen mit seinem Hinweis auf die Affen überhaupt nichts, vielmehr muß das, was er sagt, erklärt werden, zum Beispiel im Rahmen der Evolution, wie es in dem dazugehörenden Kapitel noch geschehen bzw. versucht wird.

Was nun die Göttin angeht, die schöner sein solle als ein Mädchen, so haben weder Sokrates noch irgendein anderer Sterblicher jemals eine Dame der Götterwelt leibhaftig mit Augen gesehen. Das heißt, die Wahrnehmung, die Sokrates von Menschen hat, und die Wahrnehmung, die ihm Zugang zur Götterwelt verschafft, haben so wenig miteinander zu tun, daß jedes Vergleichen von Schönheit leer bleiben muß – zumindest in einem Kulturkreis, der sich kein Bildnis seines Gottes machen soll. Was Sokrates meinen könnte, wäre irgendeine Idealvorstellung von einem wunderschönen Mädchen – also so, wie sich europäische Männer vielleicht ihre Helena zurechtphantasieren. Aber ein wirklich existierendes schönes Gesicht deswegen als »häßlich« zu bezeichnen, wie Sokrates es tut, zeugt nicht von Weisheit, sondern höchstens von schlechtem Geschmack.

Schönheit innen

Das, was Sokrates und Platon über das Schöne gesagt haben, wird ein paar Jahrhunderte später von dem in Rom lehrenden Philosophen Plotin wiederaufgenommen und interpretiert. Plotin versucht weniger mit großen Ideen zu hantieren und eher zu verstehen, welche menschlichen Wahrnehmungen beteiligt sind: »Das Schöne«, so stellt er fest, »findet sich im Bereich des Gesichts; es findet sich auch im Bereich des Gehörs, bei der Fügung der Wörter und in der gesamten Musik (denn Melodie und Rhythmus sind auch etwas Schönes); es finden sich aber auch, wenn wir von dem Wahrnehmungsbereich nach oben fortschreiten, schöne Beschäftigungen, Handlungen, Zustände, Wissenschaften und endlich die Schönheit der Tugenden; und ob sich über all diesem noch etwas Schönes findet, wird sich herausstellen.«

Große Mühe gibt sich Plotin aber nicht, das Schöne über allen Dingen – in einer Art platonischem Ideenhimmel – zu finden. Er kehrt die Blickrichtung vielmehr vollständig um und bietet – im Gegensatz und als Ergänzung zu der Sicht der Pythagoreer – eine innere bzw. innerliche Definition des Schönen, indem er feststellt: »Schönheit ist das Durchleuchten des ewigen Glanzes des ›Einen‹ durch die materielle Erscheinung.«

Daß Plotin damit eine für naturwissenschaftliche Zusammenhänge bzw. Erkenntniserlebnisse arbeitsfähige Erläuterung der Schönheit gegeben hat, läßt sich am Beispiel von Kepler demonstrieren, der in dem oben angeführten Zitat (S. 24) ebenfalls von einem Leuchten sprach, nämlich vom Aufleuchten seiner Seele, das in dem Augenblick eintritt, wenn die inneren und die äußeren Bilder zur Deckung kommen. Mit der perfekten Passung kommt ihm die besondere Gnade zu, eine Wahrheit über die Welt zu erfassen. Er erkennt sie an dem Glanz, der von ihrer Schönheit ausgeht.

Die »Linie der Schönheit«

Nach Plotin kommt – in Hinblick auf den hier verhandelten Zusammenhang – eine lange philosophische Lücke, die erst im 18. Jahrhundert wieder gefüllt wird, dann aber massiv und vehement zugleich. Schließlich formuliert am Ende des genannten Zeitraums der »Alleszermalmer« Kant seine Gedanken zum ästhetischen Urteil, und er bestimmt damit weitgehend die Richtung, in die sich deutschsprachige Philosophen bewegen, allerdings ohne daß ich geneigt wäre, ihnen dabei zu weit zu folgen.

Ein zwar sympathischer, aber nicht besonders populärer Zeitgenosse Kants ist der englische Arzt und Naturforscher Erasmus Darwin, der gewöhnlich als der Großvater des weltbekannten Charles vorgestellt wird. Charles Darwin verdankt die Welt bekanntlich die erste prägnante Fassung eines Gedankens, der bei Kant noch nicht (oder nur in Ansätzen) vorhanden ist. Gemeint ist der Gedanke der Evolution, der natürlich auch dann ernst zu nehmen ist, wenn es um Schönheit geht. Schließlich reicht es nicht, innere Bilder der Seele oder die Idee des Guten zu postulieren, es gilt auch eine Erklärung für ihr Auftreten und ihre besondere Form zu finden, und zwar im Rahmen der biologischen Geschichte, an deren Ende die Menschen aufgetaucht sind, und dies in ihrer vollen Schönheit.

Abb. 2-5 Tafel 1 aus der »Analyse der Schönheit« von William Hogarth.

Dieses Programm einer evolutionären Ästhetik kann hier nur empfohlen und kaum in Angriff genommen werden. Und an dieser Stelle sollte es auch weniger um Charles und mehr um Erasmus Darwin gehen, dem ein Rang unabhängig vom Enkel gebührt. In seinem 1794 erschienenen Buch mit dem Titel »Zoonomia« versucht Erasmus, die »Gesetze des organischen Lebens« zu finden. Er macht sich dabei nicht nur Gedanken über die Frage nach dem, was Menschen als schön empfinden, sondern er will auch wissen, warum sie dies tun. Mit anderen Worten – Erasmus sucht schon nach raffinierten evolutionären Perspektiven, lange bevor der Enkel es systematisch und umfassend tut.

Ausgangspunkt seiner frühen Überlegungen ist die Feststellung des englischen Malers und Kupferstechers William Hogarth, daß Körper und Formen den Menschen dann besonders gefallen, wenn sie den Verlauf einer S-Linie zeigen (Abb. 2-5). Hogarth spricht von der »line of beauty«, der

Linie der Schönheit, die Menschen gerne anschauen und die er in vielen Naturgegebenheiten und Kunstwerken findet (Abb. 2-6, siehe Farbteil nach S. 144).

Erasmus Darwin leuchtet diese Idee des Künstlers ein. Die S-Kurve ist auch für ihn die Linie der Schönheit, und er gibt dafür eine wunderschöne Begründung an, die einmal als »Erasmus-Darwin-Hypothese« bezeichnet worden ist. In seiner Schrift »Zoonomia« macht er den Vorschlag, daß ästhetische Wahrnehmung durch frühe sensorische Erfahrungen bedingt werde. Darwin baut dabei auf Erfahrungen auf, die die meisten Menschen in ihrer frühen Kindheit machen:

»Wenn das Baby kurz nach der Geburt und dem Eintritt in diese kalte Welt an den Busen der Mutter gelegt wird, dann wird sein Sinn für die Wahrnehmung von Wärme positiv betroffen; als nächstes wird sein Geruchssinn durch den Duft ihrer Milch erfreut; danach wird der Geschmack durch ihr Aroma belohnt; später bringen der Appetit nach Essen und Trinken Gefallen am Besitz ihrer Objekte [...], und schließlich wird der Tastsinn durch das Weiche und die Glätte der Milchbrunnen erfreut, die zur Quelle für diese Vielfalt der Glückseligkeit werden.

All diese verschiedenen Arten des Wohlgefallens werden nach und nach mit der Brust der Mutter assoziiert, die das Kind mit seinen Händen umfaßt, mit seinen Lippen drückt; die es mit seinen Augen beobachtet, um auf diese Weise eine genauere Vorstellung von der Form der mütterlichen Brust zu bekommen. [...] Und wenn dann in unseren reiferen Jahren irgendein Objekt sichtbar vor uns liegt, das aufgrund seiner wellenartigen Spirallinien irgendeine Ähnlichkeit zu der Form der weiblichen Brust besitzt – dies kann eine Landschaft sein mit weichen Hügellinien, die steigen oder fallen, oder eine antike Vase mit ihren Rundungen [...] –, dann spüren wir das allgemeine Schimmern der Freude, die alle unsere Sinne zu beeinflussen scheint. Wenn nun der Gegenstand nicht zu groß ist, dann verspüren wir Lust, ihn mit unseren Armen zu umfassen oder mit unseren Lippen zu berühren, so wie wir es in der frühen Kindheit mit dem Busen der Mutter gemacht haben. Somit sehen wir, daß gemäß der ingeniösen Idee von Hogarth die wellenförmigen Linien der Schönheit ursprünglich im Venushügel (›the temple of Venus‹) zu finden sind.«

Offensichtlich hat sich Eramus Darwin ausführlich mit Frauen beschäftigt, und er muß es als besonders befriedigend empfunden haben, dabei auch zu biologischen bzw. wissenschaftlichen Einsichten gekommen zu sein. (In einem späteren Kapitel wird sich übrigens zeigen, daß auch Casanova wichtige Hinweise auf die Biologie der Schönheit geliefert hat, woraus allerdings keine pädagogischen Konsequenzen gezogen werden.) Leider hat Erasmus seine Gedanken zum ästhetischen Empfinden an dieser Stelle auf sich beruhen lassen, und so ist es eine offene Frage, wie die Schlangenlinie der Schönheit sich von ihrem sinnlichen Ursprung gelöst hat und abstrakt wurde, wie sie von der individuellen Haut in den kollektiven Kopf der Betrachter kommen konnte.

Wie schwierig diese Aufgabe sein wird, zeigt allein das nicht nur nebensächliche Problem, daß die angedeutete Figur – die Schlangenlinie – nicht nur in der Lage ist, bei Menschen Wohlgefallen auszulösen. Sie kann zum Beispiel auch für einen heftigen Schrecken sorgen, nämlich dann, wenn die S-Linie tatsächlich in Form einer Schlange vor mir auftaucht. Klar bei alledem ist zunächst nur, daß der menschliche Wahrnehmungsapparat auf die Rundungen eingestellt ist, die Hogarth als »line of beauty« analysiert und praktiziert hat.

Eine Theorie des sinnlichen Erkennens

Nach dem englischen Bemühen um das sinnliche Empfinden folgt das deutsche Kümmern um das sinnliche Erkennen. Als erster Philosoph, von dem man behaupten kann, daß er eine systematische Theorie der Schönheit versucht hat, gilt weithin Immanuel Kant. Das Werk, auf das man sich dabei beruft, ist seine »Kritik der Urteilskraft.« Aus ihm wurde bereits kurz und bündig zitiert. Mit diesem Text hat Kant zugleich auch das letzte Werk der Philosophie geschrieben, in dem die Natur gleichberechtigt mit der Kunst erwähnt wird, wenn es um das Schöne geht. Das Naturschöne ist für Kant ebenso selbstverständlich gegeben wie das Kunstschöne, aber dieser Gedanke bricht mit ihm leider ab. In den Zeiten nach 1800 meinen die Philosophen, die Natur links liegenlassen zu können, wenn sie sich mit Fragen des Ästhetik befassen, wobei die Verwendung dieses Wortes sich immer mehr von der griechischen Wurzel *aisthesis* (»Wahrnehmung«) entfernt.

Noch kurz vor Kant sah das ganz anders aus. Ein anderer deutscher Philosoph hatte sogar einen besonderen Anlauf unternommen, um eine selbständige Theorie des sinnlichen Erkennens auf die Beine zu stellen, die er »Ästhetik« nannte. Gemeint ist der heute im wesentlichen unbekannte Alexander Gottlieb Baumgarten (1714–1762), der in Frankfurt an der Oder lehrte, in lateinischer Sprache schrieb und nach 1750 in zwei umfangreichen Bänden eine »Aesthetica« vorlegte, die eine Theorie des sinnlicher Erkennens sein wollte.

In diesen Büchern bemüht sich Baumgarten um eine Aufwertung des sinnlichen Zugangs zu den Dingen, weil er die Annahme für einen verhängnisvollen Irrtum hält, daß es mathematische und logische Strukturen seien, die den Reichtum der wahrnehmbaren Erscheinungen zu erfassen vermöchten. Diese Hoffnung stammt auch aus den Zeiten der wissenschaftlichen Revolution, die am Beginn des 17. Jahrhunderts unter anderem festlegte – und zwar vor allem in den Personen Galileo Galilei und René Descartes –, daß das Buch der Natur in mathematischer Sprache geschrieben sei und man sie zu lesen und verstehen lerne, wenn die Welt meßbar gemacht und mit Zahlen erfaßt werde.

Baumgarten bewundert natürlich die Wissenschaft, die aus dieser Doktrin heraus entstanden ist, er möchte aber ihren theoretischen Erkenntnissen die sinnlich verfügbaren Einsichten der Menschen an die Seite stellen, weil seiner Ansicht nach »die Sinne sicherer sind als jedes andere unserer Erkenntnisvermögen«. So hatte es schon 1620 Tommaso Campanella in seiner Schrift »Del senso delle cose e della magia« ausgedrückt.

Baumgarten entwirft eine »Wissenschaft von der sinnlichen Erkenntnis« – eine *»scientia cognitionis sensitivae«* –, deren Ausdrucksform nicht in abstrakten Beweisführungen, sondern in konkreten Bildern besteht, und er nennt sie »Ästhetik«. Ihr Ziel besteht darin, die sinnliche Form des Erkennens vollkommen ausüben zu können, und diese Vollkommenheit im Sinnlichen – die *»perfectio cognitionis sensitivae«* – stellt für Baumgarten *Schönheit* dar. Schönheit drückt also unter dem so konstruierten ästhetischen Dach aus, daß uns sinnlich eine Erkenntnis gelungen ist. Schönheit ist damit weder objektiv zu verstehen – als eine Eigenschaft des wahrgenommenen Gegenstandes –, noch kann sie allein subjektiv als angenehmes Gefühl erfaßt werden. Baumgarten versucht vielmehr, die cartesische Spaltung zu überwinden und erneut eine Einheit herzustellen, den Einklang zu finden, an dem Menschen interessiert sind.

Die Idee der Einheit ist umfassend gemeint. Denn der Ursprung seiner Bemühungen war Baumgartens bis heute aktuelle Einsicht, daß sich im Laufe der wissenschaftlichen Entwicklung zwei Bereiche getrennt und gegensinnig behauptet haben, die eigentlich zusammengehören. Diesen Widerspruch eingeführt hat Kopernikus, als er die Sonne in die Mitte stellt und die Erde kreisen läßt. Denn wenn unser Planet Erde rotiert, kann die Sonne weder auf- noch untergehen, selbst wenn es der Augenschein so zeigt. Daß die Sonne abends im Westen in den Ozean taucht, ist zwar objektiv falsch, trifft aber nach den Gesetzen der unmittelbaren Anschaulichkeit (Sinnlichkeit) zu. In den Worten des modernen Philosophen Hans Blumenberg:

»Wir lassen, 400 Jahre nach Kopernikus, weiter die Sonne auf- und untergehen; das Licht des Mondes empfinden wir als geborgten Glanz, obwohl wir die objektiven Verhältnisse genau ›wissen‹ und gegen sie aufzubegehren kaum jemand in den Sinn kommt.«

Natürlich hat Kepler bereits im 17. Jahrhundert den Widerspruch bemerkt, der zwischen dem, was man ästhetische, und dem, was man objektive Wahrheit nennen könnte, besteht. In seiner »Astronomia Pars Optica« weist er darauf hin, daß es Menschen nur schwer möglich ist, ihre Worte von ihrem »Gesichtssinn abzuziehen«. Trotzdem versucht Kepler, literarische und wissenschaftliche Sätze miteinander zu versöhnen – eine Aufgabe, die in den Tagen der Gegenwart erst recht gestellt ist.

Jede einfache Lösung scheitert erneut an der Unterscheidung, die Descartes vorgeschlagen und die damals begeisterte Zustimmung gefunden hat. Der Rationalist Descartes verzichtete auf das sinnlich Wahrgenommene und beachtete nur die mathematisierte Information über die Welt. Er vertrieb die Sinnlichkeit aus der Wissenschaft und raubte ihr damit das Herz. Baumgarten unternimmt mit seiner Ästhetik den ersten Versuch, rationale und sinnliche Erkenntnis wieder zusammenzuführen. Einer seiner Hinweise auf den ästhetischen Charakter des Wissens, den man ebenfalls ernster nehmen sollte, als es heute geschieht, lautet, daß Erkenntnis immer auch etwas ist, das jemand zum Ausdruck bringt, das also eine Form bekommt und in dieser Form anderen Menschen dargeboten wird. Um diese Form muß man sich genauso kümmern wie um den Inhalt, den man hineingibt. Vielleicht stellt die Formfrage den besten Ansatz dar, der Ästhetik in der Wissenschaft den Rang zu geben, der ihr zukommt.

»An Inquiry concerning Beauty«

Noch vor Baumgarten hatte der schottische Philosoph Francis Hutcheson eine Untersuchung über »beauty, order, harmony, design« vorgelegt und dabei auch die Wissenschaften und ihren mathematischen Zugriff auf die Welt im Auge gehabt. Hutcheson spricht 1725 in einem Kapitel ausdrücklich über die »Schönheit von Theoremen«. Bevor er allerdings so weit ist, versucht er Schönheit allgemein zu definieren, und er tut das erneut so, daß sich subjektive und objektive Elemente mischen und zusammenfinden.

Zunächst stellt Hutcheson klar, welche Qualität das Wort Schönheit bezeichnen soll, und er betont, daß Menschen einen Sinn dafür haben. Wörtlich heißt es im englischen Original, »The word *beauty* is taken for *the idea raised in us*, and a *sense* of beauty for *our power of receiving this idea*«, was man etwa so übersetzen könnte: »Das Wort *Schönheit* soll die *Idee* bezeichnen, *die in uns aufsteigt*, und ein *Sinn* für Schönheit steht für *unsere Fähigkeit, diese Idee zu empfangen.*«

Hutcheson wendet sich nach diesem Auftakt der Frage zu, wodurch sich äußere Gegenstände auszeichnen, wenn sie in uns die Idee der Schönheit auslösen, und er schlägt als Merkmal vor, daß es dabei *»uniformity amongst variety«* – Einheitlichkeit inmitten von Vielfalt – zu erkennen gibt. Diese Qualität findet sich sowohl in der Natur als auch in der Kunst. Sie erlaubt es, neben konkreten Gegenständen auch intellektuelle Konstrukte – wie etwa mathematische Theorien – schön zu finden.

Hutcheson vermutet, daß die Ausübung von Wissenschaft besondere Gelegenheit bietet, die Einheitlichkeit in der Vielfalt zu entdecken, und er stellt drei Ebenen vor, auf denen dem Forscher der Zugang zur Schönheit offen steht:

Auf der *ersten Ebene* befinden sich natürlich die Erscheinungen, die man unmittelbar wahrnehmen kann und die den Grundstock jeder wissenschaftlichen Untersuchung bilden – die Wolken etwa, die man tagsüber am Himmel beobachtet, oder der Sternenhimmel, der einen nachts beeindruckt. Man braucht niemandem zu erklären, was hier mit Einheitlichkeit und Vielfalt gemeint ist, und keine Theorie ist erforderlich, um durch Wahrnehmung der Erscheinungen nicht nur etwas zu wissen, sondern auch das Gefühl zu haben, etwas Schönes zu sehen bzw. zu erkennen.

Auf dieser Ebene hat die Wissenschaftlichkeit vor langer Zeit Einzug gehalten, aber ausgeschöpft ist ihr Reichtum

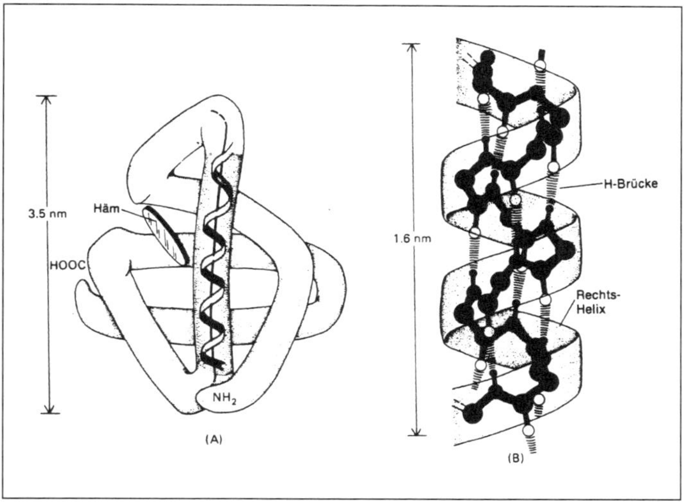

Abb. 2-8 Einige Moleküle aus dem Reservoir der Biochemie. Gezeigt ist (a) die Linie der sogenannten Alpha-Helix, die zu Beginn der fünfziger Jahre unseres Jahrhunderts von Linus Pauling ersonnen wurde, und zwar bevor die Experimente diese Genauigkeit erreichten. Die Helix zeigt die Art, in der die elementaren Bausteine von Proteinen eine Kette bilden können. Proteine wirken als molekulare Katalysatoren in Zellen und ermöglichen deren lebensnotwendige Reaktionen. In ihrer Struktur findet sich als (archetypischer) Grundbestandteil die Alpha-Helix, wie an dem Beispiel des berühmten Hämoglobins (b) zu erkennen ist, dessen Aufgabe darin besteht, den Sauerstoff im Blut zu binden und zu transportieren.

deshalb noch lange nicht. Schließlich gibt es bis heute Astronomen, die von den Himmelskörpern beeindruckt sind, selbst wenn sie diese nicht mehr direkt beobachten können und nur auf den Bildern erblicken (Abb. 2-7, siehe Farbteil nach S. 144), die im Kosmos mit modernen Geräten gelingen. Ebenso gibt es Chemiker, die von der Schönheit der Moleküle schwärmen, mit denen sie zu tun haben (Abb. 2-8). Auch diese Strukturen sind nur über Apparate zugänglich und mit dem Auge direkt nicht wahrnehmbar.

Genaugenommen müßte man sagen, daß die Chemiker

nicht so sehr die Moleküle als vielmehr die Modelle schön finden, die sie selbst »gebaut« haben. Diese Welt der Modelle spannt nun die *zweite Ebene* auf, die Hutcheson als schönheitsfähig ansieht, womit der Bereich von den kleinsten Molekülen bis zum größten Universum gemeint ist. Auch Ptolemäus hat ja ein Modell gebaut, und Kopernikus und Kepler haben es in ihrem Sinne verändert, und zwar so, daß sie es schöner fanden.

Was die Schönheit angeht, so gibt es einen wichtigen Unterschied zur ersten Ebene. Modelle, die aus Theorien entstehen und ihnen eine Form geben, werden nur selten von Menschen außerhalb der Wissenschaft als schön empfunden. Es fällt einem Astronomen natürlich leichter, bei den Himmelsbewegungen mehr Regelmäßigkeiten (Einheitlichkeit) in der zunächst verwirrenden Vielfalt zu entdecken als einem Laien, und entsprechendes gilt für die Molekülmodelle. Ein Chemiker sieht besser, welche Vielfalt an Funktionen durch die Einheitlichkeit ihrer Struktur erfaßt wird, und nur ein Chemiker kann eigentlich wissen, wieviel Arbeit in der schönen Form steckt, die zuletzt allen gefällt.

Auf dieser zweiten Ebene der ästhetischen Bewertung von Wissenschaft würde vor allem das Konzept der Evolution Platz finden, das im 19. Jahrhundert in den Köpfen der Naturforscher in Erscheinung trat, vor allem bei Charles Darwin. Darwin hatte sogar ausdrücklich ein ästhetisches Empfinden bei dem Gedanken, sich die gesamte Natur als ein enges Netzwerk von interagierenden Wesen vorzustellen, die durch eine Kraft, die natürliche Selektion, geprägt werden. Sie macht die Einheitlichkeit in der natürlich Vielfalt aus, und deshalb ist der evolutionäre Gedanke schön.

Über den beiden genannten Ebenen liegt – in der Vorstellung von Hutcheson – die *dritte Ebene* der Abstraktion, auf der sich die Theoreme und Theorien befinden. Sie sind schön, wenn sie eine möglichst einfache Form haben – dies wäre die Einheitlichkeit – und dabei möglichst viel erfassen – dies wäre die Vielfalt. Eine Theorie ist dann schön, wenn sie als mühelos eingängiges Prinzip vorliegt, aus dem viele und weitreichende Schlüsse gezogen werden können. Als Beispiel bietet sich etwa die Theorie der Relativität von Einstein an, die in ihrer speziellen Form nur die Konstanz der Lichtgeschwindigkeit und die Äquivalenz von sogenannten Inertialsystemen benötigt, um ein neues und überraschendes Verständnis von Raum und Zeit herbeizuführen. Oder man kann auf das sogenannte »Prinzip der kleinsten Wirkung« verweisen, das den Weg, den ein gebrochener Lichtstrahl zurücklegt, ebenso verständlich zu machen erlaubt wie das Schmelzen von Eis, das unter Druck vor sich geht (und damit zum Beispiel den schönen Sport des Eiskunstlaufs ermöglicht). Dieses heute leider etwas in Vergessenheit geratene Prinzip der kleinsten Wirkung führt viele Phänomene der physikalischen Welt auf einen einfachen und daher schönen Gedanken zurück. Noch zu Beginn des 20. Jahrhunderts stand seine Qualität im Zentrum vieler wissenschaftlicher Analysen, und selbst der sonst eher zurückhaltende und häufig demütig formulierende Max Planck geriet ins Schwärmen, wenn er auf dieses »oberste physikalische Gesetz« zu sprechen kam. Er nannte das Prinzip der kleinsten Wirkung »die Krone« der Physik, weil es »die vier Weltkoordinaten in vollkommen symmetrischer Anordnung enthält. Von diesem Zentralprinzip strahlen symmetrisch nach vier Richtungen vier ganz gleichwertige Prinzipien aus, entsprechend den vier Weltdimensionen; den räumlichen Dimensionen entspricht das (dreifache) Prinzip der Bewegungsgröße, der zeitlichen Dimension entspricht das Prinzip der Energie. Niemals war es früher möglich, die tiefere Bedeutung und den gemeinsamen Ursprung dieser Prinzipien soweit zurück bis hin zur Wurzel zu verfolgen.«

Es ist offensichtlich, daß Planck über das Prinzip der kleinsten Wirkung so redet wie Platon über seine Weltkörper. Während sich nun aber die geometrischen Gebilde leicht darstellen lassen, erweist sich das dynamische Prinzip allen Vereinfachungen gegenüber als hartnäckig resistent. Mathematisch geht es um ein sogenanntes Zeitintegral, das ein Minimum annehmen soll, und physikalisch gemeint ist, daß

Veränderungen (Bewegungen) in der Natur mit möglichst wenig Aufwand ablaufen. Seine besondere Bedeutung hat das im 18. Jahrhundert erst vermutete und dann sauber formulierte Prinzip dadurch bekommen, daß es auch bei Systemen funktionierte, deren Mechanismus im einzelnen unbekannt war. Ob Flüssigkeiten rotieren oder Kugeln rollen, ob sich Aggregatszustände ändern (das Schmelzen von Eis) oder Temperaturen ausgleichen – immer konnte man mit Hilfe des Prinzips der kleinsten Wirkung angeben, was in einem gegebenen System passiert. Das für Planck und andere Physiker Wunderbare an dieser Sache war, daß die Vielfalt der physikalischen Disziplinen – Thermodynamik, Mechanik, Elektrodynamik, Optik und viele mehr – einheitlich erfaßt wurde. Diese jetzt als schön erkannte »*uniformity amongst variety*« stellt Planck zufolge das Ziel der Naturforschung dar. Er hat diesen Gedanken, den er immer wieder betont hat, zum ersten Mal deutlich in einem berühmten Vortrag über die »Einheit der physikalischen Weltbilder« im Jahre 1908 formuliert:

»Von jeher, solange es eine Naturbetrachtung gibt, hat ihr als letztes, höchstes Ziel die Zusammenfassung der bunten Mannigfaltigkeit der physikalischen Erscheinungen in ein einheitliches System, womöglich in eine einzige Formel, vorgeschwebt.«

Mit anderen Worten, das Ziel der Wissenschaft war seit jeher Schönheit, und zu Beginn des 20. Jahrhunderts hat man dies noch gewußt. Vielleicht läßt es sich an seinem Ende wieder lernen.

Schönheit bei Leibniz

Was an ästhetischen Theorien nach dem 18. Jahrhundert – also nach Hutcheson und Baumgarten – kommt, hat immer weniger mit Wissenschaft zu tun, weshalb wir darauf nicht weiter eingehen wollen. Um auf das nachfolgende mathematische Kapitel vorzubereiten, soll hier abschließend noch auf die Schönheit hingewiesen werden, die Gottfried Wilhelm Leibniz im 17. Jahrhundert in der mathematisch-physikalischen Suche nach Erkenntnis gefunden hat.

Leibniz hat mit großem Pathos von der Schönheit in der Wissenschaft gesprochen: »Die Schönheit der Natur ist so groß und deren Betrachtung hat eine solche Süßigkeit, ... daß wer sie gekostet, alle anderen Ergötzlichkeiten gering dagegen achtet.« Leibniz spricht sogar von der Lust am schönen Theorem, und er meint damit unter anderem konkret den Goldenen Schnitt, um den es im nächsten Kapitel ausführlich gehen wird.

Leibniz macht bei seiner Analyse der Schönheit unter anderem die Beobachtung, daß sich das Empfinden von naturwissenschaftlicher Schönheit im Laufe der Geschichte ändern kann. Was einer früheren Generation als schön galt, so stellt er fest, wirke in der Gegenwart oftmals trivial und banal. Schönheit kann also veralten, wobei es Leibniz nicht bei dieser negativen Einsicht bewenden läßt. Ihm fällt nämlich auch auf, daß die schönsten Erfindungen theoretischer Art im allgemeinen die Eigenschaft haben, nachträglich leicht und fast selbstverständlich auszusehen. Für Leibniz, der Schönheit als Eigenschaft sowohl der Natur wie einer Theorie anerkennt, bedeutet die »Einfachheit in der Vielfalt« (Hutcheson) nichts anderes als die Harmonie der Dinge und ihrer Teile, und damit ist Schönheit gemeint. Menschen sollen nach schönen Wahrheiten suchen, denn in diesem Falle agieren sie als Spiegel Gottes, der »die beste aller Welten« (Leibniz) nach der vollkommensten Schönheit geschaffen hat.

Wer allerdings nur die Schönheit eines Resultats im Auge behält – so stellte Leibniz bei den eigenen Bemühungen um mathematische Theoreme fest –, der kann sich auch irren. Das Streben nach Schönheit kann scheitern, und die Geschichte der Naturwissenschaften steckt voll davon. Für Leibniz zeigten sich hier die Schwierigkeiten, die diejenigen Naturforscher bekommen, welche an die durchgehende Vollkommenheit und Schönheit alles Seienden glauben und diesem Gedanken vertrauen. Doch Schwierigkeiten müssen überwunden werden. Dafür ist man dann ganz alleine zuständig.

3 *Das irrationale Maß der Dinge* **Der Goldene Schnitt im Großen und im Kleinen**

»Beauty is the first test: there is no permanent place in the world for ugly mathematics.«

Godfrey H. Hardy

Im 19. Jahrhundert gab es eine Phase, in der die Psychologie sich darum bemühte, eine besonders exakte Wissenschaft des Schönen zu werden. Sie tat dies dadurch, daß sie, wie die Physik ein paar hundert Jahre vorher, versuchte, alles meß- und zählbar zu machen, was ästhetisch interessant zu sein schien und dem allgemeinen Geschmack zufolge als schön betrachtet wurde. So zählte man Wörter in bekannten Gedichten und Köpfe auf berühmten Gemälden, stellte fest, ob bei Plastiken die Figuren mehr nach links oder rechts schauen, und was man dergleichen mehr im Bereich der schönen Künste quantitativ erfassen kann.

Wer dabei nur auf das technische Geschick seines Vorgehens geachtet und sich sonst keine Gedanken gemacht hat, kam bald zu fundamentalen Einsichten der Art, daß der Reim am Ende einer Verszeile wesentlich für das Gefallen ist, das Menschen an Gedichten finden, und daß für den deklamatorischen Vortrag Lyrik besonders geeignet ist, deren Zeilen etwa jeweils drei Sekunden in Anspruch nehmen. Die letztgenannte (und keineswegs triviale) Beobachtung trifft übrigens über die Grenzen der Kulturen hinweg zu und charakterisiert europäische Poesie ebenso wie japanische oder arabische. Der genannte Zeittakt findet sich zum Beispiel bei Goethes »Selige Sehnsucht« aus dem »Westöstlichen Diwan«, wobei das Gedicht zwei Zeilen lang wie eine

Art Warnung klingt, die aber sicher nicht an die erwähnten Psychologen gerichtet ist:

»Sagt es niemand, nur den Weisen
Weil die Menge gleich verhöhnet,
Das Lebend'ge will ich preisen,
Das nach Flammentod sich sehnet.«

Das Goldene Rechteck

Einer der physikalisch orientierten Psychologen, die sich damals mit Stoppuhr, Meterband und anderen Präzisionsinstrumenten auf die Jagd nach der Meßbarkeit des Schönen begaben, war Gustav Theodor Fechner. Er machte sich unter anderem daran, die Bilderrahmen der Meisterwerke in Museen zu vermessen. Dabei stellte er fest, daß sie auf ein wunderschönes Mittelmaß zuliefen. In den meisten Fällen, so ergaben seine zahllosen Messungen, waren die Einrahmungen nämlich so gezimmert, daß ihre Ausmaße die Bedingungen für ein Goldenes Rechteck erfüllten (Abb. 3-1). Ein Goldenes Rechteck ist dabei durch die Eigenschaft definiert, daß seine beiden Seiten a und b so beschaffen sind, daß das Verhältnis der kurzen Seite (a) zur langen Seite (b) gleich dem Verhältnis der langen Seite zur Summe der beiden Seiten (a + b) ist.[2]

Fechner machte sich im Anschluß an seine Museumsbesuche daran, Versuchspersonen daheim im psychologischen Laboratorium unterschiedliche Rechtecke vorzulegen (Abb. 3-1), um sie anschließend zu fragen, welche Figur ihnen

[2] Ich möchte an dieser Stelle meine nicht sehr systematisch ausgeführte Beobachtung hinzufügen, daß Fechner wahrscheinlich recht hat mit seinem goldenen Mittelmaß, soweit es gewöhnliche Bilder in Museen betrifft. Berühmte Gemälde – zum Beispiel die von Vermeer oder Van Gogh – weichen von dieser ästhetischen Norm aber oft ab. Vielleicht sind sie gerade deswegen Meisterwerke.

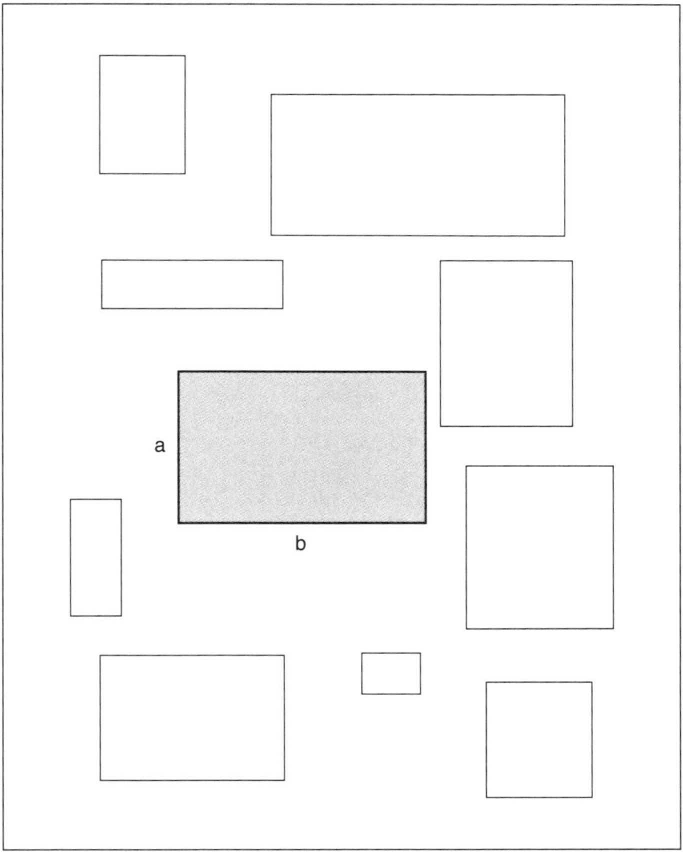

Abb. 3-1 Verschiedene Rechtecke, von denen eines (markiert durch die Seiten a und b) die Bedingungen erfüllt, die benötigt werden, um »Golden« genannt zu werden.

spontan am meisten zusage. Wie nicht anders zu erwarten, entschied sich die überwiegende Zahl der Probanden für das Goldene Rechteck, und ich vermute, daß es den Lesern an dieser Stelle nicht anders geht. Die meisten Menschen finden ein Goldenes Rechteck schöner als andere Vierecke

Abb. 3-2 Ein Buch, dessen Format einem Goldenen Rechteck entspricht.

einschließlich der Quadrate, und wer sich umblickt, wird rasch feststellen, daß zum Beispiel die typographische Gestaltung von Drucksachen dies in geeigneter Weise berücksichtigt. Auch Bücher sind vielfach nach diesem Maß angelegt (Abb. 3-2). Sie gefallen dann offenbar einfach besser, und ich persönlich nehme entsprechende Exemplare (mit geeignetem Seitenumfang) lieber zur Hand. Die Frage ist damit aufgegeben, ob und wie sich diese Vorliebe für das Goldene Rechteck verstehen bzw. begründen läßt und warum wir seine Proportionen als schön empfinden.

Das Attribut »Golden« leitet sich von einer uralten geometrischen Aufgabe ab, die darin bestand, eine gegebene Seite derart zu teilen (zu zerschneiden), daß sich die Länge der ganzen Strecke zur Länge des größeren Teilstücks so verhält, wie es die Länge des größeren zur Länge des kleineren Abschnitts tut (Abb. 3-3). Seit jeher nennt man diese Teilung den »Goldenen Schnitt«, lateinisch *sectio aurea,* und man hat sofort die ästhetische Wirkung dieser Zerlegung verstanden, welche die einzelnen Abschnitte untereinander ver-

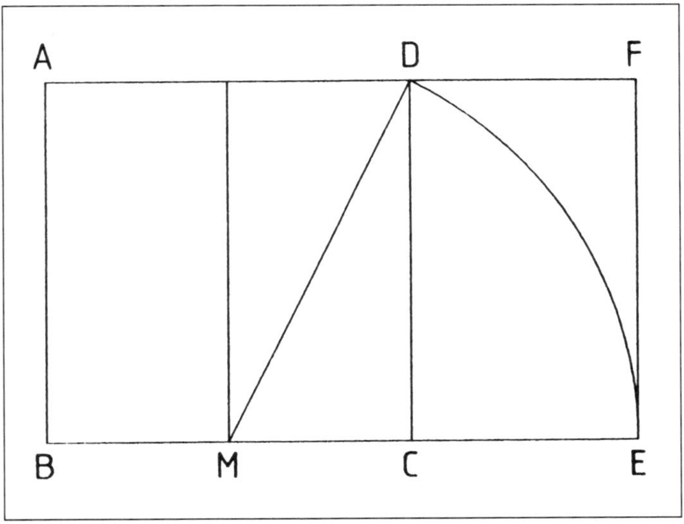

Abb. 3-3 Die Konstruktion des Goldenen Schnitts, wie sie von Euklid gegeben worden ist. Ausgangspunkt ist ein Quadrat (ABCD). Von einer Seite wird die Mitte (M) bestimmt und der entsprechende Punkt mit einem gegenüberliegenden Eckpunkt (D) verbunden. Wenn jetzt um M ein Kreis mit dem Radius MD gezogen wird, schneidet er die Verlängerung der Seite, auf der M liegt, in einem neuen Punkt E. Dadurch entsteht eine große Strecke BE, die von C im Verhältnis des Goldenen Schnitts geteilt wird (wie hier nur behauptet und nicht bewiesen wird).

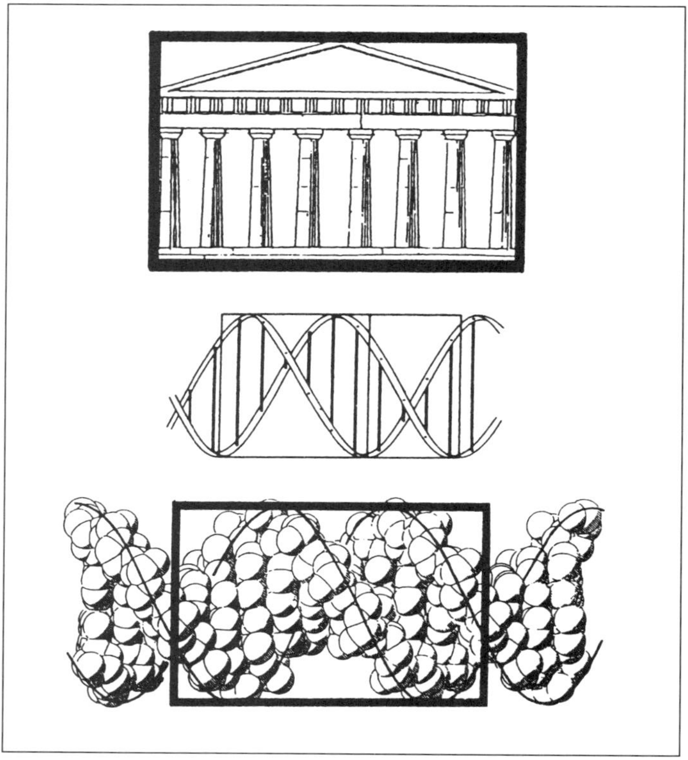

Abb. 3-4 Das Parthenon in Athen fügt sich dem Goldenen Schnitt ebenso wie die Doppelhelix, und dies ist sicher mit ein Grund dafür, warum beide als klassisch schön gelten.

gleichbar und also selbstähnlich macht (um einen modernen Ausdruck zu verwenden).

Der Goldene Schnitt wurde bereits in der griechischen Baukunst benutzt, etwa beim Parthenon in Athen (Abb. 3-4), und später in der Renaissance zur ästhetisch ansprechenden Gliederung von Flächen bzw. zur Bestimmung von Abständen. Als Beispiel kann auf die Capella Pazzi von Filippo Brunelleschi in Florenz verwiesen werden.

Für einige Künstler der Renaissance galt der Goldene Schnitt als »göttliche Proportion«, wie Fra Luca Pacioli es ausgedrückt hat, der 1509 ein Buch mit dem Titel »De divina proportione« schrieb. Es gibt zudem Anzeichen dafür, daß dieses »heilige Verhältnis« schon in Ägypten bekannt war und so eingeschätzt wurde. Jedenfalls lassen sich bei der großen Pyramide von Gizeh Verhältnisse aus Höhen und Seitenlängen der Basis finden, die dem Zahlenwert des Goldenen Schnitts entsprechen, dem wir uns jetzt zuwenden wollen.

Wenn man die Front des Parthenon möglichst genau abmißt und das Verhältnis der kleinen Seite zur großen bildet, dann findet man so etwas wie den Quotienten 1 : 1, 618 (wobei natürlich jeder eine andere Zahl herausbekommt, wenn nicht definiert wird, von wo bis wo gemessen werden muß). Die Goldene Zahl – also der genaue Wert des Goldenen Schnitts – kann am einfachsten exakt abgeleitet werden, wenn man derjenigen Seite, die geteilt werden soll, die Länge 1 zuordnet und den größeren Abschnitt mit G (was auch für »Golden« stehen kann) bezeichnet. Dann hat das kleinere Teilstück die Länge (1 – G), und die *sectio aurea* erfolgt nach der gegebenen Definition so, daß die Gleichung $1 / G = G / (1-G)$ gilt. Wer dies anders ausdrücken will, kann daraus eine quadratische Gleichung formen, nämlich $G^2 + G - 1 = 0$. Und wer sich zudem an seine Schulzeit und die Methode der quadratischen Ergänzung erinnert, kann nach ein paar Rechenschritten das Endergebnis ableiten, das seltsam wirkt:

$$G = {}^1/_2 (\sqrt{5} - 1).$$

So lautet die Goldene Zahl bzw. die Goldene Proportion, und sie sieht auf den ersten Blick verwunderlich aus. Von Göttlichkeit bzw. goldener Schönheit zeigt sich zunächst wenig. Man kann nur nachrechnen, was dabei herauskommt; mit einer Genauigkeit von sechs Stellen findet man, daß G etwa 0,618033 ist.

Wer sich nun darüber wundert, daß beim Parthenon-Verhältnis dieselben drei Ziffern hinter dem Komma stehen, wird rasch bemerken, daß die Goldene Zahl mit ihrem Kehrwert in enger Verbindung steht. Man bekommt ihn einfach dadurch, daß man 1 addiert.

Da man bei der Bildung des Goldenen Verhältnisses von zwei Seiten ausgehen kann – entweder beginnt man mit der Gesamtlänge oder mit der kleinsten Seite –, kann man auch den Kehrwert der oben definierten Goldenen Zahl als Goldene Zahl festlegen. Hinter dem Komma macht es keinen Unterschied, und ob nun vorne eine 1 oder eine 0 steht, kann jeder nach eigenem Gutdünken bestimmen (was manchmal die Literatur zum Thema verwirrend erscheinen läßt).

Mit einer 1 vor der Komma – wenn also die Goldene Zahl mit 1, 618 beginnt – läßt sich die schöne Feststellung treffen, daß man den Kehrwert der Goldenen Zahl erhält, wenn man 1 von ihr abzieht, und daß man ihr Quadrat erhält, wenn man 1 zu ihr hinzuzählt.

Es gibt noch weit mehr Spielereien dieser Art mit der Goldenen Zahl, die von vielen als Schlüssel nicht nur zur Schönheit, sondern auch zum Leben verstanden wird. Auf diese keineswegs nur als Kuriositäten zu behandelnden Zusammenhänge soll aber nur hingewiesen werden, weil die Aufmerksamkeit auf die Verbindung zu richten ist, die zum Leben besteht.

Die Idee der Zeugung

Die Frage lautet: Was ist das Besondere an der Zahl, die doch auf den ersten Blick eher häßlich wirkt? Was soll schön sein an $^1/_2\,(\sqrt{5}-1)$? Und was haben dieser seltsame Ausdruck und sein Zahlenwert mit dem Leben zu tun?

Tatsächlich wirkt die Zahl eher unangenehm, und eine Harmonie läßt sich in ihr nicht leicht erblicken. Kepler hat sie sogar als »unaussprechliche« Zahl bezeichnet, wobei er allerdings nur auf die mathematische Tatsache hinweisen wollte, daß G keine rationale Zahl ist, wie die Mathematiker sagen. Schließlich steckt in der Goldenen Proportion eine

Wurzel, und die läßt sich nicht als Quotient aus zwei natürlichen Zahlen darstellen.

G ist also in der heutigen Terminologie eine irrationale Größe, und so korrekt sich definieren läßt, was wissenschaftlich damit gemeint ist – nämlich eine Zahl, die sich nicht als ein Verhältnis zweier ganzer Zahlen schreiben läßt –, das Wort »irrational« irritiert die meisten Menschen, und zwar nicht erst seit heute.

Dieser Ausdruck des Irrationalen in der scheinbar rein rationalen Mathematik weckte schon im 17. Jahrhundert die unangenehme Assoziation der Unsinnigkeit, weshalb Kepler bei der Goldenen Proportion lieber den Begriff der unaussprechlichen Zahl verwendete. Trotzdem fand er die Eigenschaften von G wunderbar, er nannte ihre Eigenschaften sogar »göttlich« und hielt sie erregt für »das Juwel der Geometrie«. Kepler schwärmte von »ihrer wunderbaren Natur und ihren mannigfachen Sondereigenschaften, von denen die wichtigste darin besteht, daß man immer wieder eine in gleichen Teilen geteilte Strecke erhält, wenn man den größeren Teil zum Ganzen addiert, der größere Teil zum kleineren und, was vorher das Ganze war, zum größeren Teil wird« (Abb. 3-5).

So führt es Kepler in seinem Hauptwerk »Harmonices mundi« aus, in dem es dann weiter über die Goldene Proportion G (und die ihr innewohnende Selbstähnlichkeit) heißt:

»In diesem schönen Verhältnis liegt nun aber die Idee der Zeugung verborgen. Denn wie der Vater den Sohn erzeugt, der Sohn einen anderen, jeder einen ihm ähnlichen, so wird auch bei jeder Teilung die Proportion fortgesetzt, wenn man den größeren Abschnitt zum Ganzen hinzufügt.«

Wenn Kepler recht hat, wenn also im Goldenen Schnitt die Dynamik von Lebensprozessen – Wachsen und Zeugen – eingefangen ist und ihre wahrnehmbare Form bekommen hat, dann läßt sich die Richtung erkennen, in der ein Grund für Schönheit gefunden werden kann, die G bzw. die Goldene Teilung darstellen. Dann läßt der Goldene Schnitt näm-

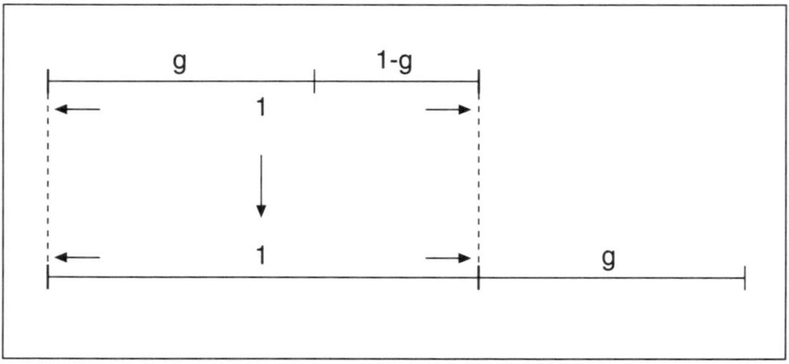

Abb. 3-5 Die geeignete Verlängerung des Goldenen Schnitts um das größere Teilstück erzeugt wieder eine Seite, die im Goldenen Verhältnis geteilt ist. Dies läßt sich leicht ausrechnen, da aus der alten Relation $1 / G = G / (1-G)$ eine neue entsteht, nämlich $(1 + G) / 1 = 1 / G$, die unmittelbar zu derselben quadratischen Gleichung führt, das heißt erneut zu $G^2 + G = 1$.

lich erkennen, daß Leben gelungen und auf seinem Weg ist, neues Leben zu zeugen. Solch ein Anblick muß der Wahrnehmung zusagen und für den Wahrnehmenden angenehm und wohltuend wirken. (Auf jeden Fall läßt sich in diesem Rahmen verstehen, daß die Evolution die Menschen mit solch einem wohltuenden Gefühl bei der Wahrnehmung des Goldenen Schnitts ausgestattet hat.)

Die Vermehrung von Kaninchen

Angenehm auf die Sinne wirkt auf jeden Fall eine menschliche Figur (Abb. 3-6), wenn sie so gezeichnet ist, daß sie möglichst oft die Qualitäten des Goldenen Schnitts zeigt. Leonardo da Vinci hat seine berühmte Proportionsskizze vor rund 500 Jahren nach Vorgaben des antiken Architekten Vitruvius angefertigt, um eine Harmonie der Teile untereinander und in Hinblick auf das Ganze zu illustrieren, so wie es die Festlegung von Schönheit im Sinne der Pythagoreer erfordert.

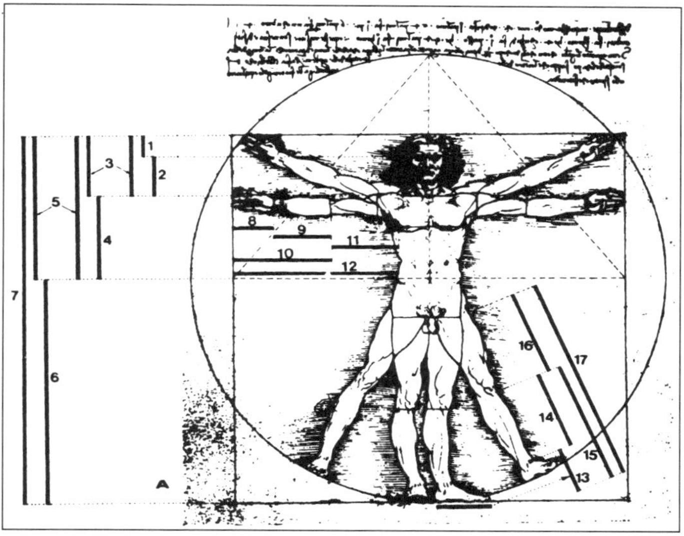

Abb. 3-6 Die Proportionsskizze von Leonardo da Vinci, die um 1490 entstanden ist und nach einem Schema des altrömischen Architekten Vitruvius angefertigt ist. Vitruvius wollte die Menschenmaße als Grundlage des Bauens verwenden. Leonardos Figur steht so da, als ob sie ein Pentagramm imitieren wollte. Der Goldene Schnitt leuchtet überall durch (vgl. Abb 3-7).

Stimmt es aber, daß Menschen tatsächlich so aussehen? Stimmt es, daß die Natur uns so baut, daß zum Beispiel der Nabel unseren Körper in zwei Bereiche teilt, deren Längen sich wie 1, 618 bzw. 0, 618 verhalten? Nachmessungen kann jeder unter seinen Bekannten und Verwandten durchführen, und das Ergebnis fällt zumeist ernüchternd aus. Daraus sollte man nun auf keinen Fall den Schluß ziehen, daß die meisten Menschen eben nicht so schön sind, wie man sich das wünscht, denn auch die als ideal gepriesenen klassischen Plastiken, etwa der »Apoll von Belvedere« in den Vatikanischen Museen, verfehlen die Ziffern 618 hinter dem Komma deutlich.

Offenbar hat die Natur noch andere Wachstumsregeln einzuhalten als die Beachtung bzw. Erfüllung des Goldenen

Schnitts, und Schönheit offenbart sich vielleicht nicht durch eine bestimmte Perfektion, sondern durch Abweichungen, die zu dem Idealwert in einem geeigneten Verhältnis stehen. Unabhängig davon ist zu erwarten, daß das von Kepler überzeugend vorgetragene und einleuchtende Konzept sich dann vor allem als wirksam erweist, wenn die Wachstumsvorgänge möglichst einfach sind. Genau auf solch eine Situation hat sich um 1200, also rund 400 Jahre vor Kepler, ein anderer Leonardo konzentriert. Er hieß Leonardo von Pisa und ist besser bekannt durch seinen Spitznamen Fibonacci. In der Mathematik kennt man nämlich die sogenannten Fibonacci-Zahlen, die durch ein einfaches Bildungsgesetz entstehen. Die Reihe beginnt mit der Ziffer 1 und setzt sich dadurch fort, daß jede weitere Zahl die Summe der beiden vorgehenden Zahlen ist (wobei beim ersten Mal die hinzugedachte 0 addiert wird), also:

1, 0 +1 = 1, 1 + 1 = 2, 1 + 2 = 3, 2 + 3 = 5,
3 + 5 = 8, 5 + 8 = 13, 8 + 13 = 21, usw.,

das heißt, die Reihe lautet

1, 1, 2, 3, 5, 8, 13, 21, 34, 55, 89, 144, 233, 377,
610, 987 usw.,

was nicht besonders schön aussieht – zumindest nicht beim Blick hinter die »mathematischen Kulissen« –, was aber rasch übersichtlich größer wird und wächst, ohne gleich zu explodieren. Genau daran war Fibonacci alias Leonardo aus Pisa vor allem interessiert, denn als er sich diese Vorschrift ausdachte, hoffte er, die Vermehrung von Kaninchen in den mathematischen Griff zu bekommen (wobei schon hier anzumerken ist, daß er dies getan hat, ohne den Tod der Tiere in seine Berechnungen einzubeziehen).

Fibonacci wollte die Rechnung zur Vermehrung der Kaninchen den biologischen Bedingungen anpassen, und seine Ausgangsüberlegung bestand darin, daß er dazu zwei

Arten von Tieren unterscheiden müsse, nämlich die reproduktionsfähigen Kaninchen, die Nachwuchs produzieren, und die noch nicht geschlechtsreifen Tiere, die dabei zunächst zur Welt kommen. Fibonacci fragte sich, wie viele Kaninchen ein einziges Paar, das selbst nicht mitgezählt wird, langfristig produzieren kann, wenn in einer vorgegebenen typischen Zeitspanne ein neues Paar auf die Welt kommt, das wiederum eine solche Zeitspanne später selbst vermehrungsfähig und auch entsprechend tätig wird.

Wenn man sich die Mühe macht, dies in saubere mathematische Formeln zu bringen, dann zeigt sich, daß unter diesen Vorgaben die Population so zunimmt, wie es die Reihe á la Fibonacci angibt. Kepler kannte diese Reihe, und ihm sind daran mehrere Dinge aufgefallen:

Zum einen bilden die Brüche von aufeinanderfolgenden Paaren – also 1/2, 2/3, 3/5, 5/8 – einen Teil der sieben Harmonien, die der Musikwissenschaftler Kepler als besonders ausgezeichnet angesehen hat. Sie entsprechen musikalisch den Tonintervallen der Oktave, der Quinte und der großen und der kleinen Sexte.

Zum anderen läuft die Reihe der Brüche einem Grenzwert zu, und dahinter verbirgt sich kein anderer Wert als die Zahl, die wir als Goldene Proportion kennen. Wenn man die n-te Fibonacci-Zahl mit F_n und die nächste mit F_{n+1} bezeichnet – zum Beispiel ist $F_4 = 2$ und $F_5 = 3$ –, dann gilt, wie schon Kepler ausgerechnet hat und wie jeder Interessierte leicht nachprüfen kann,

$$F_n / F_{n+1} \rightarrow G.$$

In Worten ausgedrückt: Für immer größere Fibonacci-Zahlen nähert sich der Quotient aus zwei benachbarten Zahlen dem Wert, der den Goldenen Schnitt charakterisiert.

Auf diesem Ergebnis läßt sich eine Vermutung errichten: Wenn sich irgendwo in der Natur eine Form des Wachstums findet, die sich durch Fibonacci-Zahlen auszeichnet, dann darf man vermuten, daß hinter dieser Zeugung der Goldene

Schnitt steckt. Und wenn er das Maß des Wachsens vorgibt, dann bringt die Natur Gestalten zustande, die uns gefallen. Sie erscheinen uns so schön wie eine Muschel (Abb. 3-7), deren Wachstumsspiralen deutlich durch Fibonacci-Zahlen markiert werden können.

Es sind nun die Spiralen, in denen sich das Prinzip des Wachsens nach dem Goldenen Schnitt zeigt (Abb. 3-8), und diese Tatsache läßt sich am schnellsten persönlich nachprüfen, wenn man Blüten von Sonnenblumen oder Silberdisteln anschaut (Abb. 3-9), wenn man Schuppen von Tannenzapfen zählt oder Blütenabstände von Kompositen bestimmt. Die Naturwissenschaftler Peter H. Richter und Hans-Joachim Scholz haben diesen Befund im Detail wie folgt dargestellt:

»Die Phylotaxis bietet uns in den spiraligen Blattanordnungen wohl das spektakulärste Beispiel für die Realisierung des Goldenen Schnitts in der Natur. Ob es sich um die Nadeln an einem jungen Kiefernast, die Schuppen eines Tannenzapfens, die Blätter eines Kohlkopfs oder die Blütenstände von Kompositen handelt: der von der Achse gemessene Winkel zwischen zwei Blättern (Nadeln, Schuppen, Blüten usw.), die in der Entwicklung der Pflanze aufeinanderfolgen,

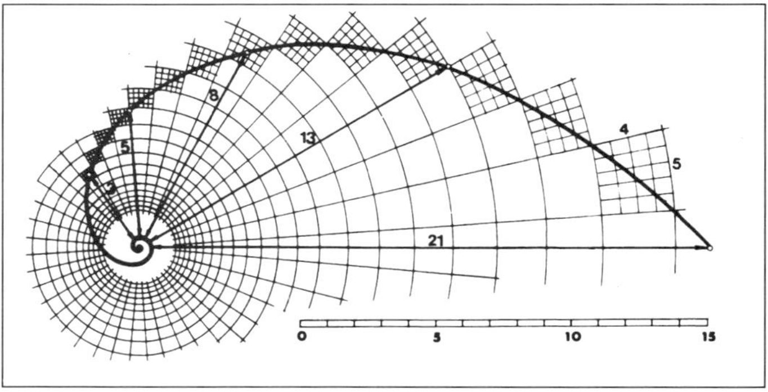

Abb. 3-7 Die Spiralen einer Muschel deuten an, wie der Goldene Schnitt auf Wachstum hinweist (aus F. Cramer und W. Kaempfer: »Die Natur der Schönheit«, Frankfurt 1992).

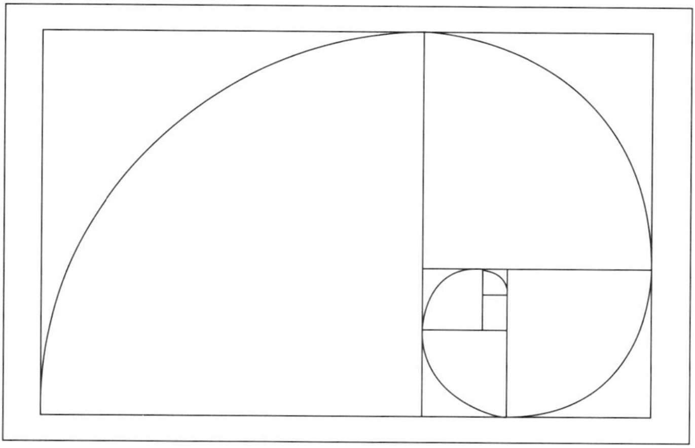

Abb. 3-8 Wenn man ein Goldenes Rechteck zeichnet (siehe Abb. 3-1), dann kann man es in ein Quadrat und ein zweites (kleineres und anders orientiertes) Goldenes Rechteck aufteilen. Mit ihm läßt sich der Prozeß wiederholen, der ad infinitum fortsetzbar ist. Es ist nun möglich, in diese Anordnung von kleiner werdenden Quadraten und Goldenen Rechtecken eine Spirale einzuzeichnen – als Folge von Viertelkreisen in den entstehenden Quadraten –, die sich auf den Punkt zu bewegt, in dem sich die Diagonalen aller Goldenen Rechtecke treffen (schneiden) würden. Die Spirale besitzt die Eigenschaft, die man als Selbstähnlichkeit bezeichnet, das heißt, man kann einen Teil von ihr nehmen und wird es dem Ganzen ähnlich finden. Darin steckt erneut die Idee der Zeugung, und so ist es kein Wunder, wenn sich Spiralen häufig in der Natur finden (siehe Abb. 3-7 und 3-10). Die Selbstähnlichkeit führt zudem zur Schönheit.

ist fast immer mit guter Näherung 137,5°. Dieser *Goldene Winkel* teilt den Kreisumfang im Goldenen Verhältnis, denn

$$(1\text{-}G) \cdot 360 = 137{,}5.$$

Im Falle des Kohls oder der Artischocke, auch an der Verzweigung junger Eichen oder den Blütenblättern einer Rose, erkennt man diesen Winkel recht gut daran, daß beim Fortschreiten von einem Blatt zum drittnächsten die Achse etwas mehr als einmal umrundet wird: $3 \cdot 137{,}5 = 412{,}5 =$

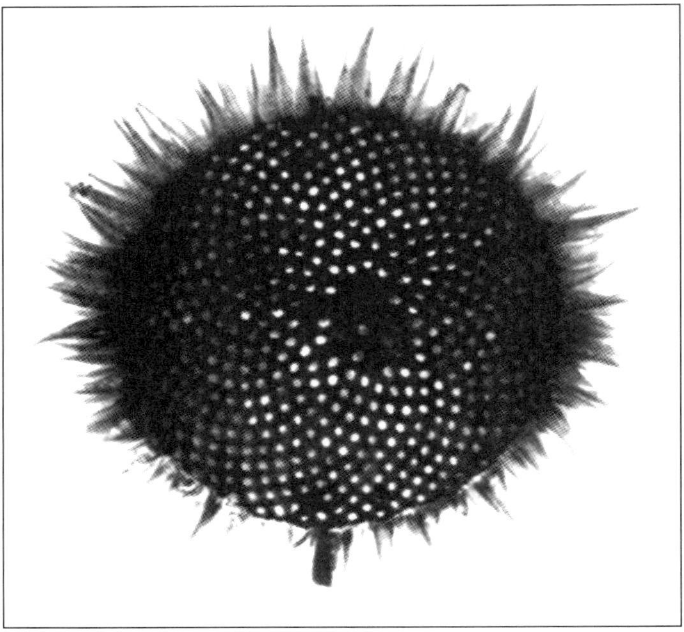

Abb. 3-9 Der Blütenstand einer Sonnenblume läßt Spiralen erkennen, die eine Fibonacci-Folge einhalten.

360 + 52, 5; das vierte Blatt bildet mit dem ersten also einen Winkel von etwas mehr als 50°, was man mit einiger Übung leicht ausmacht. [...]

Noch eindrucksvoller aber ist als Konsequenz des Goldenen Winkels das Auftreten der *Fibonacci-Spiralen* [(Abb. 3-10)]. Das Auge sieht zwischen nächsten Nachbarn im Gitter der Blüten oder Blätter Verbindungslinien, die sich zu einem Satz rechtsdrehender und zu einem Satz linksdrehender Spiralen formen, wobei die Anzahl der Spiralen für die beiden Sätze unterschiedlich ist. Von Ausnahmen abgesehen bilden diese beiden Zahlen ein Paar benachbarter Fibonacci-Zahlen: Je nachdem, wie dicht die Blätter in radialer Richtung oder in der Höhe gepackt sind, zählt man drei und fünf Spiralen (bei Kiefernzapfen), fünf oder acht (bei Tannenzapfen), acht und

13 (bei Ananasfrüchten), 13 und 21 (bei Gänseblümchen), 21 und 34 oder gar 34 und 55 (bei Sonnenblumen, Disteln und dergleichen).«

Die irrationalste Zahl

Nun weiß jeder, der sich in der Natur umblickt, daß viele Pflanzen sich ganz anders zeigen, als es der Goldene Schnitt und seine Spiralen nahelegen. Die Winkel zwischen aufeinanderfolgenden Blättern liegen eher bei 180°, zum Beispiel bei vielen Schmetterlingsblütlern, oder bei 90°, wie bei Lippenblütlern. Wer jedoch an dieser Stelle genauer nachschaut, findet plötzlich, daß es zwischen diesen zuletzt genannten »runden« bzw. ganzen Zahlen und dem seltsamen (irrationalen) Goldenen Winkel keine dritte Möglichkeit gibt. Die Natur zeigt sich wählerisch: Sie ist entweder Golden oder ganz, was in diesem Fall heißt, entweder rechtwinklig oder gestreckt zu sein.

Die Frage, die an dieser Stelle auftaucht, lautet natürlich, was die krumme Goldene Zahl nicht nur von den runden und glatten Werten, sondern darüber hinaus von allen weiter verfügbaren Zahlen unterscheidet. Die Antwort findet sich in dem Wort, das Kepler vermeiden wollte, das wir nun aber mit vollem Nachdruck benutzen müssen. Die Goldene

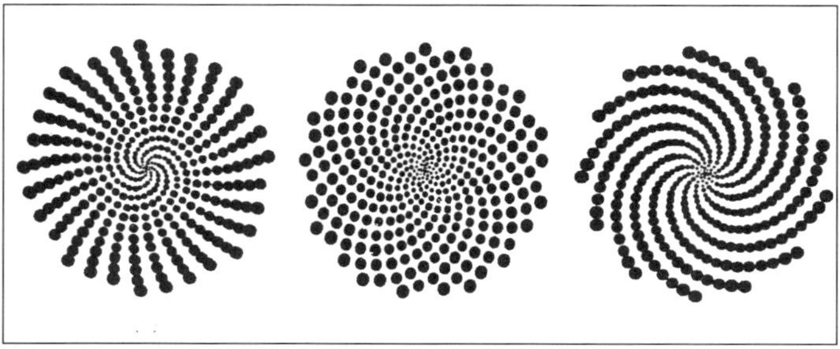

Abb. 3-10 Andere Beispiele für Spiralen, die sich den Goldenen Regeln fügen und uns auf diese Weise schön erscheinen.

Zahl ist nämlich nicht nur irgendeine irrationale Zahl unter unendlich vielen – sie ist die irrationale Zahl schlechthin (auch wenn man ihr dies nicht ohne weiteres ansieht). Irrationaler als die Goldene Zahl kann keine andere sein!

In ihrer Sprache können Mathematiker diesen Satz exakt beweisen, und sie tun dies, indem sie zunächst durch eine Vorschrift definieren, wie man überhaupt feststellen kann, ob eine Zahl mehr oder weniger irrational ist. Dabei geht es rechnerisch darum, zu prüfen, wie gut man sich einer irrationalen Zahl durch rationale Zahlen nähern kann. Jeder irrationalen Zahl, etwa die berühmte Kreiszahl p, kann man durch Brüche aus ganzen Zahlen auf den Pelz rücken – p zum Beispiel durch 22/7 oder 333/106 –, aber die Frage lautet, wie dicht man im besten Fall herankommen kann.

Der Goldene Schnitt hat die Besonderheit, daß er sich wie eine rationale Zahl, also als Bruch, darstellen lassen kann – nämlich als G = 1/ (1 + G) –, wobei er allerdings durch die Hintertüre ein zweites Mal auftaucht. Wenn man für G im Nenner erneut die Bruchdarstellung benutzt, bekommt man G = 1 / (1 + { 1/ 1+ G}), also wieder eine Gleichung, bei der man hinten wieder von vorne beginnen kann. Wenn man dies munter fortsetzt, erhält man zuletzt das, was die Mathematiker einen Kettenbruch nennen:

$$G = \cfrac{1}{1 + \cfrac{1}{1 + \cfrac{1}{1 + \cfrac{1}{\quad}}}} \quad \ldots.$$

Das Schema ist ziemlich einfach nachzuvollziehen und eher so etwas wie Papierverschwendung. Wichtig an dieser Darstellung ist die Tatsache, daß es immer wieder eine 1 ist, mit der die nächste Schachtelung im Nenner beginnt. Das ist deshalb von entscheidender Bedeutung, weil im Rahmen strenger Mathematik ganz allgemein nachgewiesen werden kann, daß eine irrationale Zahl dann besonders schlecht durch rationale Zahlen approximiert werden kann, wenn bei ihrer Kettenbruchdarstellung besonders kleine Zahlen im Nenner auftreten. Nun kann dort keine kleinere Zahl als 1 auftreten, und bei der Goldenen Zahl tauchen ausschließlich Einsen auf, wie die Darstellung oben zeigt. Sie ist also maximal irrational, was erst recht die Frage aufwirft, warum sie uns in irgendeiner Form als schön erscheint. Was bahnt dem Irrationalen den Weg zur Schönheit?

Stabilität bei Störung

Die Antwort findet sich vielleicht am Himmel, und der Blick hätte sich schon länger dorthin richten sollen. Denn seit alters vermuten die Beobachter des Kosmos und der Planeten, daß die »Himmelsbewegungen nichts anderes sind als eine fortwährende mehrstimmige Musik, die durch den Verstand faßbar ist«, wie es Kepler im 17. Jahrhundert formuliert hat. Und wenn in den Fibonacci-Zahlen musikalische Intervalle versteckt sind, sollte sich nicht irgendwo in den Umlaufbahnen der Planeten oder sonstwo im Weltall der Goldene Schnitt finden?

Die Antwort lautet zwar grundsätzlich Ja – wie nicht anders zu erwarten –, aber die Art, wie die Irrationalität des Goldenen Schnitts ihren Eindruck hinterläßt, ist schon sehr überraschend. Um sie vorstellen und verstehen zu können, muß ein kleiner Ausflug in die Geschichte unternommen werden, den man bei Newton anfangen lassen kann. Newton hat bekanntlich entdeckt, daß die physikalischen Gesetze auf der Erde dieselben sind wie am Himmel. Er war darüber hinaus in der Lage, aus der formelhaft erfaßten Kraft, mit der sich zwei Massen gegenseitig anziehen, die Gesetze der Planetenbewegung abzuleiten, die Kepler durch jahrelange sorgfältige Beobachtung gefunden hatte.

Newtons Gesetze ließen das Universum wie ein großes Uhrwerk funktionieren, das der HERR einmal vor Urzeiten aufgezogen und in Bewegung gesetzt hatte. Man übersah bei diesem Gedanken gerne die Unfreiheit, die er den Menschen dabei gleich mit erschuf, aber schließlich erhielten sie dafür das schöne Gefühl ewiger Stabilität, und was will man mehr? Im kosmischen Uhrwerk griffen die Planetenrädchen für immer und alle Zeiten fein ineinander. Auf den HERRN war Verlaß.

So dachte man jedenfalls, bis im Laufe der Zeit langsam klar wurde, daß Newtons Bewegungsgleichungen nur so lange Stabilität zusicherten, solange man nur zwei Himmelskörper alleine betrachtete – etwa die Bewegung des Planeten Mars um die Sonne oder die Drehung des Mondes um die Erde. Wenn man den beiden Himmelskörpern einen dritten Gegenstand hinzufügte, konnte man zwar immer noch die entsprechenden Newtonschen Gleichungen aufstellen, man konnte sie aber nicht mehr exakt lösen. Das klappte schon für das skizzierte Dreikörperproblem nicht und ging erst recht schief bei noch schwierigeren Mehrkörperproblemen. Für sie gab es keine Lösung und damit keine verbindlichen und berechenbaren Bahnen. Man konnte nur Näherungen probieren, und dabei stellte sich immer deutlicher heraus, daß die Newtonsche Mechanik keinerlei Garantie für eine stabile Weltordnung lieferte. Im Gegenteil! Die Physiker entdeckten immer mehr Möglichkeiten, daß störende Einflüsse von außen, etwa durch Kometen, selbst die am stabilsten wirkenden Bahnen erschüttern konnten – und zwar ohne direkten Einschlag, einfach nur dadurch, daß sie ihre Masse und damit neue Kräfte ins Spiel brachten.

Auf diese Weise stellte sich im 19. Jahrhundert immer dringlicher die Frage nach den Bedingungen für die Stabilität des Sonnensystems. Im Jahre 1885 setzte der schwedische König Oscar II. sogar einen Preis für denjenigen Forscher aus, der eine Antwort liefern könnte. Gewonnen hat ihn der Franzose Henri Poincaré, der uns schon weiter oben begegnet ist. Zwar gelang es Poincaré nicht, das Problem zur allgemeinen Zufriedenheit zu lösen, aber er wies den Untersuchungen die entscheidende Richtung, indem er die Aufmerksamkeit auf die Frage lenkte, was die Widerstandsfähigkeit von Planetenbewegungen ausmacht, wenn sie Störungen unterworfen sind. Genauer gesagt: Poincaré hatte sich auf ein Dreikörperproblem konzentriert, was heißt, daß er zwei Planeten betrachtete, die ein Zentralgestirn umrunden, und zwar jeder mit seiner eigenen Frequenz. Als Beispiel kann man sich Saturn und Jupiter auf ihrem Weg um die Sonne vorstellen.

Poincaré konnte im Rahmen seiner »Neuen Himmelsmechanik« zum einen zeigen, daß das Verhalten des Systems – seine Stabilität – durch die Bahn bestimmt wird, die mit der einlaufenden Störung – ein Komet zum Beispiel – in irgendeiner Form von Resonanz steht. Er konnte darüber hinaus angeben, wovon die Chance abhängt, daß einer der beiden umlaufenden Planeten in eine instabile Bewegung abgleitet und das System verläßt, das damit auseinanderbricht. Die Wahrscheinlichkeit hängt von dem Verhältnis der Frequenzen ab, das sich aus den Umlaufbahnen bzw. -zeiten der beiden Planeten berechnen läßt. Poincaré stellte zu seiner Überraschung nämlich fest, daß selbst schwächste Störungen ein Sonnensystem über den Haufen werfen und die Einzelbahnen auseinanderbrechen können, wenn das Frequenzverhältnis eine rationale Zahl ist.

So weit Poincaré auch gekommen war, den wichtigsten Schritt hat er nicht mehr geschafft. Wie schwer er zu vollziehen war, zeigte sich daran, daß er erst in den sechziger Jahren des 20. Jahrhunderts gelungen ist und daß es mehrere Mathematiker waren, die sich dafür zusammenfinden mußten. 1963 konnten Vladimir Arnold und Jürgen Moser zeigen, daß das befürchtete Aufbrechen von Planetenbahnen in einem Vielkörperproblem und die Instabilität des dazugehörigen Sonnensystems dann vermieden werden, wenn die dazugehörigen Frequenzverhältnisse hinreichend irrational sind. Mit anderen Worten: Planetenbahnen, die sich gegenseitig nach der Vorgabe des Goldenen Schnitts abgestimmt haben, weisen die größte Stabilität auf, die es am Himmel gegen störende Einflüsse gibt. Maximale Irrationalität macht maximal sicher. Kein Wunder also, daß Wissenschaftler das dadurch ausgezeichnete Verhältnis göttlich nennen und wir seine sichtbaren Auswirkungen als schön empfinden.

Das Problem mit einem Begriff wie »irrational« besteht darin, daß er in der Alltagssprache nur abwertend und in eher unerfreulichen Zusammenhängen benutzt wird. Ähnliches gilt für einen weiteren Fachausdruck der Mathematik, und zwar für das Imaginäre. Konkret in die Wissenschaft eingeführt wurde dieser Begriff zur Kennzeichnung von imaginären Zahlen, die neben einer gewöhnlichen (der sogenannten »reellen« bzw. »realen«) Komponente noch eine zweite Dimension besitzen, die durch die sogenannte imaginäre Einheit festliegt, die man seit 1777 auf Vorschlag des Mathematiker Leonard Euler mit i bezeichnet (Abb. 3-11). Der Buchstabe i steht symbolisch für »Wurzel aus minus 1«, was auch als $\sqrt{-1}$ geschrieben wird, wie man noch aus der Schule weiß bzw. wissen könnte.

Eingeführt wurde die Wurzel aus einer negativen Zahl im 16. Jahrhundert durch den Italiener Girolamo Cardano, der ursprünglich nur die scheinbar simple Gleichung $x^2 + 1 = 0$

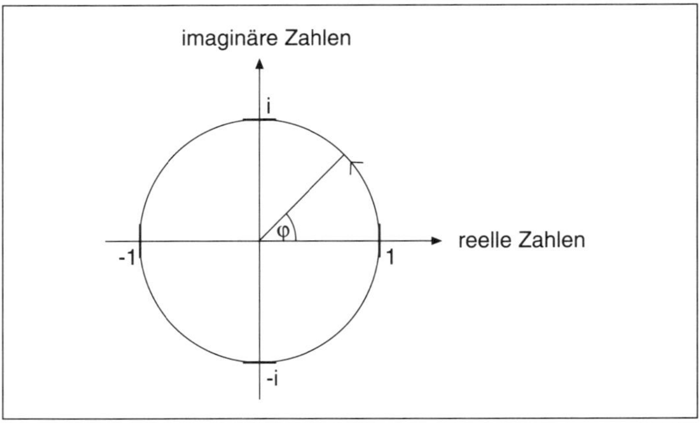

Abb. 3-11 Die komplexe Zahlenebene mit imaginärer Einheit, in die sich ein Einheitskreis einzeichnen läßt, der in Fachkreisen manchmal als »Ring i« bezeichnet wird.

lösen wollte, dabei aber schlimmste geistige Qualen erdulden und überwinden mußte, wie er mitteilt, offenbar um die Nachwelt quasi um Verzeihung zu bitten. Die genannte (und verwandte) Gleichungen ließen sich nur lösen mit Hilfe von imaginären Größen (im Beispiel wird $x = i$), und diese neuen Zahlen schienen Cardano nicht mehr von Gott geschaffen zu sein. Sie waren vielmehr das Werk von Menschen, und so unwirklich die Zahlen waren, sie bescherten den Mathematikern möglicherweise Einsichten, die ihnen kein Gott zugedacht hatte.

Heute können die Wissenschaftler Cardano gar nicht hoch genug preisen, denn schließlich hat er ihnen mit einem Schlag ein Symbol in die Hand gegeben, das ihnen Einsichten bietet, die sonst unzugänglich geblieben wären. So wissen die Mathematiker heute längst, daß sie die Verteilung und andere Eigenschaften von Primzahlen einzig und allein mit Hilfe der imaginären Einheit i verstehen können. Sie wissen allerdings nicht, warum dies so ist, und deshalb erschrecken einige von ihnen manchmal immer noch ein wenig über die Schönheit, die das kleine i ihren Formeln gibt, also die Größe, die Leibniz einmal ein Monster zwischen Sein und Nichtsein nannte.

Vor allen Dingen ist überraschend, daß die moderne Physik bei ihrer mathematischen Beschreibung der Welt nicht ohne die imaginäre Einheit auskommen kann. Wenn die Mechanik der Atome verhandelt wird, taucht die imaginäre – die eingebildete – Dimension der Zahlen auf. Sie ist unentbehrlich für eine umfassende Darstellung der Wirklichkeit, und manche Physiker sehen inzwischen in dem i den magischen Schlüssel, der ihnen ohne ihr Zutun symbolisch tiefliegende Strukturen der materiellen Welt offenlegt.

Was durch das i zugänglich wird, könnte man mit dem Bereich identifizieren, in dem sich bei Kepler (und anderen Forschern) die seelische Bilderwelt entfaltet, die auf ihr Gegenstück aus der äußeren Welt, der Realität, wartet. Um die bildhafte Seinsweise dieser inneren Wirklichkeit besser benennen zu können, hat der Franzose Henry Corbin 1979 den Begriff »imaginal« vorgeschlagen, um damit die beiden allzu pejorativ gebrauchten Ausdrücke »imaginär« und »irrational« abzulösen. Das Imaginale ist nicht etwas, das vom Tageslicht des rationalen wissenschaftlichen Verstandes ausgeleuchtet werden kann. Es gehört zur Nachtseite der Wissenschaft und wird vor allem durch die Schönheit sichtbar, die es zum Beispiel der Erkenntnis gibt, die in mathematischer Form gelingt. Die Schönheit einer Gleichung ist dann das sinnliche Zeugnis für etwas, das wir zwar nicht verstehen, aber wahrnehmen können, und zwar durch Symbole.

... und Fraktales

Wie es tatsächlich mit Hilfe von Symbolen gelingt, in die Tiefe zu schauen, in denen die Natur über ihre Schönheit den Weg zur Erkenntnis zeigt, wird zu Beginn des kommenden Kapitels darzustellen sein. Zuvor sei noch ein Bereich angesprochen, der zwar heute viel im Zusammenhang mit Schönheit und Wissenschaft genannt wird, der hier aber trotzdem nicht viel Raum einnehmen soll. Gemeint sind die geometrischen Figuren, die als Fraktale bezeichnet werden, und die Bücher, die so überzeugend die »Beauty of Fractals« vor den Augen der Betrachter ausbreiten.

Keine Frage, Fraktale können schön sein (Abb. 3-12), aber es ist ebenso keine Frage, daß nicht allein deshalb daraus Kunst wird (Abb. 3-13, siehe Farbteil nach S. 144). Im Gegenteil! Der Versuch, fraktale Figuren zu gestalten, weist besonders deutlich auf den Unterschied zwischen Kunstschönheit und Naturschönheit hin, auf den wahrscheinlich Kant als erster aufmerksam gemacht hat. Ich möchte den fraktalen Kitsch auf sich beruhen lassen und nur die Frage berühren, warum uns die gebrochene Linienführung ästhetisch anspricht und schön wirkt. Dies hat vermutlich damit zu tun, daß die Gegenstände der Natur selbst fraktale Dimensionen und Abgrenzungen haben. Die Geometrie der Natur ist fraktal, wie vor allem einer der Begründer dieser

Abb. 3-12 Eine Figur wird dann als Fraktal bezeichnet, wenn sie aus Linien besteht, die an keiner Stelle gerade sind. Charakteristisch für solche Linien bzw. Gebilde ist die Eigenschaft der Selbstähnlichkeit, die uns schon bei der ebenfalls als schön empfundenen Spirale (Abb. 3-9) begegnet ist.

Wissenschaftsrichtung, Benoît Mandelbrot, herausgearbeitet hat. Wenn uns die Natur gefällt – zum Beispiel die vielfältigen Verzweigungen von Baumkronen –, trifft dies auch für Fraktale zu. Sie sind schön, ohne Kunst sein zu wollen.

Der oben zitierte Philosoph Hutcheson würde vielleicht sagen, daß es mit der Erkenntnis des Konstruktionsprinzips der fraktalen Gebilde gelungen sei, in der Vielfalt der Erscheinungen die Einheitlichkeit zu finden, die den Eindruck des Schönen hervorruft. Womöglich erkennt die Wahrnehmung der geometrisch gebrochenen Formen aber noch etwas anderes, nämlich die Grundeinsicht der Chaosforschung, die hinter all diesen computergenerierten Schönheiten steckt. Diese nicht immer deutlich gemachte Grundeinsicht besteht darin, daß es keine Verbindung zwischen Naturgesetzen und Vorhersagbarkeit gibt. Selbst wenn alles durch Gesetze bestimmt wird und wenn zudem all diese Naturgesetze bekannt sind, läßt sich immer noch nicht langfristig vorhersagen, wie sich ein Geschehen entwickelt. Positiv gewendet: Die Gesetze der Natur legen die Abläufe der Natur nicht völlig fest, und dies trifft erst recht für die Menschen zu. Ihnen bleiben trotz aller Wissenschaft ausreichende Freiheiten. Fraktale sind das sichtbare Zeichen dafür, daß Freiheit möglich ist. So gesehen ist es kein Wunder mehr, wenn sie von vielen auch als schön empfunden werden.

Übrigens ist der Entdecker der Fraktale, der schon erwähnte Mandelbrot, einmal gefragt worden, ob er wirklich glaube, daß die Figuren, die er da aus dem Computer holt, als Kunst verkauft werden könnten. Mandelbrot hat geantwortet, daß er dies nicht zu entscheiden habe. Man könne dies getrost dem Kunstmarkt überlassen.

Ich vermute, daß diese Antwort auf ihre Weise zwar richtig ist, aber die wenigsten Menschen zufriedenstellt. Dies tun nur die Fraktale selbst, die von Mathematikern bei dem Versuch gefunden worden sind, sich weit über die einfachen Strukturen zu erheben, die sie in der Natur zu erblicken meinten. Die paradoxe Situation ist die, daß sie – wie sich heute erweist – nicht von der Natur weg, sondern nur in sie hineingekommen sind. Die Fraktale wohnen allen Objekten inne, die Menschen um sich herum in der Natur sehen. Deshalb sind Fraktale schön – und deshalb wird man sie wohl auch eines Tages ins Museum hängen.

4 *Vom Aufleuchten der Seele* **Wie Wissenschaft durch schöne Bilder ihren Weg zur Wahrheit findet**

> »Des Menschen Sehnsucht ist es, der Schönheit
> nahe zu sein,
> da im Angesicht der Schönheit die Flügel der
> Seele wachsen.«
>
> *Paul Friedländer*

Im Frühjahr 1925 leidet der junge Werner Heisenberg, der als Assistent bei Max Born am Physikalischen Institut der Universität Göttingen arbeitet, so stark unter Heuschnupfen, daß er darum bitten muß, zwei Wochen nach Helgoland fahren zu dürfen, um hier in der Nordsee fern von allen Blüten und Pollen sein Frühjahrsfieber auskurieren zu können. Nachdem seinem Wunsch entsprochen werden konnte und Heisenberg auf der Felseninsel eintrifft, bietet sich ihm nicht nur die reine Seeluft zum Atmen dar, er gewinnt auch die Gelegenheit, sich in aller Abgeschiedenheit vom Betrieb der Universität und in Ruhe mit den physikalischen Problemen zu befassen, die viele Wissenschaftler in Göttingen und anderswo zur Verzweiflung trieben – und zwar besonders die besten unter ihnen und das auch schon seit Jahrzehnten. Die ganze Physik schien in eine Sackgasse geraten zu sein: Die Physiker fühlten sich so, wie Einstein es einmal ausgedrückt hat, als ob ihnen der Boden unter den Füßen weggezogen worden wäre und kein neuer Platz zum Stehen in Sicht sei.

Was sie suchten – und nicht fanden –, war die Grundlage für eine Beschreibung der Atome und ihrer Bewegungen, ähnlich wie man eine Beschreibung von Planeten (und anderen Himmelskörpern) und ihren Bewegungen kannte. Man suchte, mit anderen Worten, nach einer neuen Mechanik der Atome, und man wußte nur, daß die alte – klassische – Mechanik trotz aller bisherigen überragenden Erfolge ihren Dienst kläglich versagte, wenn sie das Geschehen auf der atomaren Ebene erfassen und verständlich machen sollte.

Schmerzende Erkenntnisse

Angefangen hatte das Dilemma kurz nach der Wende zum 20. Jahrhundert, als Max Planck eine scheinbar völlig einfache Aufgabe lösen wollte und damit nicht zurechtkam. Es ging ihm um die Farben, die ein fester Körper erkennen läßt, wenn man ihn erhitzt. Es ging, allgemein, um das Licht, das Materie aussenden kann, wenn ihre Energie steigt. Planck mußte sich von der Natur sagen lassen, daß es bei ihr dabei keineswegs mit stetigen Dingen zugeht und sie tatsächlich jene Sprünge macht, die die Philosophen seit Jahrhunderten ablehnten und verabscheuten. Die Natur vollführt Quantensprünge, wie es heute heißt, wobei die Konsequenzen dieser Einsicht über den engen Kreis der Physiker und Mathematiker hinaus zuwenig verstanden worden sind (und zwar bis heute, wie die unsinnige, in Mode gekommene Verwendung des Begriffs Quantensprung zeigt)[3].

Nach Plancks erstem Schritt wurde die Lage bald sogar noch schlimmer, denn die Physiker mußten erkennen, daß nichts mehr mit rechten Dingen zuging, sobald die Quanten begannen, sich in ihren Theorien breitzumachen. Dies wurde

[3] Mit dem derzeit als letzten Schrei geltenden »Quantensprung« soll ausgedrückt werden, daß jemand einen großen Schritt nach vorne getan hat oder tun soll; dabei taucht aber ein doppeltes Problem auf: Zum einen gibt es in der Natur nichts kleineres als einen Quantensprung – außer Null –, und zum zweiten erreichen die Atome, die Quantensprünge ausführen, damit meist ihren Grundzustand, in dem sie anschließend verharren. Der Quantensprung geht in der Natur nach unten und im Jargon nach hinten los.

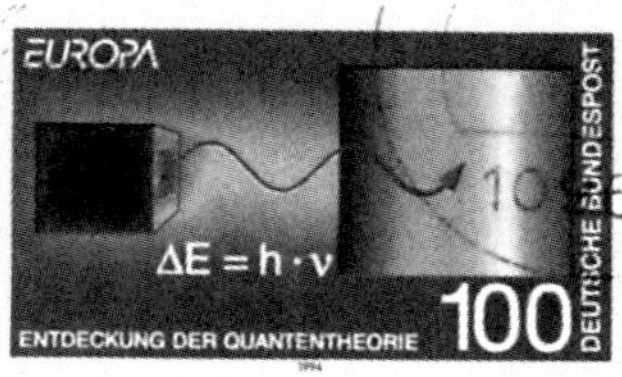

Abb. 4-1: Eine Erinnerungsmarke der Bundespost aus dem Jahre 1994, die auf die Besonderheiten der Quantentheorie hinweist. Zur Aufstellung dieser neuen Sicht der atomaren Wirklichkeit waren die Physiker gezwungen worden, um Farben zu erklären. Erfolg hatte man, als man die Energie (E) des Lichtes als eine Größe erkannte, die proportional zur Frequenz ist. Doch der Preis, den man für diese Erkenntnis zahlen mußte, war sehr hoch (wie im Text erläutert wird). Die Briefmarke ist aus vielen Gründen schön. Einmal gefällt sie der Farben wegen, deren Spektrum immer attraktiv ist – so macht die Marke deutlich, daß die Physik etwas Schönes erklären will. Und sie versucht dies mit einem einfachen System, nämlich mit einem schwarzen Körper. Die Lücke zwischen dem Schwarzen und dem Bunten kann nur geschlossen werden, wenn die Quanten eingeführt werden, die seltsamerweise natürlich selbst auch Lücken sind.

von vielen Forschern als ein tiefer Schock empfunden – wobei anzumerken ist, daß inzwischen davon in der Wissenschaft nichts mehr zu spüren ist. Die heutigen Studenten der Physik nehmen die damals erschütternden Einsichten ohne inneres Erleben als bloß nützliches Formelwerkzeug zur Kenntnis. Sie haben es zu lernen und anzuwenden, und sie wundern sich nicht mehr darüber. Die Schönheit der Physik, die ihnen dabei präsentiert wird, bleibt ihnen auf diese Weise eher verborgen, obwohl sie ihnen unentwegt ins Gesicht starrt. Physik wird nur praktiziert und nicht mehr erlebt. Ich habe tatsächlich den Eindruck, daß die moderne Form des Physikunterrichts den Studenten die Wahrnehmung der erschreckenden Schönheit ihrer Wissenschaft vorenthält bzw. unmöglich macht.

Worum geht es bei den Quanten? Wenn Licht und Materie miteinander in Wechselwirkung treten, dann gibt es eine kleinste Energieeinheit, die das Licht dabei gewinnen oder verlieren kann, und zwar im Austausch mit den atomaren Bausteinen der Materie. Dieses Energiequantum läßt sich dadurch berechnen, daß man die Frequenz des Lichtes mit einer sehr kleinen konstanten Zahl multipliziert, die heute nach Planck benannt ist. Sie heißt das Plancksche Quantum der Wirkung, wobei »Wirkung« in der Physik einfach definiert ist, nämlich als Produkt aus Energie und Zeit (Abb. 4-1).

So harmlos sich dies im Rückblick von heute alles anhört – für Planck und seine Kollegen brach damals die Welt der klassischen Physik zusammen. Man kann diesen katastrophalen Einbruch nachvollziehen, wenn man eine Größe betrachtet, die jeder wenigstens vom Wort her kennt – die Energie. Ihr fügten die Quanten nämlich fürchterliche Dinge zu. Auf der einen Seite zeigte die Energie plötzlich, daß sie ihrem Wesen nach *unstetig* in Erscheinung trat, nämlich nur als ein Vielfaches der beschriebenen kleinsten Einheit. Auf der anderen Seite hing die Energie zudem direkt von der Frequenz ab. Beides paßte überhaupt nicht mit einem Herzstück der klassischen Physik zusammen, nämlich dem Ersten Hauptsatz der Wärmelehre, der auch als Satz von der Erhaltung der Energie bekannt ist.

Wie hatten sich die Physiker und andere Wissenschaftler im 19. Jahrhundert um den Nachweis bemüht, daß Energie niemals verschwindet oder aus dem Nichts wieder auftaucht! Energie werde immer nur verwandelt, wie unendlich viele und immer genauere Messungen ergeben hatten, und zwar wechselte sie die Gestalt ihrer Erscheinung zwischen verschiedenen Formen. So könne zum Beispiel Wärmeenergie in Bewegung umgewandelt werden, und Bewegungsenergie könne als Reibungswärme verlorengehen, und ähnlich könne mit elektrischer, magnetischer, potentieller und noch ganz anderen Formen von Energie verfahren werden. All die vielen Bemühungen kulminierten vor rund einhundertfünfzig Jahren (1847) in der vor allem auf Hermann von Helmholtz zurückgehenden Formulierung des Erhaltungssatzes, dem schon genannten Ersten Hauptsatz der Wärmelehre, demzufolge die Energie der Welt konstant ist. Er bildet seit dieser Zeit einen soliden Grundpfeiler der klassischen Physik.

Die Energie als Grundgröße der Naturwissenschaften, die unter allen Bedingungen und zu allen Zeiten erhalten bleiben muß – dies paßte überhaupt nicht mit den beiden Entdeckungen zusammen, die Planck zu machen gezwungen worden war. Wie soll man sich auch einen grundsätzlich diskontinuierlich vor sich gehenden Zuwachs an Energie und deren natürlich ununterbrochene (stetige) Erhaltung zugleich vorstellen? Und wie soll Energie zeitlich durchgängig (kontinuierlich) Bestand haben, wenn sie zu einer Größe, der Frequenz des Lichtes, proportional ist, die gerade nicht für jeden Zeitpunkt, sondern nur für Zeitintervalle definiert werden kann? Mußte man eventuell dem Gedanken nähertreten, daß der Energiesatz nicht mehr gilt, wenn Atome ins Spiel kommen?

Der Blick auf die Schönheit

Natürlich haben die Physiker nicht sofort das Ausmaß der Änderungen erkannt, die sich da ankündigten. Aber im Laufe der Jahre zwischen 1900 und 1925 war klargeworden, daß wahrscheinlich nur eine radikale Erneuerung der klassischen Physik den atomaren Gegebenheiten Rechnung tragen und ihre neue Mechanik sein konnte. Viele verzweifelte Versuche waren unternommen worden, sogar hier und da auf den Energiesatz selbst zu verzichten, und so befanden sich viele Physiker in einem verwirrten und erregten Zustand zugleich, als der junge Heisenberg nach Helgoland aufbrach.

Er beschloß nun, seine Suche nach einer neuen Mechanik ganz unter den Leitstern des Energiesatzes zu stellen und unerschütterlich an dessen Gültigkeit festzuhalten. Heisenberg hat dies in seiner Autobiographie »Der Teil und das Ganze« ausführlich dargestellt, was genauer heißt, er läßt den Leser an seiner Erregung teilnehmen, ohne ihm zu verraten, was er damals tatsächlich tat, nämlich einen für ihn völlig neuen Formalismus zu entwickeln und eine für ihn

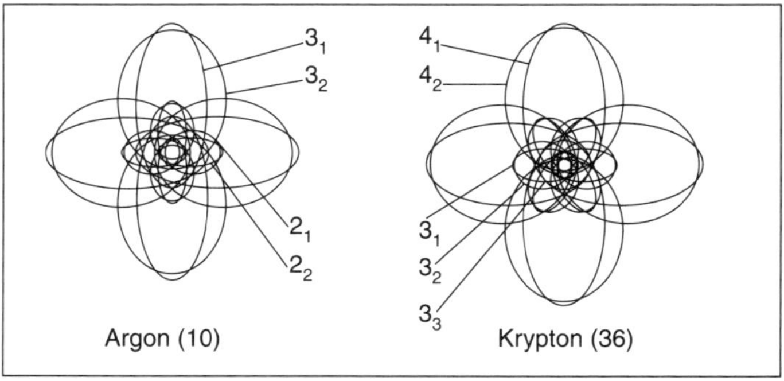

Abb. 4-2 Das anschauliche Bohrsche Bild vom Atom aus den Jahren um 1912/13. Man sieht komplizierter werdende, gleichwohl definiert bleibende Bahnen, auf denen winzige kugelförmige Elektronen unterwegs sind und ihre entsprechenden Atomkerne umrunden. Am einfachsten ist es beim Wasserstoff (Hydrogen), bei dem ein Elektron ein Proton umkreist. So stellen sich die meisten Menschen vermutlich immer noch den Aufbau der Atome vor. Dabei ist längst klar, daß es in diesem Bereich der Realität keine Umlaufbahnen (englisch »orbits«) mehr gibt, sondern unanschauliche Entitäten auf unanschaulichen Orbitalen (so der Fachausdruck) anzunehmen sind. Wir können uns zwar keine anschaulichen Bilder (»pictures«) vom Atom machen, aber mit Bildern (»images«) können wir uns trotzdem behelfen.

unbekannte Zeichensprache zu entwerfen. Das heißt, Heisenberg arbeitete auf Helgoland daran – ohne sich darüber im klaren zu sein –, der mathematischen Beschreibung der physikalischen Wirklichkeit eine völlig neue Form zu geben. Mit anderen Worten, Heisenberg wirkte als kreativer Künstler, der ein neues Bild der atomaren Welt entwerfen wollte und mit seinen Mitteln daran arbeitete.

Ihm war das Modell (Bild) des Atoms bekannt, das Niels Bohr rund ein Dutzend Jahre früher vorgeschlagen hatte und das bis heute die Vorstellung vom Atom bestimmt, mit der sich die meisten Menschen zufriedengeben (Abb. 4-2). Doch dieses Modell war Heisenberg zu anschaulich, nämlich nur eine Ausgabe des Planetensystems im Kleinformat, die außerdem philosophisch völlig unbefriedigend blieb. Denn wer das (makroskopische) Planetensystem erklären will, sollte dazu nicht mit einem (mikroskopischen) Planetensystem beginnen. Er setzt im Inneren schon voraus, was er außen erst nachweisen will.

Um beim Entwerfen eines völlig neuen Bildes der innersten Welt sicheren Halt zu gewinnen, klammerte sich Heisenberg an den Energiesatz, auf den er sich tatsächlich verlassen konnte. Er beschreibt den entscheidenden Augenblick wie folgt:

»So konzentrierte sich meine Arbeit immer mehr auf die Frage nach der Gültigkeit des Energiesatzes, und eines Abends war ich [auf Helgoland] soweit, daß ich daran gehen konnte, die einzelnen Terme in der Energietabelle, oder wie man es heute ausdrückt, in der Energiematrix, durch eine nach heutigen Maßstäben reichlich umständliche Rechnung zu bestimmen. Als sich bei den ersten Termen wirklich der Energiesatz bestätigte, geriet ich in eine gewisse Erregung, so daß ich bei den folgenden Rechnungen immer wieder Rechenfehler machte. Daher wurde es fast drei Uhr nachts, bis das endgültige Ergebnis der Rechnung vor mir lag. Der Energiesatz hatte sich in allen Gliedern als gültig erwiesen, und – da dies ja alles von selbst, sozusagen ohne Zwang herausgekommen war – so konnte ich an der mathematischen Widerspruchsfreiheit und Geschlossenheit der damit angedeuteten Quantenmechanik nicht mehr zweifeln. Ich hatte das Gefühl, durch die Oberfläche der atomaren Erscheinungen hindurch auf einen tief darunter liegenden Grund von merkwürdiger innerer Schönheit zu schauen, und es wurde mir fast schwindlig bei dem Gedanken, daß ich nun dieser Fülle von mathematischen Strukturen nachgehen sollte, die die Natur da vor mir ausgebreitet hatte.«

Eine andere Seite der Wissenschaft

Eine merkwürdige innere Schönheit also ist es, die sich Heisenberg am Ende seiner mathematischen Schritte unter dem

Geleit der Energieerhaltung zu erkennen gibt, und heute wissen wir, daß er dabei zum ersten Mal das vor Augen hatte, was später in Lehrbüchern als Quantenmechanik bezeichnet und den Studierenden vorgeführt wird. Die mit diesem Ausdruck bezeichnete Theorie der Atome ist eine der zugleich schönsten und geheimnisvollsten Theorien der Wissenschaft, und mir scheint, daß man lernen kann, wie eng die beiden genannten Eigenschaften – das Schöne und das Geheimnisvolle – zusammengehören, wenn man bereit ist, sich ein wenig auf die Quantenmechanik einzulassen.

Die Schönheit, die Heisenberg erfaßt, läßt sich am besten mit der Definition von Plotin fassen, der im dritten Jahrhundert nach Christus gelebt und gelehrt hat. Plotin hatte – wie bereits erwähnt – der Pythagoreischen Definition über die Harmonie der Teile eine Festlegung gegenübergestellt, die auf das Ganze geht und Schönheit als Durchscheinen des ewigen Glanzes des ›Einen‹ durch die materielle Erscheinung bestimmt. In dem lateinischen Leitsatz »*pulchritudo splendor veritatis*« ist Plotins Gedanke aufgenommen und einen wissenschaftlich wichtigen Schritt weitergeführt worden. Nach Heisenberg können die drei zitierten Worte so gedeutet werden, »daß der Forscher die Wahrheit zuerst an diesem Glanz [der Schönheit], an ihrem Hervorleuchten erkennt«.

Da ist es dann wieder, dieses Aufleuchten in der Seele der Naturforscher, von dem Kepler bereits gewußt und erzählt hat und das auch Feynman kannte. Heisenberg erlebt es auf Helgoland, und er weiß mit seiner Hilfe unmittelbar und unerschütterlich, daß er der Wahrheit näher gegenübersteht als irgendein anderer Physiker oder sonst ein Mensch seiner Zeit.

Es ist wichtig, sich klarzumachen, was Heisenberg eigentlich erblickt, als er sein Inselerlebnis hat. Vor ihm auf dem Papier stehen nur einige mathematische Formeln, deren später publizierte Version (Abb. 4-3) vermutlich bei keinem Betrachter irgendein Gefühl für Schönheit auslöst, sei er nun physikalisch vorgebildet oder ein Anfänger in der Welt der Formeln. Die notierten Zeichen und Buchstaben zeigen

Sei der Rotator repräsentiert durch ein Elektron, das im konstanten Abstand a um einen Kern kreist. Die „Bewegungsgleichungen" besagen dann klassisch wie quantentheoretisch nur, daß das Elektron im konstanten Abstand a eine ebene, gleichförmige Rotation um den Kern beschreibt mit der Winkelgeschwindigkeit ω. Die „Quantenbedingung" (16) ergibt nach (12):

$$h = \frac{d}{dn}(2\pi m a^2 \omega),$$

nach (16):

$$h = 2\pi m \{a^2 \omega(n+1, n) - a^2 \omega(n, n-1)\},$$

woraus in beiden Fällen folgt:

$$\omega(n, n-1) = \frac{h \,.\, (n + \text{const})}{2\pi m a^2}.$$

Die Bedingung, daß im Normalzustand ($n_0 = 0$) die Strahlung verschwinden solle, führt zu der Formel:

$$\omega(n, n-1) = \frac{h \,.\, n}{2\pi m a^2}. \tag{28}$$

Die Energie wird

$$W = \frac{m}{2} v^2$$

oder nach (7), (8)

$$W = \frac{m}{2} a^2 \cdot \frac{\omega^2(n, n-1) + \omega^2(n+1, n)}{2} = \frac{h^2}{8\pi^2 m a^2}\left(n^2 + n + \tfrac{1}{2}\right), \tag{29}$$

was wieder der Beziehung $\omega(n, n-1) = \frac{2\pi}{h}[W(n) - W(n-1)]$ genügt. Als Stütze für die von der bisher üblichen Theorie abweichenden Formeln (28) und (29) kann es angesehen werden, daß viele Bandenspektren (auch solche, bei denen die Existenz eines Elektronenimpulses unwahrscheinlich ist) nach Kratzer[9]) Formeln vom Typus (28), (29) (die man bisher der klassisch-mechanischen Theorie zuliebe durch halbzahlige Quantelung zu erklären suchte) zu fordern scheinen.

Abb. 4-3 Ein Auszug aus Heisenbergs Arbeit von 1925 mit einigen grundlegenden Formeln.

nur dann mehr als Figuren und Linien auf einem Blatt, wenn sie für den Betrachter zu dem werden, was man ein Symbol nennt. Für einen theoretischen Physiker, wie es Heisenberg war, steckt in einem E oder in einem n immer mehr als die Abkürzung für die Energie bzw. die Frequenz des Lichtes. In diesen Zeichen erkennt er Symbole für eine Wirklichkeit, die sich zwar nicht konkret sichtbar oder sonst sinnlich faßbar zu erkennen gibt, auf der sich aber die Atome befinden. Diese zweite *Wirklichkeit* zeigt sich durch ihre *Wirksamkeit,* die auf diese Weise wahrnehmbar wird. Auf dieser Ebene sind die Atome keine Dinge, sondern vor allem symbolhaft faßbar, wobei das Wesentliche eines Symbols darin besteht, daß es nicht nur das Denken, sondern auch andere Eigenschaften des Menschen, zum Beispiel das Gefühl, anspricht und auf diese Weise eine Seite der Wissenschaft erreicht, die sich nicht im Lichte des Bewußtseins präsentiert – und daher könnte sie als Nachtseite oder Innenseite der Physik bezeichnet werden.

Zu dieser Nachtseite gehört vermutlich auch das »Eine«, von dem Plotin redet und von dessen Existenz auch Heisenberg überzeugt ist. Dieses »Eine« könnte man mit Keplers Begriff »Archetypus« belegen. Dies erklärt dann, daß die Formeln, die Heisenberg auf dem Blatt Papier vor sich hatte, ihn das archetypische Bild erkennen lassen, von dem sein Denken ausgehen und in die mathematischen Höhen aufsteigen konnte, von denen aus zuletzt das Naturgesetz – seine theoretische Form – erblickt werden kann, das durch denselben Archetypus manifestiert worden ist.

Innen und außen

Die hier dem Archetypus unterstellte Wirksamkeit sowohl in der Psyche eines Menschen als auch in der Physis der Natur mag für einen streng naturwissenschaftlich orientierten Leser vielleicht überzogen sein. Dem literarisch Versierten bietet die Konstruktion nichts Neues, was heißt, daß man sie zum Beispiel bei Johann Wolfgang von Goethe nachlesen kann, und zwar in seinem Gedicht, das »Epirrhema« überschrieben ist und also ein kleiner Kommentar sein will, etwas, das dazugesprochen wird:

»Müsset im Naturbetrachten
Immer eins wie alles achten:

Nichts ist drinnen, nichts ist draußen;
Denn was innen, das ist außen.
So ergreifet ohne Säumnis
Heilig öffentlich Geheimnis.«

Wie sehr innen und außen verwoben sein können, zeigt sich vielleicht am deutlichsten, wenn Wissenschaftler ihre Ergebnisse – ihre Erkenntnisse – in Träumen finden bzw. in Form von Eingebungen empfangen. Der schon erwähnte Psychophysiker Gustav Theodor Fechner befand sich zum Beispiel an einem Oktobermorgen des Jahre 1850 in einer Art Halbschlaf, als er »durch einen etwas unbestimmten Gedankengang darauf kommt«, wie er sich erinnert, »den *verhältnismäßigen* Zuwachs der körperlich lebendigen Kraft« eines Objektes, die wir heute seine Bewegungsenergie nennen würden, »zum Maße des *Zuwachses* der zugehörigen geistigen Intensität zu machen«. Dieser nicht ganz leichte Zusammenhang bildet heute als sogenanntes Weber-Fechner-Gesetz einen der Ecksteine der Psychophysik.

Bekannter ist der Traum, den der Chemiker Friedrich August Kekulé zwölf Jahre später vor einem Kamin hatte, als er wohl etwas eingedöst war. Kekulé versuchte damals, die Struktur der Substanz zu ermitteln, die Benzol heißt (Abb. 4-4). Ihre heute berühmte und für den Fortschritt der Chemie maßgebliche Ringstruktur ist Kekulé zuerst als Bild in einem Traum erschienen:

»Ich drehte den Stuhl nach dem Kamin und versank im Halbschlaf. Wieder gaukelten die Atome vor meinen Augen. Mein geistiges Auge unterschied jetzt größere Gebilde von mannigfacher Gestaltung, schlangenartig sich windend und drehend. Und siehe, was war das? Eine der Schlangen erfaßte den eigenen Schwanz, und höhnisch wirbelte das Gebilde vor meinen Augen. Wie durch einen Blitzstrahl erwachte ich und verbrachte den Rest der Nacht, um die Konsequenzen der Hypothese auszuarbeiten.«

Es lohnt sich, die beiden geschilderten Entdeckungen einer mathematischen und einer chemischen Formel im Detail zu vergleichen. Natürlich haben beide Wissenschaftler ihre geträumten oder geschauten Einsichten erst dann an die Öffentlichkeit gegeben, nachdem sie »durch den wachen Verstand geprüft worden« waren, wie Kekulé es viel später einmal genannt hat, als er der Möglichkeit, Wahrheit durch Träume zu finden, realistische Chancen einräumte, aber nur, wenn die Forscher ihre rationalen Qualitäten nicht einschlafen lassen. (Dies versteht sich natürlich von selbst und braucht nicht immer wieder neu bekräftigt zu werden, selbst wenn hier und da der Eindruck entsteht, daß es in diesem Buch in Vergessenheit geraten könnte.)

Es ist also klar, daß nach dem Traum bzw. der Schau des Schönen die gedankliche Arbeit erst anfängt. Immerhin versetzt der zuvor gelungene Blick auf die Wahrheit die Wissenschaftler derart in Erregung, daß sie spielend leicht die Nacht aufbleiben und arbeiten können. Wie Süchtige können sie ihren Drang nicht mehr kontrollieren. Sie *müssen* nach der Lösung, nach der Wahrheit, suchen – eine Beobachtung, die in den herkömmlichen Darstellungen der Wissenschaft und ihrer Geschichte kaum jemals zu finden ist, obwohl man sie in der Literatur längst nachlesen kann. In dem Roman »Der Mann ohne Eigenschaften« läßt Robert Musil seinen Helden, einen Mathematiker mit Möglichkeitssinn, sagen:

»Das Wissen ist ein Verhalten, eine Leidenschaft. Im Grunde ein unerlaubtes Verhalten; denn wie die Trunksucht, die Geschlechtssucht und die Gewaltsucht, so bildet auch der Zwang, wissen zu müssen, einen Charakter aus, der nicht im Gleichgewicht ist. Es ist gar nicht richtig, daß der Forscher der Wahrheit nachstellt, sie stellt ihm nach. Er erleidet sie.«

Musil spricht einen weiteren Aspekt der Nachtseite an, die zur Wissenschaft gehört, die Triebhaftigkeit des Tuns. Und so wichtig dieser Charakterzug westlicher Menschen auch ist,

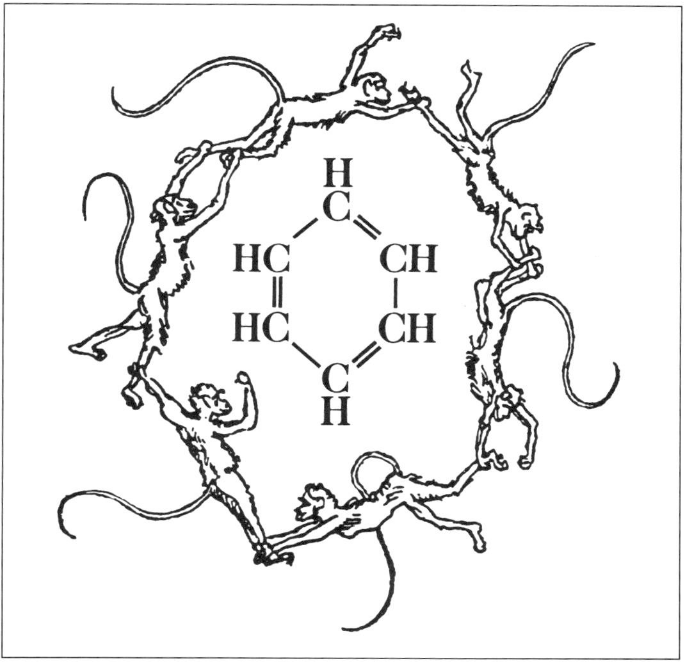

Abb. 4-4 Die Ringstruktur des Benzolmoleküls (Mitte) mit den sechs Kohlenstoffatomen (C), die sich zu einem Ring zusammengeschlossen haben. Gezeigt wird eine Darstellung aus dem Jahre 1886 (C.F. Finding: »Zur Konstitution des Benzols«), in der es zur Erläuterung heißt: »Wie das Kohlenstoffatom 4 Affinitäten besitzt, so besitzen die Angehörigen der Familie der Vierhänder vier Hände, mit denen sie andere Gegenstände ergreifen und sich an dieselben anklammern können. Denkt man sich nun eine Gruppe von sechs Angehörigen dieser Familie, z.B. Macacus Cynocephalus, welche unter sich einen Ring bilden, indem sie sich abwechselnd je zwei Hände reichen, so erhält man ein höchst vollkommenes Analogon des Kekuléschen Benzolsechsecks.«

uns soll hier mehr die Tat der Erkenntnis selbst interessieren. Dies gelingt besser, wenn man das zur Kenntnis nimmt, was meiner Ansicht nach die eigentliche Parallele zwischen Heisenbergs Inselerlebnis und Kekulés Kamintraum zu sein scheint. Beide vertrauen auf Archetypisches und auf die

Abb. 4-5
Ein Uroboros – oder Ouroboros –, der sich in den Schwanz beißt. Die Inschrift lautet übersetzt: »Das Eine, das All«; aus der »Chrysopeia der Kleopatra«, Manuskript 2325 der Biblioteca Marciana in Venedig.

dadurch möglichen archetypischen Bilder bzw. Ideen und kommen mit ihnen zum Erfolg. Bei Kekulé ist es eine Schlange, die sich in den Schwanz beißt, und mir scheint, daß dieses Bild nicht zufällig aufgetaucht ist. Schließlich gibt es kein älteres Symbol für die Vorstellung, daß Eines aus Allem und Alles in Eines fließt, als diesen zum Ring geschlossenen Körper, der in der Geschichte der Alchemie eine große Rolle spielt (Abb. 4-5). Natürlich haben die Methoden der modernen Chemie nichts mehr mit den Verfahren der frühen Alchemisten zu tun, aber jeder, der sich auch nur mäßig in der Geschichte der Wissenschaft auskennt und nicht nur die erzielten Ergebnisse, sondern auch die dahinführenden Denkweisen zur Kenntnis nimmt, weiß, daß die Alchemie zwar aus den Laboratorien, nicht aber aus den Köpfen verschwunden ist.

Offiziell teilen die Wissenschaftshistoriker ihrem Publikum zwar mit, daß die alchemistisch-magische Form der

Naturbeschreibung im 17. Jahrhundert aufgegeben und durch die seither praktizierte experimentell-quantitative Form abgelöst worden ist. Aber Newton zum Beispiel hat sich noch im 18. Jahrhundert stark an der alchemistischen Vorstellung einer Einheit orientiert und auf diese Weise verstehen können, daß die Kraft, die hier unten auf der Erde wirkt (und zum Beispiel einen Apfel vom Baum auf den Boden fallen läßt, genauer: ihn hinabzieht), auch hoch oben am Himmel vorhanden ist und den Mond auf seiner Bahn hält. Newton hat zudem an die Möglichkeit der umfassenden Verwandlung (»Eines aus Allem und Alles in Eines«) geglaubt. Zu seiner Zeit wurde ein Labor noch vollständig als ein »Laboratorium« bezeichnet, also mit einem Wort, in dem das Oratorium nachklingt. Die damit verbundene Wahrnehmung ist dem heutigen Wissenschaftsbetrieb längst entzogen.

Newtons Alchemie ist beileibe kein Einzelfall, wie sich am besten in einem Bereich der Wissenschaft zeigt, der geographisch und zeitlich weit weg angesiedelt ist. Gemeint ist wiederum Goethe, der im zweiten Teil seines insgesamt alchemistisch angelegten »Faust« den Homunculus in einem Laboratorium entstehen läßt, in dem es methodisch gesehen ebenfalls alchemistisch zugeht, wenn da zum Beispiel »verlutiert« und »kohobiert« wird. Und jeder, der heute die Idee des Urknalls ernst nimmt, sollte sich darüber im klaren sein, daß er im höchsten Maße alchemistisch denkt, denn in dem durch das so bezeichnete Ereignis festgesetzten Zeitpunkt kann es nur das »Eine« gegeben haben, aus dem das All oder das »Alles« entstanden ist. Im alchemistisch-ästhetischen Moment des Urknalls kann man sich nur Eines vorstellen, und aus dem müssen letztlich die Größen entstanden sein, die Alles (und das All) ausmachen, nämlich Raum, Zeit, Energie und Materie (Abb. 4-6). Sie sind so etwas wie die moderne Version der vier antiken Elemente Feuer, Erde, Wasser und Luft.

Ich möchte aus der Geschichte der Alchemie keine Methodenlehre entwickeln, glaube aber, daß man sie nutzen kann,

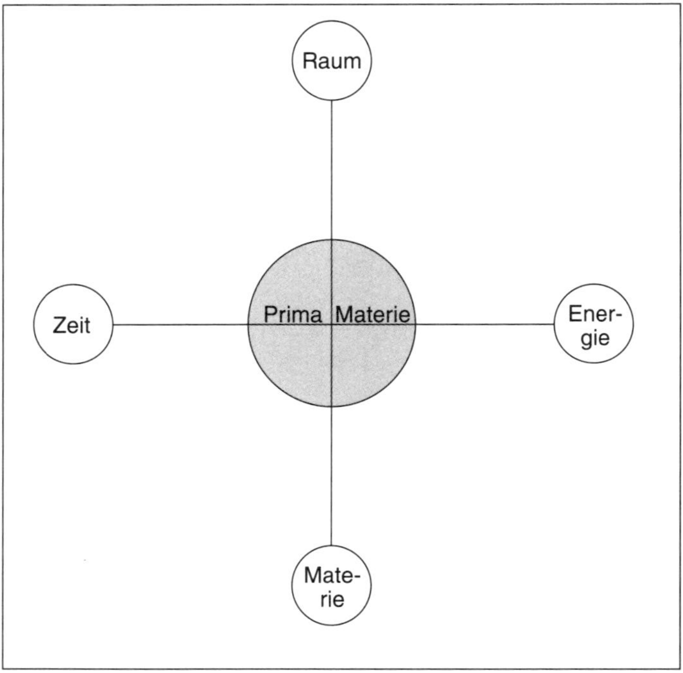

Abb. 4-6 Die Alchemie des Urknalls, die durch einen Gedanken aus der Relativitätstheorie möglich (denkbar) wird. Wie Einstein selbst immer wieder deutlich gemacht hat, steckt der wesentliche Kern seiner Theorie der Relativität darin, daß es nicht mehr möglich ist, die Dinge (ihre Masse und ihre Energie) verschwinden und dabei den Raum und die Zeit entleert zurückzulassen. Wenn die Dinge verschwinden, passiert mit Raum und Zeit dasselbe. Wer den Urknall für möglich hält und sich wissenschaftlich im Recht fühlt, denkt wie die alten Alchemisten, die sicher waren, daß die Elemente der Welt auf eine »prima materia« zurückgeführt werden können. Der Hinweis auf den alchemistischen Aspekt ist kein Vorwurf, sondern ein Lob. Die Alchemie war eine schöne Wissenschaft. Sie hat schöne Bilder und schöne Ideen hervorgebracht, und die Frage nach der Ursache ihres Scheiterns ist keineswegs trivial. Sie verdient vielmehr eine gewissenhafte Beschäftigung. Meiner Ansicht nach hängt die Antwort damit zusammen, daß die Alchemisten die Einheit als eine konkret sichtbare Realität suchten. Heute wissen die Wissenschaftler, daß sie nur auf einer anderen Ebene fündig werden.

um grundlegende Gedanken zu erfassen, die europäische Forscher hatten, als sie sich um ein wissenschaftliches Verstehen der Welt bemühten. Dazu gehört eben archetypisches Material wie der Kreis bzw. der Ring, den Wissenschaftler zu allen Zeiten gesucht und gefunden haben – sei es als Planetenbahn am Himmel, als Elektronenorbital im Atom, als Zyklus im biochemischen Stoffwechsel (Abb. 4-7) und Blutkreislauf im Körper.

Was der Kreis für Kekulé war, war für Heisenberg die Energie. Zwar hat er davon nicht im Schlaf geträumt, aber es läßt sich doch sagen, daß es Heisenbergs »Traum« war, die Bedingung des Energiesatzes zu erfüllen. Die Energie bot ihm Vision und Ziel, und dies ist deshalb auffällig, weil sich gar nicht genau definieren läßt, was Energie ist. Physiker murmeln manchmal etwas von einer abstrakten Größe eines Systems, die sich nicht ändert. Aber ehrlicher war der berühmte britische Astrophysiker Sir Arthur Eddington, der zu Beginn dieses Jahrhunderts einmal bekannt hat, gar nicht zu wissen, was er eigentlich meinte, wenn er den Ausdruck »Energie von etwas« benutzte. Ähnlich steht es in einem neueren Lehrbuch über die Energie, das von Viktor Heinloth stammt und mit dem Satz beginnt:

»Wir können Energie zwar vielfältig nutzen, wir können Energie auch bezüglich ihrer verschiedenen Erscheinungsformen praktisch vollständig beschreiben; und doch wissen wir nicht, was das Phänomen Energie letztlich ist.«

So gesehen kommt der Vorschlag gar nicht mehr überraschend, Energie nicht als empirische, sondern als archetypische Größe zu bezeichnen. Gemeint ist, daß sie eine grundlegende und ursprüngliche Idee darstellt, die vielerlei Formen anzunehmen in der Lage ist – und zwar innen wie außen – und ohne die das menschliche Denken nicht auskommen kann.

Übrigens besitzt gerade die Energie eine maßgebliche alchemistische Eigenschaft, die der *Verwandelbarkeit* nämlich. In allen alltäglichen und ungewöhnlichen Ereignissen wird Energie von einer Form in eine andere umgeformt, und

Schwierigkeiten bekommt die moderne Wissenschaft, wenn man nicht versteht, wie dieser Vorgang konkret auszuführen ist.[4]

Wenn Heisenberg – und die anderen Physiker – sich an dem Satz von der Erhaltung der Energie orientieren, dann tun sie das nicht, weil es dafür einen Beweis gibt, sondern weil sie aus innerster Überzeugung wissen, daß da nicht etwas verlorengehen, sondern daß da nur etwas verwandelt werden kann. Energie ist so etwas wie die Leinwand, auf der die Seele die Bilder malt, mit denen das Denken beginnt. Deshalb würden die Physiker auch keinen experimentellen Gegenbeweis des Energiesatzes akzeptieren und so lange nach dem technischen Fehler suchen, bis sie ihn gefunden hätten.

Heisenbergs Suche nach den atomaren Gesetzen macht meiner Ansicht nach nicht nur deutlich, daß es archetypische Bilder sind, die die rationale Suche des Forschers leiten. Sie macht auch darauf aufmerksam, daß das Ziel aller Bemühungen – das Atom – selbst eine archetypische Größe ist. Denn wie soll man sonst verstehen, daß sich der Begriff über Tausende von Jahren hält, während das, was damit gemeint ist, vollständig verwandelt wird. Als das Atom – griechisch: das Unteilbare – in der Antike konzipiert wurde, dachte man an konkrete Dinge, die bausteinartig zusammengesetzt werden und so die Welt entstehen lassen. Diese anschauliche Sicht der atomaren Ebene gehört spätestens seit den ersten Jahrzehnten des 20. Jahrhunderts, als die

---

[4] Als Beispiel nehme man die Frage nach der Natur des Geistes, deren Antwort Schwierigkeiten bereitet, wenn man ihn von der Materie trennt. Wenn Geist nicht das sein soll, was aus Materie – wenn sie komplex genug ist – hervorgeht, sondern wenn Geist das ist, was Materie – in Form des Gehirns – erkennen kann, dann stellt sich die Frage, wie er sich in die Energie verwandelt, die in einem menschlichen Kopf notwendig ist, um die Chemie des Denkens in Gang zu halten.

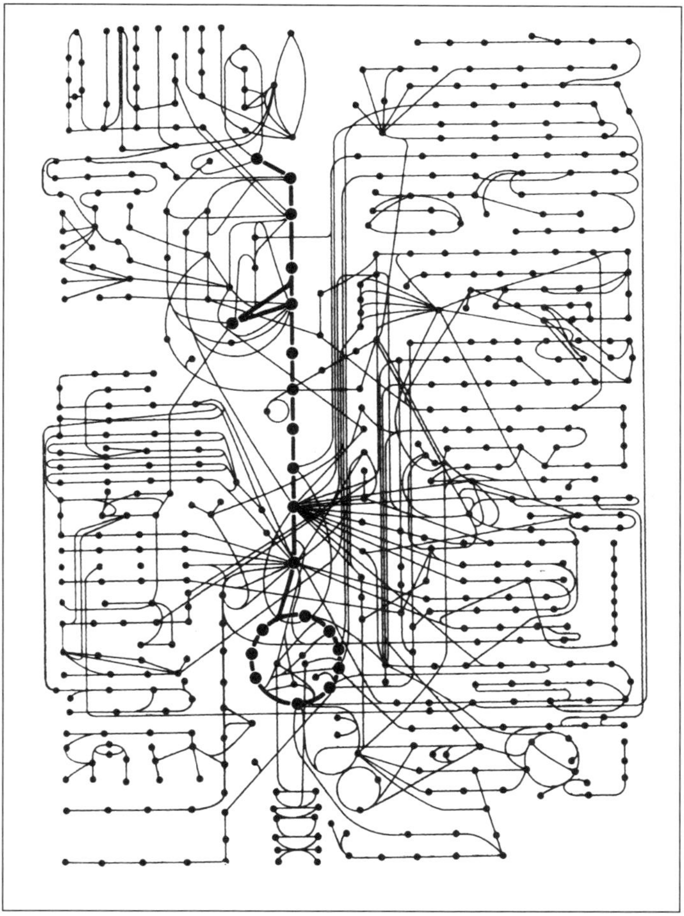

Abb. 4-7 Schematische Darstellung eines Teils des Stoffwechsels einer Leberzelle. Besonders hervorgehoben ist der Abbau des Zuckers Glukose, der in dem sogenannten Zitratzyklus vor sich geht (aus ›Mannheimer Forum 89/90‹; Seite 150)

Quantenmechanik entwickelt wurde, einer tiefen Vergangenheit an. Sie wurde durch eine atomare Wirklichkeit abgelöst, die sich nur noch symbolisch darstellen läßt.

Die neue Mechanik der Atome, die mit Heisenbergs schönem Ausblick ihren ersten Durchbruch erlebte, hat übrigens nicht nur Freunde gefunden bei den Physikern. Der wahrscheinlich beste und der sicher berühmteste unter ihnen – gemeint ist Einstein – hat sogar bis zum Ende seines Lebens immer wieder Bedenken gegen diese Theorie der Atome geäußert, wobei allerdings festzuhalten ist, daß Einstein nicht der Meinung war, die Quantenmechanik sei falsch. Einstein weigerte sich nur, sie als der Weisheit letzten Schluß anzusehen, da ihm die von Heisenberg und anderen vorgelegte Beschreibung der Atome unvollständig erschien. Einstein verweigerte ihr zudem die Note »Gut« (und damit die Bewertung, schön zu sein), weil sie nicht sein Verlangen erfüllte, daß eine physikalische Theorie keinen Raum für Zufälligkeiten zu bieten habe. »Gott würfelt nicht«, so sein bekanntes Diktum zu dieser Sache, über dessen gedanklicher Schwäche an anderer Stelle genug gesagt worden ist, ohne allerdings an seiner Wirksamkeit etwas ändern zu können. Einstein hat seiner Kritik die richtige Form – die eines bissigen Aphorismus – gegeben, und dieser ästhetische Reiz hilft seinem Satz über alles Irrtümliche und Schwache hinweg.

Es wird noch Gelegenheit geben, den hier nur angedeuteten Aspekt der ästhetischen Wertschätzung bzw. Verweigerung der Quantentheorie durch Einstein ausführlich zu behandeln. An dieser Stelle soll es zunächst um andere Beiträge Einsteins zur Physik gehen, die ebenfalls nicht ohne einen Rückgriff auf die Schönheit verstanden werden können – diesmal sogar mit positivem Vorzeichen –, auch wenn sich dies bei vielen Biographen bislang noch nicht herumgesprochen hat.

Auf ästhetische Aspekte in den Arbeiten großer Physiker hingewiesen hat bereits vor gut 50 Jahren der französische Mathematiker Jacques Hadamard. Er wagte sich damals an den Versuch heran, psychologische Aspekte des theoretischen Forschens und rationalen Erkennens ausfindig zu machen. Hadamard formulierte die ihm zur Gewißheit gewordene These, daß jeder Forscher irgendwann an einer kritischen Stelle des Nachdenkens eine Wahl zu treffen habe und sich dabei nach ästhetischen Kriterien richte und für die Schönheit entscheide. Die Wahl bestehe gewöhnlich zwischen verschiedenen Annahmen, die einer Theorie zugrunde gelegt würden und zur Zeit der Arbeit nicht durch ein Experiment gegeneinander abgewogen werden könnten.

Als Beispiel kann auf Niels Bohr verwiesen werden, der um 1912 vor die Entscheidung zwischen der klassischen Physik und einem Modell des Atoms als Miniaturplanetensystem gestellt war. Experimente, bei denen ein Strahl aus Atomkernen produziert und an einer dünnen Goldfolie gestreut worden war, legten ein Bild vom Atom nahe, bei dem Elektronen um einen Kern wie Planeten um die Sonne kreisten. Da die Elektronen – anders als Planeten – geladen waren, konnten sie allerdings den Gesetzen der klassischen Physik nach nicht auf Kreisbahnen unterwegs sein, ohne Strahlung abzugeben und damit Energie zu verlieren. Mit anderen Worten, das schöne und durchsichtige Bild vom Atom paßte nicht mit der klassischen Physik zusammen, und Bohr mußte sich entscheiden für das eine oder das andere. Er entschied sich für das Bild und beschloß, die Physik umzuwandeln. Seine Wahl war also höchst vernunftwidrig. Sie ist nur ästhetisch zu verstehen, so wie Hadamard es behauptet hat, und mit ihr nimmt eine der großen wissenschaftlichen Umwälzungen ihren Lauf, wie weiter unten noch näher ausgeführt wird.

Hadamard hatte aber vor allem Einsteins Weg zu den Relativitätstheorien im Sinn, als er seine These der Entscheidung für die Schönheit formulierte. Er vermochte dies, weil er auf entsprechende Unterhaltungen mit Einstein zurückgreifen konnte. Einstein selbst hat immer wieder bereitwillig die psychologische – seelische – Komponente des Forschens betont und Psychologen gegenüber viel von den Bildern (*images*) gesprochen, mit denen sein Denken beginne. Schwierigkeiten mache es ihm zuletzt vor allem, das bildhaft längst Verstandene erst in Formeln und dann in Worte zu fassen, um so sein Denken anderen mitteilen zu können. Und die Entscheidungen, die Einstein getroffen hat, haben tatsächlich mit dem Verlangen nach Schönheit zu tun.

Die entscheidende Voraussetzung für die erste Form der Relativitätstheorie, die heute mit dem Vornamen »Spezielle« gerufen wird, ist die Annahme bzw. die Entscheidung, daß die Geschwindigkeit des Lichtes konstant ist. Als Einstein sich 1905 für diese Prämisse entschied, gab es keinerlei experimentelle Evidenz zu ihren Gunsten. Und Einstein selbst wußte am besten, daß die Konstanz der Lichtgeschwindigkeit auf den ersten Blick mit einer weiteren Voraussetzung der Theorie in Widerspruch zu stehen schien. Diese zweite Voraussetzung trägt den Namen Galilei-Invarianz, und sie besagt in aller Kürze, daß alle Systeme, in denen Bewegungsabläufe beschrieben werden, physikalisch gleichberechtigt sind, wenn sie *eine* Bedingung erfüllen. In ihnen dürfen auf einen gleichförmig bewegten Körper keine Kräfte wirken. Experten sprechen dann von Inertialsystemen, und zwei solcher Systeme kann man sich dadurch zurechtlegen, daß man an einen Bahnhof und an einen durchfahrenden Zug denkt. In dem Zug, der keine Beschleunigung erfahren soll und sich also mit konstanter (gleichförmiger) Geschwindigkeit bewegt, haben die physikalischen Gesetze dieselbe Form wie auf einem Bahnsteig. So verlangt es das Galilei-Prinzip. Anders ausgedrückt: Ein Reisender im Zug und ein Wartender auf dem Bahnhof machen dieselben Erfahrungen mit den Kräften, die wirksam werden.

Es geht jetzt nicht um die Frage, wie Einstein bzw. seine Theorie es fertigbrachte, daß für Reisende und Wartende die Lichtgeschwindigkeit tatsächlich unveränderlich bleibt, das heißt, wie er dem heute nachgewiesenen Faktum Rechnung trug, daß Licht eine im Zug bewegte Taschenlampe wirklich genauso schnell verläßt wie eine auf dem Bahnsteig ruhende.[5] Es geht hier vielmehr um die Frage, was Einsteins Entscheidung, die Lichtgeschwindigkeit konstant zu setzen, psychologisch bedeutet und warum sie seinen Kollegen so schwergefallen ist, daß sie sich nicht dazu durchringen konnten.

Der Äther ist tot – es lebe der Äther

Was Einstein tat, als er die Lichtgeschwindigkeit als unveränderlich ansetzte, läßt sich durch den Satz formulieren, daß er den Äther abschaffte, den die Physiker bisher im Weltall brauchten, um ein Medium für das Licht zu haben. Man wußte, daß sich Licht im ganzen Kosmos verbreiten kann, und da dies durch eine Wellenbewegung – durch Lichtwellen mit meßbaren Wellenlängen – passierte, mußte das Universum ein Medium für diese Lichtwellen enthalten. Wasserwellen benötigen Wasser, Schallwellen erfordern Luft, und Lichtwellen brauchen Äther. So wie Wasser und Luft, abstrakt gesehen, irgendeine Art von mechanischem Spannungszustand darstellen, so sollte auch der Äther funktionieren, und die Frage, die viele Physiker in der zweiten Hälfte des 19. Jahrhunderts beschäftigte, lautete, »Wie kann man die Bewegung der Erde relativ zu diesem Äther ermitteln?«

Es ist Einstein ungeheuer schwer gefallen, dieses Thema als Scheinproblem zu entlarven. Dabei lag die Schwierigkeit nicht im intellektuellen Bereich. Der physikalische Sachverstand hätte den Äther längst abschaffen müssen, weil diese Substanz gleichzeitig härter als Stahl und dünner als Luft zu sein hatte, um Licht bewegen zu können – etwas, was der Volksmund leicht als Ding der Unmöglichkeit entlarven würde.

Die Schwierigkeit steckte vielmehr im seelischen bzw. im psychischen Bereich. Zum einen haben westliche Wissen-

[5] Technisch geht dies durch die sogenannte Lorentz-Transformation, die die alte Galilei-Transformation ablöst, ohne die geforderte Galilei-Invarianz zu verlieren.

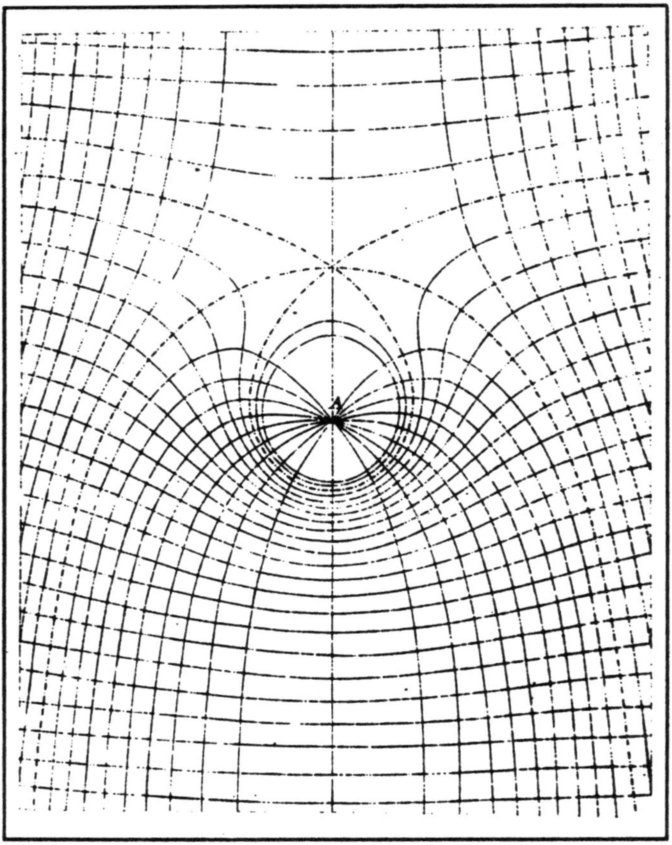

Abb. 4-8 Die von Faraday postulierten und anschaulich gemachten Linien eines Magnetfeldes in einer (schönen) Zeichnung aus dem »Treatise on Electricity and Magnetism« von Maxwell. Man sieht das Magnetfeld, das von einem stromdurchflossenen Draht und einem gleichförmigen Feld erzeugt wird.

schaftler seit der Antike – beginnend spätestens mit Aristoteles – von einem Äther gesprochen, so daß man sich mit der Behauptung sicher fühlen kann, daß es hier eine archetypische Idee zu erkennen gibt, die man aus dem westlichen

Denken nicht entfernen kann, ohne es insgesamt abzuwürgen. Zum zweiten nahm Einstein dem Weltall die »physikalische Luft« weg, die es füllte, und er ließ das Universum leer zurück, wie einen platten Autoreifen.

Allerdings nur auf den ersten Blick. Schon der zweite Blick zeigt, daß Einstein den Raum rasch mit einem neuen »Äther« anfüllte – was natürlich unter der Annahme leicht zu verstehen ist, daß es hier um Archetypisches geht. Einsteins neuer Äther ist in der heutigen Physik als Feld bekannt, zum Beispiel als Gravitationsfeld, und der wesentliche Unterschied steckt in dem oben benutzten Beiwort »mechanisch«. Während man sich den alten Äther als mechanisches Spannungsgefüge vorstellte – so waren auch noch die ersten Felder von Faraday konzipiert (Abb. 4-8) –, wird bei Einstein das Feld zu einer neuen, *zweiten* Form von Wirklichkeit, die keine konkrete Anschaulichkeit mehr zeigt, sondern sich nur noch durch konkrete Wirksamkeit beweist.

Natürlich hatte der junge Einstein 1905 nicht all diese Implikationen im Kopf bzw. vor Augen, als er die Lichtgeschwindigkeit konstant setzte. Was ihn damals unmittelbar reizte, war die Möglichkeit, in die Newtonsche Mechanik einzubauen, was die Maxwellsche Elektrodynamik schon besaß, nämlich eine unveränderliche Geschwindigkeit. Einstein suchte Einheitlichkeit in der Vielfalt und damit eine schöne Theorie im Sinne von Hutcheson. Ich bin davon überzeugt, daß Einstein nichts anderes im Sinn hatte, und deutlich ausgedrückt hat diese Tatsache der englische Physiker und Nobelpreisträger Paul Dirac, der einmal geschrieben hat:

»Als Einstein daran arbeitete, seine Theorie der Gravitation zu konstruieren, da versuchte er nicht, irgendwelchen Beobachtungsergebnissen Rechnung zu tragen. Nichts könnte weiter von der Wahrheit entfernt sein. Sein Verfahren bestand ausschließlich darin, nach einer schönen Theorie zu suchen.«

Dirac hat sogar die Ansicht geäußert, daß Einsteins Theorien uns heute noch ihrer Schönheit wegen interessieren

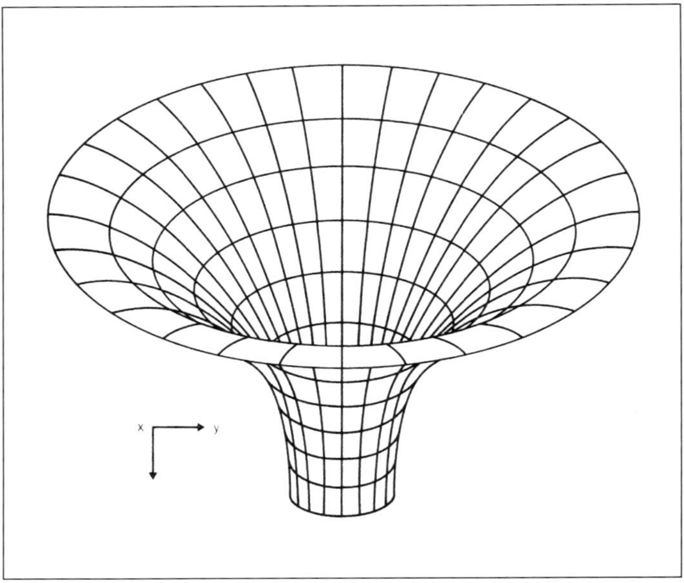

Abb. 4-9 In Einsteins Weltbild sind Raum, Zeit, Masse und Energie miteinander verknüpft und nicht isoliert. Auffällig ist vor allem die Vorstellung, daß die Geometrie des kosmischen Raumes davon abhängt, ob er sich um eine Masse legt oder nicht. Die Masse krümmt den Raum, und zwar immer stärker, je dichter sie vorliegt. Im Grenzfall sehr hoher Massedichten (»Schwarzes Loch«) sieht dann der (wiederum kosmische) Raum wie der gezeigte Trichter aus.

und faszinieren würden, selbst wenn sie nicht mit allen experimentellen Details in Übereinstimmung stünden und – pedantisch gesehen – falsch wären. Für Dirac ist es wichtig, daß eine Theorie ihrer Schönheit wegen gefällt. Die Übereinstimmung mit der Wirklichkeit gilt ihm nur als nette Zugabe. Dirac betrachtet das Aufstellen einer Theorie als Schaffung eines Kunstwerks. In ähnlicher Weise hat sich der Neuseeländer Ernest Rutherford geäußert, der als Physiker 1908 mit dem Nobelpreis für Chemie ausgezeichnet worden ist. Bei ihm heißt es:

»Die Theorie der Relativität von Einstein kann nur als ein herrliches Kunstwerk betrachtet werden, und zwar ganz unabhängig von Fragen nach ihrer Gültigkeit.«

Einsteins vier Elemente

Wenn man ganz korrekt sein will, muß man sagen, daß Dirac mit seiner oben zitierten Bemerkung die *Allgemeine* Theorie der Relativität von Einstein im Sinne hatte. Diese Theorie unterscheidet sich von der bereits erwähnten speziellen Variante dadurch, daß in ihrem Rahmen nicht nur Beobachter gleichberechtigt sein sollen, die sich gleichförmig und geradlinig gegeneinander bewegen, sondern daß das für alle Beobachter gelten soll. Hinter dieser nur scheinbar unsinnigen Forderung steckt die Feststellung, daß wir selbst auf der Erde natürlich alles andere als in einem Inertialsystem ohne Kräfte sind und trotzdem die Gesetze der Physik unabhängig davon formulieren. Da unser Standort zufällig ist, muß jeder andere Beobachter die Dinge auch so sehen können. Mit anderen Worten: Die Physik, die von der Schwerkraft und dem Universum handelt, muß so formuliert sein, daß sie unabhängig von jedem möglichen Standort eines Beobachters ist.

Eigentlich eine unlösbare Aufgabe, wie man dachte, als sich Einstein an die Arbeit machte, und tatsächlich hat er mehr als zehn Jahre nach der richtigen Beschreibung gesucht, deren wesentliche Qualität heute mit dem Begriff der Kovarianz bezeichnet wird (was viel mehr ist als die Galilei-Invarianz der speziellen Theorie). Das Endergebnis der Bemühungen Einsteins ist – in den Worten Diracs – eine »Theorie von großer Einfachheit und Eleganz«, womit zwei ästhetische Stichworte gefallen sind, die es zu erläutern gilt.

Tatsächlich hat Einstein wie bei der speziellen Theorie nach einer einfachen Ausgangsbedingung gesucht, mit der sein Denken beginnen konnte. Was in seinem ersten großen Wurf von 1905 die Konstanz der Lichtgeschwindigkeit war, wurde in der allgemeinen Version die Identität von träger und schwerer Masse, die auf jeden Fall einfach zu formulieren ist. Sie ist auch einfach zu verstehen, wenn man Masse als Eigenschaft von Gegenständen versteht, die ihnen innewohnt und unabhängig von äußeren Umständen ist. Durch ihre Masse werden Gegenstände schwer, d.h., sie bekommen Gewicht, und durch ihre Masse werden Gegenstände träge, d.h., sie widersetzen sich einer Beschleunigung. Masse wird schwer *durch* eine Kraft – die Schwerkraft. Und Masse wird träge *gegen* eine Kraft, nämlich die, die man zu ihrer Beschleunigung aufzuwenden hat.

So betrachtet scheint kein Weg zu bestehen, beide Massen zusammenzubringen, aber eines Tages hatte Einstein »den glücklichsten Gedanken meines Lebens«. Er sah plötzlich in seiner Vorstellung, daß jemand, der vom Dach eines Hauses herunterfällt, keine Schwerkraft mehr spürt. Die Beschleunigung, die er im Fallen erfährt, hebt die Gravitation auf, was man auch so ausdrücken kann, daß die Schwerkraft wie eine Beschleunigung wirkt und schwere und träge Masse äquivalent sind. Am Anfang von Einsteins Denken steht also ein Bild, und zwar ein Bild, daß durch seine Einfachheit überzeugend wirkt und besticht. (Heute kennt natürlich jeder längst dieses Bild, und zwar aus dem Fernsehen, wenn Astronauten in der Schwerelosigkeit innerhalb ihrer Kapsel herumturnen und hinter Zahnbürsten herschwimmen.)

Die eigentliche Schwierigkeit, die Ausgangskonzeption mathematisch ins Ziel der exakten Wissenschaft zu bringen, bestand darin, daß irgendwann zwischendurch die Gleichungen immer komplizierter wurden und die ersehnte Kovarianz sich zu einem Alptraum zu entwickeln schien. Die Sache konnte dadurch ins Lot gebracht werden, daß Einstein die Gravitation mit der Geometrie des Raumes in Verbindung brachte, in der diese Kraft sich entfaltete. Einstein mußte – was zunächst wieder seelischen Kummer bereitete – die Geometrie des Raumes abhängig machen von der Masse, die in ihm vorhanden war. Er führte so etwas wie eine Krümmung des Raumes ein, womit eine Abweichung von den Axiomen der euklidischen Geometrie gemeint ist, und er machte die Schwerkraft davon abhängig (Abb. 4-9). Unter diesen Vorgaben konnten die Gleichungen kovariant werden, und Einstein vermochte eine Theorie des Weltalls – eine Kosmologie – zu entwerfen.

Die Theorien, die Einstein nach seinen ästhetisch motivierten Entscheidungen zustande gebracht hat, laufen letztlich darauf hinaus, daß Größen, die unserer Anschauung nach getrennt und unabhängig sind, in Wahrheit zusammenhängen. Die Masse krümmt den Raum, der mit der Zeit verwoben ist, die in Abhängigkeit von der Energie verläuft, die äquivalent der Masse ist. Mit anderen Worten: Einstein schafft einen Zusammenhang – eine Einheitlichkeit – in der Vielfalt, wie er tiefer und geschlossener nicht sein kann. Seine Theorien sind damit tatsächlich Kunstwerke, so wie es Rutherford ausgedrückt hat.

Einsteins Weltbilder bringen nun eine völlig neue Sicht der physikalischen Grundgrößen mit sich. Während man sich früher den Raum immer unabhängig von anderen Gegebenheiten vorgestellt hat und meinte, wenn die Dinge aus der Welt verschwänden, bliebe der leere Raum zurück, zeigt Einstein mit seinem Relativitätsgemälde, daß auch der Raum dahingeht, wenn die Dinge – ihre Masse und ihre Energie – dies tun und entweichen.

Dies bedeutet: Alles wird zu Einem. Und das heißt umgekehrt: Alles muß aus Einem entstanden sein. Dieses Eine nennt man heute Urknall, und wer verstehen will, warum sich diese Idee trotz aller experimenteller Schwierigkeiten und trotz vieler gegenteiliger astronomischer Evidenz dennoch so hartnäckig hält, der sollte das oben in der Legende zu Abb. 4-6 über den Urknall Gesagte noch einmal überdenken.

Zwar gibt es zahlreiche Hinweise darauf, daß Einstein die Idee des Urknall nicht sehr amüsiert hat, aber dies ändert nichts an der Tatsache, daß seinem Weltbild etwas sehr Archetypisches anhaftet. Da gibt es – wie in der Antike – vier Elemente, die statt Feuer, Erde, Wasser und Luft nun Raum, Zeit, Materie und Energie heißen. Und während Aristoteles eine »prima materia«, eine Urmaterie, postulierte, aus der die archaische Vierergruppe entstehen und zur Wirksamkeit gelangen konnte, machte sich Einstein auf die Suche nach einer einheitlichen Feldtheorie, die dieselbe Aufgabe wie die »prima materia« übernehmen sollte.

Daß Einstein sie nie finden konnte, ist kein Einwand gegen die *Denkfigur*. Schließlich hat er an ein einheitliches Feld ebenso fest geglaubt wie Aristoteles an die Urmaterie. Beide haben sich für diesen Gedanken eines einheitlichen Grundbestands der Welt entschieden, weil der Gedanke schön ist. Und er ist schön, weil er die Vielfalt so ordnet, daß die Einheit erkennbar wird. Das war bei Aristoteles so, das war bei Einstein so, und es wird noch länger so bleiben.

5 *Das Schöne an der Revolution* Ästhetisches im Fortschreiten der Wissenschaft

»Ihrer wahren Wesensbestimmung nach ist die Wissenschaft das Studium der Schönheit der Welt.«
Simone Weil

Wissenschaft macht manche Philosophen manchmal ratlos. Wie kommt es bloß, so fragen sich einige von ihnen immer wieder, daß naturwissenschaftlich vorgehende Forschung so erfolgreich ist und oft tatsächlich etwas erkennen und erklären kann? Und zwar nicht nur das Blau des Himmels an einem wolkenlosen Tag und das Rot der Wolken beim Sonnenuntergang, die beide durch einfache Streuvorgänge an Partikeln in der Atmosphäre zustande kommen, sondern auch all die Farben eines Metalls, das so lange erhitzt wird, bis sich seine Weißglut zeigt. Um diese temperaturbedingt erscheinende bunte Palette erklären zu können, müssen die Physiker nicht nur wissen, daß es Atome gibt, sie müssen ferner verstehen, wie diese Atome aufgebaut sind und was ihnen Stabilität gibt. Woher wissen Wissenschaftler dies? Woher wissen sie, daß sie überhaupt etwas *wissen*, zum Beispiel daß sich Planeten auf elliptischen Bahnen um die Sonne bewegen, daß Atome einen positiv geladenen Kern haben, um den herum sich die entsprechend negativ geladenen Elektronen symmetrisch arrangieren, ohne dabei allerdings eine klassische Umlaufbahn zu markieren? Woher wissen sie, daß Licht in Form von elektromagnetischen Wellen das Vakuum mit Lichtgeschwindigkeit durchqueren und sich trotzdem zugleich wie ein Energiepaket bemerkbar machen kann? Woher wissen sie, daß Bakterien Gene haben, deren Variationen (Mutationen) spontan und zufällig zustande kommen und nicht induziert werden? Was ist das Besondere an dem *naturwissenschaftlichen* Zugang zur Welt, der mehr Sicherheit im Wissen bringt als alle anderen Bemühungen des Denkens (obwohl er sich natürlich manchmal irren kann, und zwar gewaltig) und sogar in aller Ruhe das Unendliche anvisiert, während der allein *philosophisch* Suchende in einem scheinbar unentwirrbaren Gestrüpp von paradoxen Begriffen hängenzubleiben droht?

Keine Logik der Forschung

Freunde der Forschung weisen gerne darauf hin, daß Wissenschaft sich etwa der Philosophie gegenüber dadurch auszeichnet, daß sie unter erschwerten Bedingungen nach Erklärungen für die natürlichen Erscheinungen sucht, wobei damit vor allem das Experiment – die Frage an die Natur – gemeint ist. Die Anekdote, die an dieser Stelle gerne erzählt wird, berichtet von dem dänischen Physiker Niels Bohr, der mit Freunden, darunter Werner Heisenberg und Carl Friedrich von Weizsäcker, eine Skitour machte und abends in der Hütte mit dem Abwasch beauftragt wurde. Nachdem sich Bohr in der Küche mit einigem Geklapper eingerichtet und das Geschirr in das Wasser gesenkt hatte, wurde es plötzlich still. Der große Däne war ins Nachsinnen gekommen, das sich plötzlich in folgender Erkenntnis löste: »Jetzt weiß ich, wie Wissenschaft funktioniert«, soll er gerufen haben. »Es ist wie Spülen. Hier in dem Spülbecken habe ich schmutziges Geschirr, das in schmutzigem Wasser schwimmt und mit einem schmutzigen Lappen traktiert wird. Trotzdem sind die Teller und Tassen danach sauber. In der Wissenschaft beginne ich entsprechend mit unklaren Ideen, die ich in unklaren Experimenten teste, deren Ergebnis ich mit einer unklaren Sprache und ihrer undurchschaubaren Grammatik interpretiere. Trotzdem weiß ich, daß ich am Ende dieser Übung etwas mehr weiß als vorher.«

Bohr soll noch hinzugefügt haben, daß Philosophieren wie Spülen ohne Wasser sei, weil man mit unklarer Logik an unklaren Begriffen reibe, aber dieser Aspekt soll unbeachtet bleiben. Das Wesentliche ist in dem Spülbild ausgedrückt, nämlich die Notwendigkeit eines Zusammenspiels von drei Elementen, zu denen ganz entscheidend das wissenschaftliche Experiment gehört, das die Haltbarkeit der »unklaren Ideen« in der Natur prüft.

Ein Forscher kann zum Beispiel behaupten, daß auf der Rückseite des Mondes ein blaues Einhorn Tango tanzt. Aber ernst nehmen wird man seine These nur, wenn es einen Weg gibt, sie in einem Versuch zu überprüfen, etwa durch einen Flug um den Mond herum. Nachdem dies in den sechziger Jahren im Rahmen des Apollo-Projektes gelungen ist und dabei kein buntes Fabelwesen bei irgendeiner Tätigkeit beobachtet werden konnte, mußte die Hypothese zurückgenommen werden. Sie war als falsch entlarvt worden.

Das Beispiel mit dem Einhorn mag vielleicht weit her geholt sein, aber ungefähr so, wie es oben dargestellt wurde, stellen sich viele Wissenschaftstheoretiker und –praktiker bis heute den Fortgang der Forschung vor, und am deutlichsten verkündet hat dies Karl Popper in seinem berühmten Buch »Logik der Forschung«, das zum ersten Mal 1934 erschienen ist. Popper, den nur eine zufällige Namensgleichheit und keine Verwandtschaft mit dem schon zitierten Josef Popper verbindet, charakterisiert die maßgebliche Tätigkeit innerhalb der Wissenschaft dadurch, daß Theorien aufgestellt und überprüft werden. Genauer sollte man sagen: Einzelne Forscher und Forscherinnen stellen Hypothesen auf und testen sie durch ein Experiment. Der entscheidende Hinweis Poppers besteht darin, daß nur solche Sätze als wissenschaftlich zu bewertende Hypothesen in Frage kommen, die in einem Versuch – einer Beobachtung, einer Nachprüfung – als *falsch erwiesen werden können.*[6] Es muß – so der

---

[6] Daß die Behauptung mit dem blauen Einhorn, das auf dem Mond Tango tanzt, ebenfalls dazu gehört, wird jeder bemerkt haben.

Fachausdruck – die Möglichkeit zur Falsifizierung einer Hypothese geben, und die Logik der Forschung besteht darin, daß ein Experiment, in dem eine Hypothese tatsächlich falsifiziert wird, die Erkenntnissuche voranbringt, denn nun muß man eine neue Hypothese aufstellen, von der Popper (zwar natürlich, aber ohne Grund) annimmt, daß sie besser ist. Diese Chance besteht angeblich bei dem Gegenteil – einer Bestätigung durch das Experiment – nicht. Die sogenannte Verifizierung einer Behauptung in einem Versuch mag zwar ganz nett sein, und sie kann auch zum Abschluß einer Doktorarbeit führen. Doch solch ein Ergebnis hilft der Wissenschaft als Ganzes nicht weiter, weil man bei dem stehenbleibt, was man schon formuliert hatte. Im Denken passiert nichts und das Wissen verändert sich ebenfalls nicht. Eine neue Erkenntnis ist durch die Bestätigung nicht zustande gekommen. Nur Falzifizierungen bringen Fortschritte, dann aber stetig und aufsteigend, wie Popper versichert. Wie denn auch sonst? Damit nun schien man im Lager der Wissenschaftstheoretiker verstanden zu haben, warum wir uns immer besser auskennen, wenn wir wissenschaftlich korrekt vorgehen:

»The way to wisdom, I explain,
Is easy to express,
To err and err and err again
But less and less and less.«

So drückt ein englischsprachiger Vierzeiler die Quintessenz der induktiven Logik aus, der zufolge man nie sicher die Wahrheit kennen, sondern nur – von Versuch zu Versuch – seine Irrtümer verkleinern kann.

Das Konzept geht ursprünglich auf den großen Francis Bacon zurück, der im 17. Jahrhundert zum ersten Mal auf das Problem aufmerksam machte, vor dem experimentell arbeitende Wissenschaftler stehen. Sie müssen doch versuchen, aus einzelnen Beobachtungen allgemeine Schlüsse zu ziehen. Aus der Tatsache, daß sie einen weißen Schwan sehen, wollen sie den Schluß ziehen, daß alle Schwäne weiß sind (was bekanntlich falsifiziert worden ist, nachdem schwarze Schwäne gesichtet wurden). Oder aus der Beobachtung, daß Erbsen ihre Eigenschaften mit Hilfe von Erbelementen nach festen Regeln vererben, wollen sie den Schluß ziehen, daß alle Lebewesen an dieses Schema gebunden sind.

Bacon hat übrigens schon mehr als 300 Jahre vor Popper erwähnt, daß ein einziges Gegenbeispiel reicht, um eine Hypothese zu Fall zu bringen, und daß die Forschung tatsächlich nur auf Neues kommt, wenn ein einziges falsifizierendes Experiment den Wissenschaftler dazu zwingt, sich eine andere Hypothese auszudenken.

Also: Eine Hypothese gehört in den Bereich der empirischen Wissenschaft, wenn sie im Prinzip falsifizierbar ist, und die Forschung macht einen Fortschritt, wenn dies in der Praxis geschieht, also eine Hypothese im Experiment als falsch entlarvt wird – wenn zum Beispiel ein schwarzer Schwan gesichtet oder kein Einhorn auf dem Mond angetroffen oder ein Organismus gefunden wird, der sich an keine bekannte Vererbungsregel hält.

So stellt sich mancher Philosoph die Wissenschaft vor, und so stellen sich viele Wissenschaftler selbst auch ihre Tätigkeit vor – schließlich ist es schön, sich auf philosophisch abgesegnetem Terrain zu betätigen. Und doch: Weder die einen noch die anderen sehen, daß weder der Alltag der Forschung noch die Hochzeiten der Wissenschaft irgend etwas mit diesem simplen Schema zu tun haben. Niemand gibt eine Hypothese und erst recht keine komplette Theorie auf, nur weil ein Experiment schiefgelaufen ist. Dazu sind einmal die meisten der verwendeten technischen Apparaturen viel zu kompliziert, und zum anderen muß jedes Ergebnis interpretiert werden, was in der »Logik der Forschung« überhaupt nicht berücksichtigt worden ist. Wenn ich etwa die Hypothese untersuche, daß Bakterien nicht nur Gene haben, sondern diese Gene sich auch durch Rekombination verändern können, dann muß ich mir zunächst darüber im klaren sein, daß man im Experiment nur Bakterien und ihre Moleküle zählen bzw. analysieren kann. Die Gene, um die es geht, habe ich doch nur als Idee im Kopf, um das lebendige Material zu erfassen. Ich muß jedes experimentelle Ergebnis in meine Begriffe übertragen, und an dieser Stelle gibt es keine induktive Logik und keine Falsifizierung mehr. Hier ist der Forscher mit seiner Deutung allein.

»Beautiful – publish«

Das Beste, was man über Poppers Theorie der Forschungsfortschritte sagen kann, besteht darin, daß sie selbst den Anspruch der Wissenschaftlichkeit erheben kann, und zwar deshalb, weil sie sich leicht falsifizieren läßt. Dazu braucht man nur ein wissenschaftshistorisches Experiment zu machen, das heißt, man wirft einen Blick in die Geschichte zum Beispiel der Physik. Auf die Tatsache, daß es für Kopernikus und sein System jahrhundertelang keinen experimentellen Hinweis und dann nur eine Verifizierung (!) durch Bessel gab (Abb. 1-1), wurde schon hingewiesen. Dasselbe gilt für die Grundannahmen von Einsteins Theorie der Relativität, die erst in den sechziger Jahren experimentell ernsthaft angegangen werden konnten (wobei sie dann nicht falsifiziert, sondern bestätigt wurde).

An Einstein läßt sich besonders klar darlegen, wie wenig logisch die Forschung vorgeht. Im Jahre 1911 erreichte ihn ein Bericht, daß man in französischen Laboratorien unter der Leitung des späteren Nobelpreisträgers Jean Baptiste Perrin eine seiner Theorien (zur Diffusion) geprüft und dabei Abweichungen gefunden habe. Der damals noch völlig unbekannte Einstein antwortete dem schon berühmten Professor aus Paris, daß er alles nochmals nachgerechnet hätte und nach einer unbedeutenden Korrektur »in der Theorie ein weiterer Fehler nicht mehr vorhanden ist«, was den Schluß unumgänglich machte, daß »auf der Seite des Experiments ein Fehler steckt«. Mit anderen Worten, es wird immer eher ein tech-

Abb. 2-6 Eine Photographie von Ernst Haas aus dem Buch »The Creation«, Viking Press, New York 1971.

Abb. 3-13 Titelbild der Zeitschrift KUNSTFORUM vom Dezember 1993, die »Das neue Bild der Welt« verspricht. Hoffentlich ist damit nicht das grinsende Wesen gemeint.

◁ Abb. 2-7 Eine schöne Galaxie in Form einer Spirale; dieses moderne Bild vom Himmel kennt man seit dem 19. Jahrhundert.

Abb. 7-1 Der Königsparadiesvogel, der – ohne die mittleren Schwanzfedern gerechnet – rund 15 cm groß wird.

Abb. 7-2 Ein Auerhuhn aus der Familie der Rauhfußhühner; die Größe liegt zwischen 70 und 80 cm (aus der Brockhaus Enzyklopädie, Band 18).

Abb. 7-4 Skorpionfliegen sind rund 20 mm lang und gehören zur Ordnung der Schnabelfliegen.

Abb. 7-3 Der Blaue Pfau (männlich) kann durch die Schwanzfedern bis zu 2 m lang werden (aus der Brockhaus Enzyklopädie, Band 17).

Abb. 7-7
Die im Versuch eingesetzten Signale bestanden aus den gezeigten Mustern. Links sind die ignorierten und rechts die wenig wirksamen Formen zu sehen. Effektiv waren Signale, wenn sie symmetrisch waren. Die mittlere Reihe zeigt die Muster, die im Laufe der Koevolution entstanden sind (aus »Nature« 372 (1994), S. 170).

nischer Fehler gesucht – und in Einsteins bzw. Perrins Fall sogar gefunden –, bevor man auch nur einen Gedanken an die Aufgabe einer Theorie verschwendet, die man schön findet und die Einstein deswegen »vollkommen befriedigt«.

Besonders interessant in diesem Zusammenhang ist der schon erwähnte Öltröpfchenversuch, mit dem der amerikanische Physiker Robert Millikan die Größe der sogenannten Elementarladung bestimmen wollte. Die Hypothese Millikans lautete, daß elektrische Ladungen in der Natur nicht kontinuierlich auftreten, sondern nur in diskreten Einheiten, und zwar als ganzzahliges Vielfaches einer Elementarladung, wie sie etwa von einem Elektron getragen wird. Die Größe dieser Ladung wollte Millikan bestimmen, und zwar mit einem Öltröpfchen, das mit elektrischen Ladungen besetzt war und zwischen den Platten eines Kondensators in der Schwebe gehalten wurde, wobei der Kondensator so gestellt war, daß er der Schwerkraft entgegenwirkte, der das Tröpfchen natürlich auch unterlag.

Millikan erhielt für diesen Versuch und seine Ergebnisse den Nobelpreis für Physik, und selbst wenn wir einmal von der Tatsache absehen, daß bei seinen experimentellen Arbeiten nichts falsifiziert werden konnte – wirklich wichtig für unseren Zusammenhang ist, was die Wissenschaftshistoriker nach Millikans Tod aufgedeckt haben, als sie Einblick in seine Laborbücher bekommen haben (Abb. 1-8). Dort steht klipp und klar, daß Millikan nur die Versuche publiziert hat, die seiner Hypothese entsprachen und die ihm entsprechend schön (*beautiful*) vorkamen. Er suchte vor allem die »beauty«, die er vorher schon ins Visier genommen hatte.

»Anything goes«

Diese und andere Befunde machten in den fünfziger und sechziger Jahren des 20. Jahrhunderts deutlich, daß wissenschaftliche Theorien auf keinen Fall durch zwingend logische Schlüsse aus sauber geführten Protokollbüchern abgeleitet und anschließend durch sorgfältig ausgeführte Experimente geprüft werden. Diese Version ist ein philosophisches Märchen. Natürlich kommen wissenschaftliche Erkenntnisse dadurch zustande, daß das Denken von empirisch gefundenen und experimentell überprüften Tatbeständen ausgeht und sich an ihm orientiert, aber von einer Logik kann dabei überhaupt keine Rede sein. Da spielen andere Faktoren die Hauptrolle, von denen einige schon zur Sprache gekommen sind. Wie soll ausgerechnet die Logik erklären, wie man von einer Hypothese zur anderen kommt? Und wie soll logisch verstanden werden, wie Hypothesen überhaupt zustande kommen? Einfälle von Wissenschaftlern können alles mögliche sein – überraschend, phantastisch oder verrückt zum Beispiel –, sie sind aber am wenigsten logisch.

Als irgendwann auch den Wissenschaftsphilosophen klarwurde, was die Wissenschaftshistoriker schon längst gefunden hatten, konnten einige von ihnen wieder nicht an sich halten, und sie verkündeten rasch neue Theorien über das Fortschreiten der wissenschaftlichen Erkenntnis. Sie klammerten sich an einen Grundgedanken der Popperschen Logik, den Grundgedanken nämlich, daß Wissenschaft immer nur besser werden könne und ihre Einsichten genauer und tiefer würden: Einstein weiß mehr als Newton, der weiß mehr als Galilei, der weiß mehr als Kopernikus, der weiß mehr als Ptolemäus, der weiß mehr als Aristoteles, und so weiter, wobei man nicht den Schluß ziehen darf, daß Aristoteles nichts gewußt hat. Eher gilt umgekehrt, daß Aristoteles schon alles verstanden hat, was natürlich nicht mit einer Logik der Forschung verträglich ist.

Populär wurde die neue Wissenschaftstheorie durch die eingängige Parole *anything goes* (»Mach´ was du willst«), die auf besonders leichte und eingängige Weise die These verbreitete, daß es keinen Methodenzwang in der Wissenschaft gebe und es sich deshalb nicht lohne, nach systematischen Wegen zu suchen, die Wissenschaftler bei der Suche nach Wahrheit gegangen sind. Langfristig wichtiger als dieser Methodenanarchismus wurde die Behauptung, daß man zunächst einmal zwei Arten von Wissenschaft zu unterscheiden habe, wenn man eine Theorie ihrer Erfolge aufstellen will. Da sei auf der einen Seite der Betrieb der normalen Wissenschaft, bei dem im Rahmen einer gegebenen Denkordnung viele Messungen gemacht und viele Daten produziert werden. Dem stehe der revolutionäre Umbruch gegenüber, bei dem eine alte Ordnung unter dem zunehmenden Druck unverständlicher Informationen aufgegeben und – zumeist nach einer chaotischen Phase – eine neue Ordnung erreicht werde.

Die meiste Zeit, so die These von Thomas Kuhn in seinem berühmten Buch über »Struktur wissenschaftlicher Revolutionen«, das zu Beginn der sechziger Jahre erschienen ist, befassen sich Forscher auf dem Weg der normalen Wissenschaft mit dem Lösen von Rätseln, und das heißt im Detail, ihre »Versuche, Genauigkeit und Ausmaß der Kenntnis von ... Fakten [zum Beispiel die Siedepunkte von Mischungen oder die Kompressibilität von Stoffen] zu vergrößern, nehmen einen beträchtlichen Teil der Literatur der experimentellen und beobachtenden Wissenschaft ein« – wobei anzumerken bleibt, daß weit mehr als die Hälfte dieser Arbeiten niemals von irgend jemandem zitiert wird, nicht einmal von den Autoren selbst.

Natürlich werden die betreffenden Arbeiten von forschenden Menschen unternommen, die auf diese Weise versuchen, ihren kleinen Beitrag zum großen Abenteuer Wissenschaft zu liefern. Für sie persönlich ist dieses Tun maßgeblich, und es kann sogar aufregend sein. Für andere aber wirkt normale Wissenschaft extrem langweilig, und sie wird dadurch unschön. Bei diesem Betrieb kommt – von außen gesehen – weder eine Erkenntnis noch eine Entdeckung zustande, vielmehr sammelt und häuft man nur immer mehr Informationen an, bis es irgendwann nicht mehr weitergeht und die vielen Puzzleteile, die vom Forschungsbetrieb an Universitäten und Instituten produziert und geliefert werden, nicht mehr zusammenpassen wollen. Sie liegen auf einmal quer, ohne auch nur annähernd zu passen, und sobald jemand diesen ungeordneten Haufen wahrnimmt, beginnt es spannend zu werden in der Wissenschaft.

Was passiert, wenn nun plötzlich ein neues Gedankengebäude bzw. ein neues Ordnungskonzept nicht nur erforderlich, sondern zudem noch geliefert wird, hat allerdings überhaupt keine Logik mehr. Kuhn führt den Begriff der *wissenschaftlichen Revolution* ein, um den Wechsel der Auffassungen zu benennen, der offenbar unter dem Druck der empirischen Daten vollzogen wird. Als Beispiele für Revolutionen in der Wissenschaft zitiert man gewöhnlich den Übergang von der klassischen Physik zur Quantenphysik oder das Aufkommen der Relativitätstheorie. Revolutionär nennt man auch das Aufkommen des evolutionären Gedankens in der Biologie des 19. Jahrhunderts oder die in dem Jahrhundert zuvor gelungene Begründung der Chemie, die durch die Entdeckung der Gase Sauerstoff und Wasserstoff in der Luft markiert werden kann.

Übrigens: Revolution heißt Umwälzung, und das Wort beschreibt ursprünglich einen Ablauf, bei dem man nachher wieder dort ankommt, wo man vorher schon war. Revolution meint also einen in sich geschlossenen Kreislauf, den man durch einen Uroboros symbolisieren könnte (vgl. Abb. 4-5).

Ich erwähne diesen Punkt bzw. Kreis deshalb, weil das Konzept einer wissenschaftlichen Revolution bzw. einer revolutionären Wissenschaft eher als umstritten und problematisch angesehen und weniger in den höchsten Tönen gelobt wird. Obwohl sich kaum sagen läßt, was eine Revolution in der Wissenschaft ist – gehört zum Beispiel die Entwicklung der Molekularbiologie dazu? –, hält man an der Idee fest. Mir will es nun scheinen, als ob dieser Gedanke deshalb so populär und nicht mehr loszuwerden ist, weil er vom Bild eines Kreises bestimmt und also geometrisch geprägt ist. Mit Revolution beschreibe ich die äußere Welt durch ein archetypisches Bild, das tief in meinem Inneren angelegt ist und mir gefällt. Wenn ich es schließlich aufsteigen lassen und auf die äußere Welt anwenden kann, so erfreut mich diese Tatsache.

Das letzte konkrete Beispiel, das oben angeführt wurde, der Sauerstoff in der Chemie, dient vielleicht am besten dazu, einen Begriff zu erläutern, den Kuhn für wichtig hält, um wissenschaftliche Revolutionen zu kennzeichnen. Kuhn stellt sich vor, daß die praktizierenden Forscher einer Generation stillschweigend bestimmte Annahmen über die Welt und die Natur der Dinge machen und unter diesen Voraussetzungen ihre Ergebnisse deuten. Kuhn spricht dabei vom Paradigma der Wissenschaft, das man sich einfach als das sprichwörtliche Brett vorstellen kann, das alle Forscher einer Zeit vor ihrem Kopf haben.

Das Paradigma der Chemiker war seit alters her, daß Luft neben Erde, Wasser und Feuer eines der vier Elemente sei und daher nicht weiter zerlegt werden könne. Spätestens seit dem 17. Jahrhundert war aber daneben der Begriff des Gases aufgetaucht, und dem schloß sich bald noch der Dampf an. Irgendwann im 18. Jahrhundert wurde schließlich deutlich, daß man in der Luft verschiedene Komponenten unterscheiden müsse, von denen eine sogar mit dem Feuer – einem anderen Element der Antike – zu tun hatte. Es ging um das Verbrennen. Bei diesem Vorgang wurde etwas aus der Luft entfernt und dem verbrannten Stoff zugeführt, wie Lavoisier nach 1770 in vielen Experimenten feststellte, die vor allem mit Waagen ausgeführt wurden und damit den Wert des genauen Messens eindrücklich demonstrierten. Der von Lavoisier tätig ausgesonderte Anteil der Luft heißt heute Sauerstoff (wobei die Erklärung für dieses seltsame Wort eine Geschichte für sich ergeben könnte).

Entdecken konnte Lavoisier ihn nur, weil und nachdem er eine damals neue (heute als richtig erkannte) Theorie der Verbrennung hatte. Früher glaubten die Chemiker, beim Verbrennen entweiche ein Stoff, das sogenannte Phlogiston, und auf den ersten Blick macht Verbrennen ja genau diesen Eindruck. Die einfache Beobachtung der Sinne täuscht in diesem Fall, und die Idee des die Körper fliehenden Phlogi-

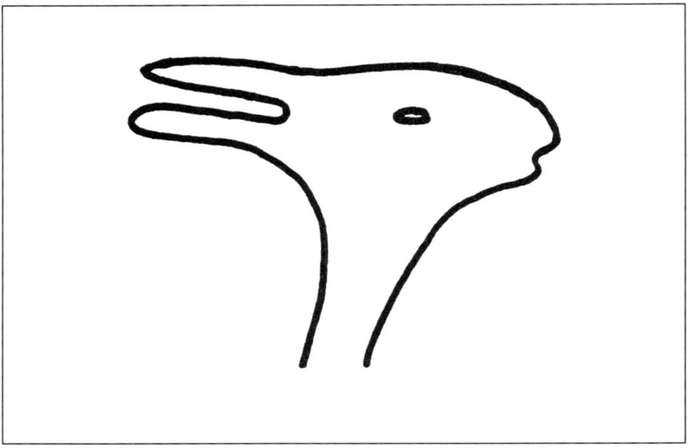

Abb. 5-1 Die Kaninchen-Enten-Kippfigur, die auf den Psychologen Jastrow zurückgeht. Entweder sieht der Betrachter eine Ente, dann stellen die nach links gehenden Linien den Schnabel dar, oder er sieht ein Kaninchen, dann stellen dieselben Linien die Ohren (Löffel) dar. Der Punkt markiert in beiden Fällen das Auge. Siehe auch Abb. 5-2.

ston hielt einer Nachmessung mit der Waage nicht stand. Auf diese Weise konnte tatsächlich eine alte Hypothese falsifiziert werden. Mit seiner neuen Vorstellung eines hinzugekommenen Stoffes nun – und nur damit – sah Lavoisier schließlich etwas, was andere Forscher bis ans Ende ihres Lebens nicht sehen konnten.

Was die Messung mit der Waage in ihm ausgelöst hatte, war die Wahrnehmung, daß etwas mit dem alten Paradigma nicht stimmen konnte, wie Kuhn sagen würde, der den sich anschließenden neuen Blick auf die Phänomene »durch die vertrauten Darstellungen eines visuellen Gestaltwandels« verständlich macht (Abb. 5-1), indem er schreibt

»Was in der Welt des Wissenschaftlers vor der Revolution Enten waren, sind nachher Kaninchen. Ein Mensch, der zuerst von oben die Außenseite eines Kastens sieht, erblickt später von unten die Innenseite« (Abb. 5-2).

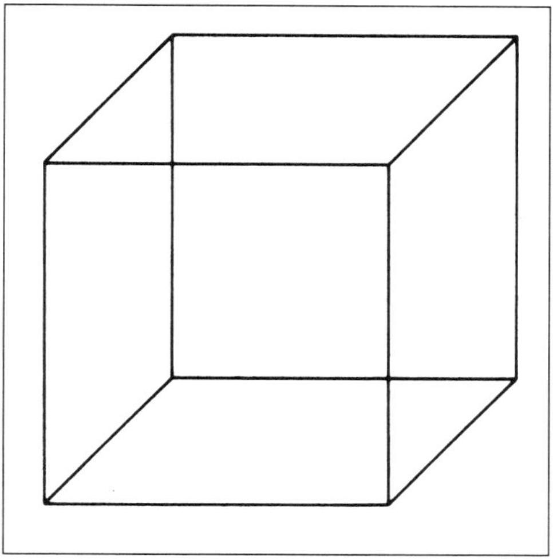

Abb. 5-2
Der sogenannte Neckerwürfel, bei dem ein dreidimensionales Gebilde – ein Würfel – durch ein zweidimensionales Bild dargestellt wird. Man hat als Betrachter viele Möglichkeiten, das Gesehene wahrzunehmen, das heißt, als eine räumliche Gestalt zu erkennen. Man kann das »unten links« gezeichnete Quadrat als vorne betrachten, dann ist das »oben rechts« gezeichnete Quadrat hinten. Oder man kann sich ein umgekehrtes Bild machen. Wichtig ist, daß die Entscheidung, wie wir das Gesehene wahrnehmen, nicht unserem Willen unterliegt. Wer den Neckerwürfel länger betrachtet, wird feststellen, daß die beiden angedeuteten Bildmöglichkeiten dauernd hin- und herspringen – wie es im Falle der Kippfigur in Abb. 5-1 das Kaninchen und die Ente tun (wenn man beide Tiergestalten sieht bzw. erkannt hat). Man kann das Bild nicht festhalten und muß es – etwa alle drei Sekunden – loslassen.

Geistesblitze und Offenbarungen

Leider läßt Kuhn seine Analyse der veränderten Wahrnehmung von Forschern alsbald wieder liegen, um sich anderen Fragen zuzuwenden, unter anderem der, wie Forscher es erleben, wenn sich der Gestaltwandel in ihnen vollzieht. Wie nicht anders zu erwarten, kommt keiner auf die Idee, hier eine Logik der Forschung zu suchen. Im Gegenteil! Da ist von »religiösen Erfahrungen« die Rede, da schreibt jemand von »Schuppen, die ihm von den Augen fallen«, wie dem

Saulus in der Bibel, der zum Paulus wurde, da taucht ein »Blitzstrahl« im Bewußtsein auf, der »durch die Gnade Gottes« ein vorher dunkles Rätsel »erhellt«, und da kommt die Erleuchtung im Schlaf, wie wir schon gesehen haben.

Kepler würde das alles verstehen und mit dem Aufleuchten der inneren Bilder in der Seele in Verbindung bringen, die mit den wahrgenommenen äußeren Objekten und ihrem Verhalten zur Deckung kommen. Im Grunde deuten die plötzlichen Einsichten, die neuen Formen der Wahrnehmung im wissenschaftlichen Wandel das Wirken von Archetypen an, und ihren Aktionen muß nachspüren, wer Umwälzungen im Denken verstehen und den Gang der Wissenschaft erfassen will. Wer dies aber tut, der wird ohne den Begriff der Schönheit nicht auskommen.

Gute Gestalten

Er wird auch nicht ohne den Begriff der Gestalt auskommen, über den an dieser Stelle wenigstens ein paar Bemerkungen zu machen sind. Von Gestalten und ihrer Wahrnehmung ist schon oben (Abb. 5-1 und 5-2) die Rede gewesen. Die Pioniere der dazugehörenden Psychologie haben schon in den frühen Jahrzehnten dieses Jahrhunderts die Ansicht formuliert, daß sich das Seelische nach gestalthaften Mustern organisiert. Die Aufgabe einer so ausgerichteten Erkenntnistheorie wäre es, unter diesem Aspekt mehr über die »Gestaltwahrnehmung als Quelle wissenschaftlicher Erkenntnis« herauszufinden, als es Konrad Lorenz in seinem gleichnamigen Essay aus dem Jahre 1959 getan hat.

Die trotz aller Bekanntheit erstaunlich bleibende Neigung der menschlichen Wahrnehmung, Muster und Konturen zu ergänzen, um Ganzheiten und Gestalten zu bilden (Abb. 5-3), kann man auch so deuten, daß die Wahrnehmung bemüht ist, Schönheit zu erkennen. Nach dem schon mehrfach zitierten Hutcheson wird die Idee der Schönheit von einer Gestalt (einer Form) ausgelöst, und zwar dann besonders

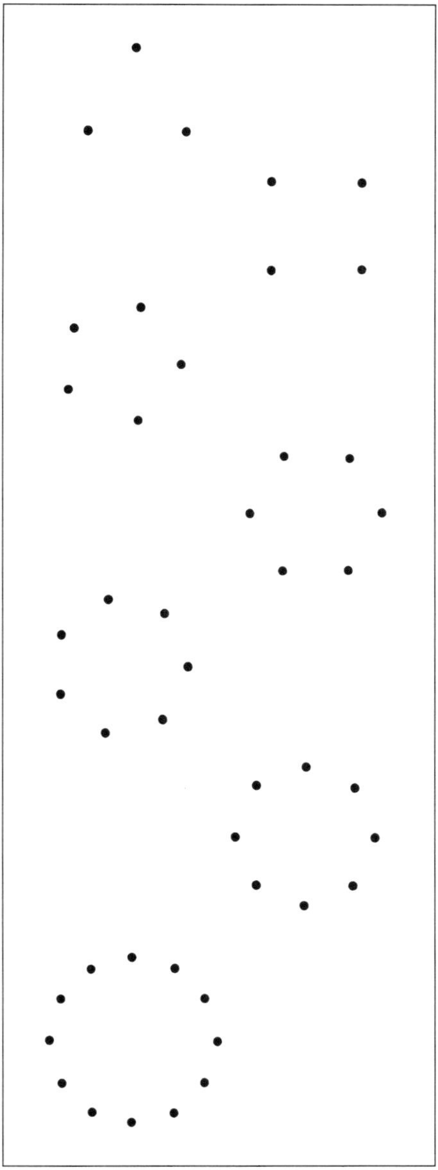

Abb. 5-3 Die Abbildung zeigt zwei Eigenschaften der Gestaltwahrnehmung. Zum einen erscheinen die Eckpunkte der Vielecke durch imaginäre Linien verbunden, obwohl es keine wirklichen Linien gibt. Zum zweiten gehen, für den Betrachter, die imaginären Linien bald in einen Kreis über.

auffällig, wenn die Gestalt eine Einheit in der Vielheit zeigt.

Die Gestalt, die dies sicher erreicht, ist der Kreis, und so ist es unter ästhetischen Vorgaben kein Wunder, wenn sich die Gestalt des Kreises spielend leicht in der Wahrnehmung bemerkbar macht. Sie tut dies in ruhenden (Abb. 5-3) und in bewegten Bildern. Wenn man im Dunkeln ein Rad rollen läßt, auf dessen Umfang leuchtende Birnchen angebracht sind, dann sieht ein Betrachter zunächst – bei einem oder zwei Lämpchen – die Bewegungslinie, die ein einzelnes Licht auf dem Rad zurücklegt. Mathematiker sprechen hier von einer Zykloide. Diese Kurve verschwindet aus dem Blickfeld, wenn die Zahl der Lämpchen sechs übersteigt. Die leuchtenden Punkte verschmelzen plötzlich zu der Gestalt eines Kreises. Ihn will der Betrachter sehen – in der Dunkelheit und in der Wissenschaft.

Schönheit im Paradigma

Jeder Versuch, den Wandel der wissenschaftlichen Wahrnehmung ohne die Idee der Schönheit zu beschreiben, muß meiner Ansicht nach scheitern. Wer zu analysieren versucht, was sich ändert, wenn die Wahrnehmung ihre Aufmerksamkeit umlenkt und einen neuen Denkstil hervorbringt, ist gut beraten, ästhetische Konzeptionen ernst zu nehmen, wie im folgenden gezeigt werden soll.

Um diese Aufgabe im gegebenen Rahmen des wissenschaftlichen Diskurses erledigen zu können, muß zunächst präzisiert werden, was seit Thomas Kuhn mit einem konzeptionellen Wechsel in der Wissenschaft gemeint ist, für deren Beschreibung die Begriffe Paradigma bzw. Paradigmawechsel in Gebrauch sind. Natürlich gibt es diese Wörter im philosophischen Diskurs schon länger, aber ihre heutige Bedeutung beziehen sie aus der Verwendung, die Kuhn in seinem Buch praktiziert, von dem aus sie sogar in den gängigen Sprachgebrauch eingegangen sind.

Kuhns ursprüngliche Ansicht läßt sich in der folgenden Tabelle 5-1 darstellen, die einige Kriterien nennt, welche an knapp präsentierten Fallbeispielen aus der Geschichte der Wissenschaft nachzuprüfen sind. Soweit mir bekannt ist, stellt Kuhns Schema die allgemeine Sicht dar, die Wissenschaftstheoretiker einnehmen. Kuhns Paradigma ist demnach selber eines geworden, ein Vorgang, der niemals ganz ungefährlich ist. Ich führe neben den deutschen Ausdrücken auch die englischen Originalbegriffe von Kuhn aus dem Jahre 1977 an (die ich möglicherweise nicht zutreffend übersetze habe):

Tab. 5-1 Kriterien für ein Paradigma, in dessen Rahmen normale Wissenschaft betrieben wird.

Accuracy – Genauigkeit
Consistency – Widerspruchsfreiheit
Breadth of scope – Anwendungsbreite
Fruitfulness – Übertragbarkeit
Simplicity – Einfachheit

Genauigkeit

Natürlich verlangt man von einer wissenschaftlichen Beschreibung (Theorie) der Wirklichkeit ein Mindestmaß an *Genauigkeit,* und dies haben sowohl Ptolemäus als auch Kopernikus und Kepler angestrebt, als sie ihre Vorstellungen vom Kosmos bildeten und veröffentlichten. Sie alle wollten möglichst genaue Vorhersagen über bestimmte Konstellationen am Himmel (Sonnenfinsternisse zum Beispiel) oder Planetenkonjunktionen machen, und die Unzuverlässigkeit des geozentrischen Ansatzes hat sicher dazu beigetragen, daß das Ptolemäische System nach und nach aufgegeben wurde.

Aber gab es nicht etwas, was wichtiger als die Genauigkeit war? Hartnäckiger und somit paradigmatischer als die

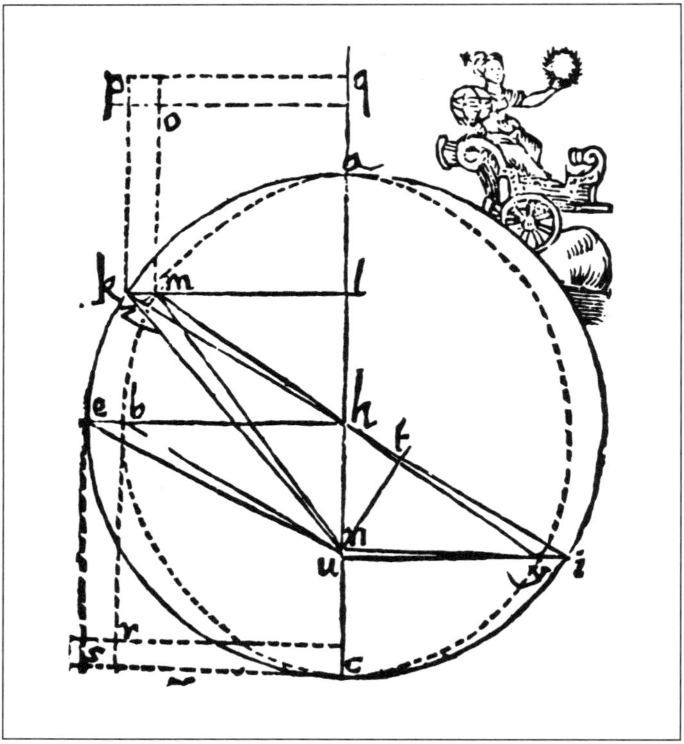

Abb. 5-4 Die Umlaufbahn des Mars ist zwar eine Ellipse, aber durch Hinsehen mit bloßen Augen läßt sich dies nicht entscheiden. Die lange und die kurze Achse der Marsbahn unterscheiden sich nur um 0.5 %.

ohnehin geringe Präzision der Beobachtungen ohne Fernrohr war auf jeden Fall die Idee der Kreisbahn. In der Astronomie galt es viele Jahrhunderte lang als selbstverständlich, daß Planeten sich auf Kreisbahnen bewegen. Dies gehörte zum paradigmatischen Kern der frühen Himmelslehren, wobei auf das Archetypische dieser Vorstellung bereits hingewiesen worden ist. Erst nach 1600 wurde durch immer genauere Messungen (zunächst nach wie vor ohne Fernrohr) klar, daß zum Beispiel der Mars die Sonne auf einer Ellipse umrundet. Die entsprechenden Daten hat Tycho Brahe gesammelt. Verstanden hat sie nach seinem Tod im Jahre 1601 zum ersten Mal Kepler, der dann im Verlauf des 17. Jahrhunderts gezeigt hat, daß nicht nur eine, sondern alle Planetenbahnen genauer erfaßt werden, wenn man sie als Ellipsen beschreibt (Abb. 5-4). Er hat diesen Tatbestand mit seinen drei Keplerschen Gesetzen festgeschrieben. Erst damit konnte er das vollenden, was allgemein als Kopernikanische Revolution bekannt ist und ein neues Bild vom Kosmos zur Folge hatte. Kepler hat den Paradigmawechsel vollzogen, den die zunehmende Meßgenauigkeit verlangte. Die Schönheit der Kreisbahn, die dabei geopfert werden mußte, holte er sich durch das Bild der Dreifaltigkeit zurück, mit dem er nun die Planetenbewegungen anschauen konnte.

So wichtig die Genauigkeit eines Weltbildes auch ist, die Bedeutung dieses Faktors hängt oftmals von technischen Voraussetzungen ab (Fernrohr, Teleskop), und sie verblaßt wahrscheinlich vor dem Hintergrund anderer Ideen, zu denen in der Astronomie die Kreisbahn gehört.

Widerspruchsfreiheit

Natürlich verlangt man von einer wissenschaftlichen Erfassung der Wirklichkeit, daß sie sich nicht in unsinnige Widersprüche verwickelt. Wenn das passiert, muß sie bzw. müssen ihre Annahmen aufgegeben werden. Was die zweite Kuhnsche Forderung der *Widerspruchsfreiheit* angeht, so hatte Aristoteles die scheinbar so logische und zugleich sinnfällige Idee, daß schwere Gegenstände schneller fallen als leichte. Er merkte nicht, daß er sich dabei gedanklich hoffnungslos verhedderte. Der Widerspruch wurde dadurch aufgedeckt, daß man den Vorschlag des Aristoteles in ein neues mechanisches Denkmuster (Paradigma) einbettete, wie Galilei dies im 17. Jahrhundert getan hat. In einem Gedankenexperiment stellte er sich vor, einen leichten mit einem schweren

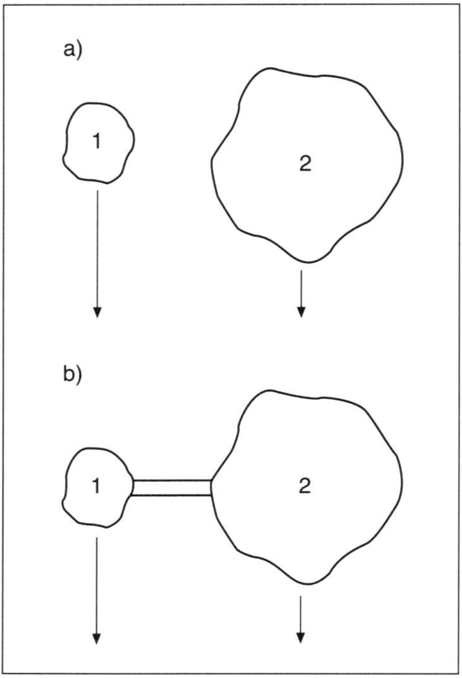

Abb. 5-5 Galileis Demonstration, daß in der Physik des Aristoteles ein Widerspruch steckt. Wenn sich zwei Körper (1 und 2) im freien Fall befinden, dann bewegt sich Aristoteles zufolge der zweimal schwerere Körper (2) auch zweimal schneller (a). Daß dies nicht zutreffen kann, führte Galilei mit einem Gedankenexperiment vor. Er stellte sich beide Körper verbunden (1+2) vor und fragte, wie schnell diese Kombination fällt (b). Sie kann offenbar nicht dreimal so schnell fallen wie der kleine Körper (1). Schließlich gibt es keine neue Kraft. Es bleibt nur die Annahme, daß sich alle Körper im freien Fall gleich schnell bewegen.

Körper mittels einer Schnur zu verbinden (Abb. 5-5), und er fragte sich und seine Schüler, was in solch einem Fall passieren würde. Bremst nun der langsamere leichte Körper den schweren oder beschleunigt der schnellere schwere Körper den leichten? Die Antwort kann natürlich nur lauten, daß beide Gegenstände gleich schnell fallen, und die alte Physik des Aristoteles konnte keine Gültigkeit mehr beanspruchen, weil sie einen Widerspruch enthielt.

Anwendungsbreite

Was den dritten Punkt der Tabelle angeht, so ist damit gemeint, daß eine Erklärung nur dann den wissenschaftlichen Rang eines Paradigmas beanspruchen kann, wenn sie über den engen Kontext hinaus, in dem sie entstanden ist, gültig und hilfreich ist. Was diese Idee der *Anwendungsbreite* angeht, so läßt sie sich an der mehrfach erwähnten Quantenmechanik der Atome demonstrieren, die in den ersten Jahrzehnten dieses Jahrhunderts aufgestellt und in der Mitte der zwanziger Jahre in mathematisch geschlossener Form vorgelegt worden ist. Diese neue Mechanik, die die klassische Form ablöste, war als eine neue Theorie der Materie entwickelt worden, weil man ohne sie die Stabilität ihrer Bausteine – der Atome – nicht zu erklären vermochte. Die Quantenmechanik liefert aber nach ihrer Fertigstellung viel mehr, als die Physiker »bestellt« hatten. Ohne irgendwelche weiteren neue Annahmen waren sie nämlich mit Hilfe der Quantenmechanik in der Lage, einen Mechanismus dafür aufzuzeigen, mit dessen Hilfe die chemische Bindung von Atomen zu Molekülen zustande kommt. Mit der Quantentheorie des Wasserstoffatoms war den Physikern zugleich schon die Theorie des Wasserstoffmoleküls zugefallen. Das heißt, mit dem physikalischen Verständnis der Atome war auch gleich ein Verständnis der Moleküle gegeben, und heute glaubt man, daß die Quantentheorie sogar das grundlegende physikalische Verständnis aller Materie, einschließlich der Kristalle und der Festkörper, liefert. Mit ihrem Aufkommen ist ganz gewiß ein neuer Denkstil geschaffen worden, und zwar das aufregendste Paradigma, das die Wissenschaft zu bieten hat.

Übertragbarkeit

Neben der geschilderten Anwendungsbreite eines Ansatzes innerhalb einer gegebenen physikalischen Fragestellung –

im Beispiel waren es die Stabilität von Atomen und Molekülen – versucht jede paradigmatische Theorie aus den Grenzen der Disziplin hinauszugelangen. Dieses Thema der *Übertragbarkeit* läßt sich an Newtons Theorie der Schwerkraft vorstellen. Die Gravitation, die der englische Physiker als junger Mann erfaßt hatte, galt nicht nur auf der Erde und am Himmel, und sie traf nicht nur für den Mond und einen Apfel zu, sie ließ sich vielmehr auf alle Planeten und irdischen Gegenstände anwenden und war damit in mehr als einer Hinsicht übertragbar.

Newtons Theorie – seine Mechanik – muß hier natürlich ein wenig mehr gewürdigt werden. Sie feierte ihre großen Triumphe, weil sie die Keplerschen Gesetze ableiten und auf eine einzige wirkende Kraft, die Schwerkraft, zurückführen konnte. Sie war also einfacher als die bis dato vorliegenden Erklärungen der Welt, und vermutlich war es diese Eigenschaft der Newtonschen Theorie, die langfristig den größten Eindruck hinterlassen hat. Wie wirksam diese Fähigkeit einer paradigmatischen Theorie bis heute ist, zeigt sich daran, daß Richard Feynman in seiner Vorlesung den Gedankengang Newtons in der ihm eigenen anschaulichen Form wiederholt hat. Nach Feynmans Tod (1988) hat man große Anstrengungen unternommen, um die verloren geglaubte Ableitung der elliptischen Planetenbahnen – »Feynman´s Lost Lecture« – in Archiven zu finden und dem heutigen Publikum in Buchform verfügbar zu machen. Zwar geht es hierbei (auch) um Feynman. Es geht aber vor allem darum, die eindrucksvolle Wirksamkeit Newtonscher Mechanik und das dazugehörende Weltbild zu begreifen.

Einfachheit zum ersten

Mit dem Stichwort Einfachheit ist nicht einfach der letzte der in Tabelle 1 genannten Punkte erwähnt worden. Vielmehr gerät mit diesem Konzept das ganze Gebäude ins Wanken, mit dem Kuhn die Entwicklung der Wissenschaft im

Schema des Paradigmas verstehen will. Die bisher erörterten Kriterien haben etwas mit dem zu tun, was man die Richtigkeit oder die Wahrheit einer Theorie bzw. eines wissenschaftlichen Ansatzes nennen könnte. Der fünfte Punkt, die *Einfachheit*, weicht davon aber offensichtlich ab, denn es bleibt unklar und unzureichend, was dieses Kriterium mit der Genauigkeit oder Richtigkeit einer Theorie zu tun hat. Natürlich scheint klar zu sein, was mit dem oben genannten Beispiel von Einfachheit gemeint ist, denn man kann ja offensichtlich sagen, daß das *eine* Gravitationsgesetz von Newton einfacher ist als die *drei* Planetengesetze von Kepler. Und wer es genau nehmen möchte, könnte hinzufügen, daß die Erklärung des Kopernikus für die Bewegungen der Planeten mit ein paar *weniger* Hilfskonstruktionen (Epizyklen) auskommen konnte als die Erklärung des Ptolemäus. Aber richtig und zutreffend sind die Gesetze sowohl von Kepler als auch von Newton, und was Kopernikus und Ptolemäus angeht, so haben beide eigentlich unrecht, wenn man es genau nimmt, denn weder die Erde noch die Sonne stehen im Zentrum des Universums. Was die Zahl der Epizyklen angeht, die den Kreisen der Himmelskörper hinzugefügt werden mußten, um die beobachteten Kreisbewegungen unter einen Hut zu bringen, so unterscheiden sich Kopernikus und Ptolemäus offensichtlich nur marginal, während um so deutlicher das Festhängen am zugleich einfachen und schönen Kreisbild hervortritt.

Das sehr mächtige Kriterium der Einfachheit bezieht sich offenbar auf eine andere Qualität als die vier zuvor genannten Punkte in Tabelle 1, und der Vorschlag ist gemacht worden, wissenschaftlichen Theorien bzw. entsprechenden Denkstilen (Paradigmen) zwei unterschiedliche Kriterienkataloge zuzuweisen, um verstehen zu können, was die Menschen an ihnen interessant finden. Zwar können Theorien auf der einen Seite offensichtlich richtig (und möglicherweise daher sogar wahr) sein und danach zu einem Paradigma aufsteigen, das das wissenschaftliche Denken einer gegebenen Zeit beherrscht. Auf der anderen Seite kann die Wir-

Tab. 5-2

Kriterien für »Wahrheit«:
Innere und äußere Widerspruchsfreiheit Reichweite und Genauigkeit der Vorhersage Übertragbarkeit
Kriterien für »Schönheit«:
Einfachheit Symmetrie Mögliche Veranschaulichung durch Modelle Erwünschte Einfügung in ein Weltbild

kung von vorgelegten Erklärungen auch davon abhängen, ob sie als schön und ästhetisch befriedigend empfunden werden, und dies ist nicht nur dann der Fall, wenn sie in dem geschilderten Sinne das Kriterium erfüllen, einfach zu sein. Wie im ersten Kapitel geschildert, werden Theorien sehr stark auch danach bewertet, ob sie sich an Bilder halten, die den Menschen unmittelbar gefallen.

Es lohnt sich deshalb, zwei Gruppen zu unterscheiden, mit denen eine Theorie oder ein Paradigma zu kennzeichnen sind. Sie sind in der Tabelle 5-2 zusammengefaßt, wobei diese Übersicht auf einen Vorschlag des in Holland lehrenden Wissenschaftsphilosophen James McAllister zurückgeht, der dem Zusammenhang zwischen »Beauty and the Revolution in Science« ein ganzes Buch gewidmet hat, das 1996 erschienen ist.

Die Tabelle soll ein erster Versuch sein, dem Fortgang der Wissenschaft genauer als mit dem einfachen Schema à la Kuhn beizukommen. Sie darf keineswegs als vollständige Erfassung aller Kategorien verstanden werden, die eine Rolle spielen, wenn sich das wissenschaftliche Paradigma und mit ihm das Verständnis der Welt wandelt.

Wenn man diesem Katalog zufolge definieren möchte, was den ästhetischen Reiz einer wissenschaftlichen Vorstellung – etwa der Theorie der Relativität – ausmacht, dann kann die Antwort lauten, daß Menschen die (weitgehend zutreffende) wissenschaftliche Beschreibung der Welt einer anderen vorziehen, wenn (a) diese möglichst einfach ist, wenn (b) sich in ihr symmetrische Elemente finden, wenn (c) man sich die Erklärung durch ein übersichtliches und eingängiges Modell veranschaulichen kann und wenn (d) man sich nicht von anderen weltanschaulichen Einstellungen, etwa dem christlichen Glauben, trennen muß, um die Theorie zu akzeptieren. Im folgenden soll versucht werden, die genannten Punkte in einzelnen deutlich erkennbar zu machen.

Einfachheit zum zweiten

Begonnen werden soll mit der ästhetischen Kategorie der Einfachheit, die natürlich an den Vorschlag von Hutcheson erinnert, daß Schönheit mit der »uniformity« zu tun hat, die eine Theorie in der Vielfalt der Wirklichkeit findet und sichtbar macht. Einfachheit ist zwar alles andere als einfach (im Sinne von simpel), dafür wahrscheinlich um so wichtiger für die Akzeptanz eines Paradigmas bzw. eines Denkstils. Einfachheit findet sich zum Beispiel in den Newtonschen Gesetzen, die allein deshalb den Anspruch erheben können, schön zu sein.

Bevor ich mehr zu dieser Form der Einfachheit sage – einem Konzept, über das ganze Bücher geschrieben worden sind, ohne erschöpfend behandelt worden zu sein –, möchte ich noch einmal an die andere Art erinnern, die schon vorgestellt worden ist, und zwar im Zusammenhang mit Nikolaus Kopernikus. Als er im 16. Jahrhundert vorschlug, die Erde aus dem Zentrum der Welt zu entfernen und an ihre Stelle die Sonne zu setzen (heliozentrisches System), da versuchte er auch herauszufinden, ob man die Planetenbewegungen einfacher erklären konnte, als es Ptolemäus getan hatte. »Einfacher« ist hier schlicht quantitativ gemeint, wie bereits notiert worden ist. Kopernikus wollte mit weniger Epizyklen auskommen, um die Planetenbewegungen zu erklären, die alle als Kreisbewegungen gedacht wurden. Dies traf allerdings nur bedingt zu, und die Sonne ist vor allem deshalb im Zentrum geblieben, weil damit ganz andere – nämlich ästhetische und theologische – Vorstellungen verbunden waren.

In unserem Jahrhundert war es Einstein, der immer wieder Wert legte auf die höhere Form der Einfachheit in seinen Grundannahmen und sie gewissermaßen zum Grundbaustein seiner Theorien erklärte. Einsteins besondere Qualität bestand darin, »einfache Zusammenhänge« in Erscheinungen zu sehen, die völlig getrennt abzulaufen schienen; sie bestand außerdem darin, die einmal getroffene Entscheidung konsequent zu Ende zu denken, so mühevoll das in langen Jahren auch werden konnte. Die frühen Entscheidungen im Sinne von Hadamards Psychologie gaben ihm die Kraft, alle Irrwege des rationalen Tastens und des mathematischen Umformens durchzuhalten, um zuletzt das zu bekommen, was von Anfang an gewollt war und was auch erwartet werden durfte – eine *schöne* Theorie nämlich.

Einfachheit zum dritten

Noch eine letzte Bemerkung zur schwierigen Idee der Einfachheit. In diesen Rahmen läßt sich wohl auch der historische Konflikt zwischen Goethe und Newton einfügen, der sich um die Natur des Lichts und der Farben drehte. An diesem Beispiel kann in Andeutungen erläutert werden, wie schwierig die Anwendung eines ästhetischen Kriteriums werden kann. Einfachheit bedeutet für Goethe und Newton etwas völlig anderes. Für Newton war das als farbig empfundene Licht, das er nach der Brechung eines Lichtstrahls durch ein Prisma beobachtete, einfach, weil es sich nicht weiter zerlegen ließ. Blaues Licht zum Beispiel kann durch eine

Wellenlänge charakterisiert werden und ist nicht so zusammengesetzt wie das Sonnenlicht. Blaues Licht ist also einfach – für Newton. Für Goethe ist das blaue Licht in Newtons Apparatur kompliziert, denn man mußte ja eigens einen raffinierten Apparat (ein Prisma) einsetzen, um es zu bekommen. Sonnenlicht hingegen ist einfach, weil es so in der Natur gegeben ist.

Es ist leicht einzusehen, daß die beiden Standpunkte, die komplementär zueinander sind, ihre Berechtigung haben. Und es ist ebenso leicht zu akzeptieren, daß sie zusammengehören, obwohl sie sich auf den ersten Blick gegenseitig ausschließen, wenn man die Natur der Farben vollständig verstehen will. Es ist aber vor allem klar, daß die Vorliebe, die jemand für die Beschreibung etwa des Lichtes entwickelt, nicht von der Richtigkeit bzw. dem Wahrheitsgehalt dieser Beschreibung abhängt, sondern vielmehr von dem Gefallen, den er bzw. sie an den Prämissen hat. Man entscheidet sich nach seinem Geschmack und wählt das, was man für schöner hält.

Symmetrie

Das Konzept der Symmetrie wird im folgenden Kapitel noch ausführlich zu Sprache kommen. Es soll deswegen hier nur angedeutet werden. Mit Symmetrie – oder Harmonie bzw. Ebenmaß – bringt sich die uralte Festlegung der Schönheit in Erinnerung, die auf die Pythagoreer zurückgeht und bestimmt, daß es auf die richtige Übereinstimmung der Teile untereinander und zum Ganzen ankommt. Symmetrie war es vor allem, was Einstein von den Gleichungen bzw. Gesetzen verlangte, als ihn 1905 störte, daß in der klassischen Elektrodynamik und ihren berühmten Maxwell-Gleichungen eine Asymmetrie steckte (die nichts mit den Erscheinungen selbst zu tun hatte). Faraday wiederum revolutionierte die Physik im frühen 19. Jahrhundert, als er die Symmetrie zwischen einem elektrischen Strom und einem Magnetfeld so lange verfolgte, bis er sie eindeutig nachweisen (und nutzen) konnte. Bekannt war ja, daß ein elektrischer Strom eine Magnetnadel ablenken bzw. beeinflussen kann. Faradays Überlegung lautete, daß dann ein Magnetfeld auch in der Lage sein sollte, einen elektrischen Strom in Bewegung zu setzen oder zu verändern. Bestätigen (und in die Tat umsetzen) konnte er diesen Gedanken 1831, als ihm die Entdeckung der elektromagnetischen Induktion gelang, wie wir heute sagen würden.

Anschauliche Modelle

Wichtig für Akzeptanz und Wirkung einer Theorie ist auf jeden Fall ihre Anschaulichkeit bzw. die Möglichkeit, sich ein Bild von dem zu machen, was in der Theorie gesagt wird. Was die anschauliche Modellbildung angeht, so hatte etwa René Descartes im 17. Jahrhundert das Weltall als Gebilde voller Wirbel beschrieben, und diese Vorstellung hielt die wissenschaftlichen Köpfe lange Zeit gefangen, unter anderem deshalb, weil es sehr eingängig war. Erst die Aufgabe dieser anschaulichen Vorstellung erlaubte es Newton, sogenannte Fernwirkungen zu postulieren, die dann in mathematischer Fassung zu seinem Gravitationsgesetz führten. Und »das psychologisch schwierigste Stück Arbeit«, das Einstein zu leisten hatte, bestand darin, den sogenannten Äther, den man sich als mechanischen Spannungszustand des Raumes vorstellte, abzuschaffen und durch eine Art freies Feld zu ersetzen, das dafür sorgte, daß es keinen leeren Raum mehr gab.

Metaphysisches

Zur Frage der Übereinstimmung von Weltbildern kann man sich ebenfalls wieder auf Einstein beziehen: Was die – wenn man so will – metaphysische Komponente einer Theorie angeht, so weigerte sich Einstein zum Beispiel, die Zufälligkeit in der atomaren Wirklichkeit anzuerkennen, was er in dem berühmten Vorwurf »Gott würfelt nicht« zusammenfaßte. Dahinter steckte das bei dem doch sonst so sehr die geistige Freiheit liebenden Einstein das Bedürfnis nach einem Determinismus der Naturgesetze, der ihn und andere Menschen möglicherweise einengte, dafür aber eine Belohnung zahlte, und zwar in Form der gedanklichen Sicherheit. Einstein betrieb seine Wissenschaft oftmals wie ein kleiner Junge, der nach Dingen sucht, die seine Mutter – die Mutter Natur in Einsteins Fall – versteckt hatte. Er verließ sich darauf, daß er sie mit seinen Talenten finden konnte.

Das Hauptproblem, das Einstein mit der Physik der Atome hatte, die von einer Quantennatur der Wirklichkeit ausging, bestand möglicherweise darin, daß das unstetige Quantum im direkten Kontrast zu dem kontinuierlichen Feld stand, in das Einstein die physikalische Welt eingebettet sah. Auf diese Weise kam eine Unvollständigkeit in die ganze (Quanten-)Theorie, die sich auch darin äußerte, daß es in bezug auf den individuell beobachteten Einzelfall keine Kausalität gab. Daß darüber hinaus die ganze Theorie der Materie auf statistischen Grundgesetzen ruhe, wollte und konnte Einstein erst recht nicht akzeptieren.

Natürlich legt Einstein mit seiner Weigerung, die Quantentheorie zu bejahen, den Finger auf eine Wunde der Physik und er macht deutlich, daß Wissenschaft nur für das Allgemeine zuständig ist und das Besondere des Einzelfalls übersieht. Aber diese Unvollständigkeit läßt sich nicht so beheben, wie er es wollte, nämlich durch eine Rückkehr zu klassischen Methoden und eine allumfassende einheitliche Feldtheorie. Wenn man das, was eine wissenschaftliche Theorie erfassen kann, als *rational* bezeichnet, dann macht Einsteins Kritik an der Quantentheorie darauf aufmerksam, daß es *irrationale* Elemente der Wirklichkeit gibt, eben die individuellen Ereignisse, die nicht ableitbar sind. So gesehen ist es das Irrationale, mit dem ein großer Geist sich nicht abfinden will. Und tatsächlich tun sich die meisten Menschen schwer, irrationale Elemente als angenehm und wohlgefällig zu empfinden.

So unbestreitbar es scheint, daß bei tiefgreifenden wissenschaftlichen Wandlungen ästhetische Momente eine Rolle spielen und Wissenschaftler an bestimmten Bildern und Modellen anderen gegenüber schlicht und einfach mehr Gefallen haben und sie deshalb vorziehen – so unbestreitbar ist auch, daß das, was von einem Wissenschaftler als schön empfunden wird, sich ändern kann. So waren die ersten Astronomen, die von Keplers Ellipsen hörten, sicher überhaupt nicht angetan davon, daß es nun die angestrebten Kreisbahnen nicht mehr gab. Ellipsen galten zunächst als verzerrte und imperfekte Kreise.

Doch änderte sich diese Einstellung, als die empirischen Erfolge der neuen Bahnvorstellungen – der neuen Astronomie – zunahmen, wie sich deutlich am Beispiel des Danziger Mathematikers Peter Crüger zeigen läßt, der als Zeitgenosse Keplers zunächst 1624 schwere Bedenken gegen eine elliptische Marsbahn äußerte, sich fünf Jahre später aber mit dem Gedanken anfreunden konnte und ihn nun sogar schön fand. Die Theorie Keplers und das heliozentrische System am Himmel waren so gut, daß man plötzlich die Schönheit entdeckte, die in einer Ellipse zu erkennen war.

Auf ähnliche Weise haben die Erfolge der Quantentheorie das bewirkt, was man eine »ästhetische Induktion« genannt hat. Das heißt, die in der neuen Atommechanik steckende Unanschaulichkeit und der mit ihr zu leistende Verzicht auf eine durchgängige Kausalität haben zuerst viele Wissenschaftler nicht nur geärgert, sondern geradezu »angeekelt«. So hat sich jedenfalls der Wiener Physiker Erwin Schrödinger geäußert, als er zum ersten Mal von Heisenbergs Beschreibung der Atome hörte. Schrödinger setzte im folgenden alles daran, eine Gegentheorie zu entwickeln, die um jeden Preis die Anschaulichkeit bekommen bzw. erhalten sollte, die er von einer physikalischen Theorie verlangte. Wenn schon das Elektron, das in einem Wasserstoffatom den Kern umrundet, nicht als Teilchen auf einer Bahn existieren

Abb. 5-6 Das anschauliche Bild eines Atoms, das Erwin Schrödinger vor Augen hatte, als er seine Version der Quantentheorie entwickelte.

durfte, dann sollte es wenigstens als schwungvolle und ausgewogene Welle berechenbar sein (Abb. 5-6). Schrödingers mathematisch durchgeführte Überlegungen halten Kenner für eine elegante Theorie der Materie, sie schätzen seine Gleichungen als ein Kunstwerk in vollendeter (mathematischer) Form ein.

Ausgangspunkt von Schrödingers Wellentheorie der Atome war eine Hypothese, die der französische Physiker Louis de Broglie 1924 aufgestellt hatte. Ihm wollte es seltsam erscheinen, daß nur das Licht ein dualen Charakter haben und nicht nur als Welle, sondern auch als Teilchen in Erscheinung treten kann, wie Einstein 1905 klar gemacht hatte. De Broglie wunderte sich, daß niemand die Asymmetrie sah, die nun zwischen Licht und Materie bestand. Was der einen physikalischen Grundform der Wirklichkeit recht war, mußte der anderen billig sein. Daher postulierte er, daß es nicht nur Lichtwellen, sondern auch Materiewellen geben müsse (und er sollte Recht behalten, wie bald im Experiment nachgeprüft – verifiziert (!) – werden konnte).

Natürlich wußte de Broglie, daß die Physiker eine Masse des Elektrons angeben konnten, und natürlich hatte er keine Ahnung, wie er sich ein Elektron als Welle vorstellen sollte, aber in ihm gewann das ästhetische Argument der Symmetrie so sehr die Oberhand, daß er sich mit seiner Idee an die Öffentlichkeit wagte und behauptete, auch Elektronen und andere Teilchen hätten eine Wellenlänge. Er tat dies »allein der intellektuellen Schönheit wegen« und war nicht besonders überrascht, als die Frage an die Natur die Antwort lieferte, daß die Symmetrie tatsächlich gegeben ist.

6

6 *Die gute Gestalt der Symmetrie* **Der Blick in den Spiegel und andere Operationen**

»Spieglein, Spieglein an der Wand,
Wer ist die Schönste im ganzen Land?«
Schneewittchens Stiefmutter

Es wird Zeit, nicht nur zu verstehen, wie Wissenschaft durch Schönheit möglich wird, sondern wie auch umgekehrt Schönheit durch Wissenschaft erklärt werden kann – jedenfalls in dem nicht zu weiten Rahmen, den eine biologisch oder physiskalisch abgestützte Darstellungsweise ausfüllen kann.

Es geht in den folgenden Kapiteln also darum, sich naturwissenschaftlich um die Form der Schönheit zu kümmern, die jedem Menschen mehr vertraut ist als die Schönheit der Wissenschaft. Ich meine die Schönheit, die jeder beim Anblick von Gesichtern und Körpern empfinden kann, und ich meine biologisch einsichtige Gründe, die sich dafür anführen lassen, warum bestimmte Formen als mehr und andere Figuren als weniger attraktiv und damit weniger schön angesehen werden. Den Ansatz dazu bietet die Symmetrie, da selbst das simpelste Muster die wohlwollende Aufmerksamkeit eines Betrachters findet, wenn es nur symmetrisch ist. Man braucht nur einen Tintentropfen auf ein Blatt Papier fallen zu lassen und das Blatt so zu falten, daß eine symmetrische Kleckserei entsteht, und schon findet man das produzierte Bild schön.

Die Symmetrie zeigt sich am häufigsten so, wie es bei dem Tintenklecks der Fall ist, nämlich in Form der Spiegelgleichheit. Dieses Konzept spielt sowohl in der Physik – beim

Betrachten der kleinsten Objekte dieser Wissenschaft – als auch in der Psychologie – beim Betrachten anderer Menschen – eine Rolle. Ich werde zeigen, wie wichtig die Antwort auf die Frage ist, ob das Bild im Spiegel von der Wirklichkeit davor zu unterscheiden ist oder nicht, und zwar sowohl auf der atomaren Bühne als auch auf der des alltäglichen Lebens.

Gesicht und Körper

Die Gesichter von Menschen und ihre Körper fallen zwar beide durch die Eigenschaft auf, in sich symmetrisch zu sein oder wenigstens die Ausgewogenheit ihrer Proportionen anzustreben. Aber zwischen den beiden scheint es einen wesentlichen Unterschied – und damit eine Art völliger Asymmetrie – zu geben, denn »wir haben die Gewohnheit, Kleider zu tragen«, wie im 18. Jahrhundert Giacomo Casanova bedauernd feststellte, um sich anschließend darüber zu wundern, daß »das Gesicht, das man freiläßt, so daß es jeder sehen kann, zu unserer Befriedigung am wenigsten beiträgt.«

Casanova hat zum einen die Beobachtung gemacht, daß das Gesicht einer Frau wenig schert, wenn das Licht gelöscht worden ist (oder auch nicht). Er hat darüber hinaus aber noch bemerkt, daß es am Antlitz der Verführten liegt, ob es überhaupt zu einer *befriedigenden* Situation kommen kann. Darüber wundert sich der berühmte Venezianer, und er fragt nun – womit er uns auf das wissenschaftliche Terrain führt, das wir heute Evolutionsbiologie nennen würden:

»Warum muß es [das Gesicht] denn die Hauptrolle spielen? Warum verlieben wir uns in das Antlitz? Warum beurteilen wir die Schönheit einer Frau nur nach diesem einzigen Zeugnis, und warum verzeihen wir ihr, wenn ihre verhüllten Körperteile nicht mit diesem hübschen Gesicht in Einklang stehen?«

Ich bin zwar nicht sicher, ob Casanova damit vollkommen recht hat. Aber der umgekehrte Fall ist mir bestens vertraut, denn es fällt immer wieder auf, daß selbst die kleinste Entstellung in einem Gesicht – zum Beispiel durch Augen, die ganz leicht schielen – dazu führen kann, daß wir einem damit versehenen Menschen das Attribut »schön« verweigern, selbst wenn sein oder ihr Körper noch so makellos bzw. herrlich gebaut ist. Thomas Mann stellt diesen Zusammenhang in dem Roman »Joseph und seine Brüder« am Beispiel von Lea dar, der älteren Schwester von Rahel.

Die Schönheit eines Menschen beurteilen viele Zeitgenossen also ganz sicher vor allem durch sein Gesicht, so wie Casanova es festgehalten hat. Doch bevor ich den Versuch unternehmen kann, seine schwierige Frage mit evolutionärem Hintergrund zu beantworten – die Frage nämlich, warum dies der Fall ist –, muß erkundet werden, ob sich sagen läßt, was eigentlich dazu führt, daß das eine Antlitz als schön und andere Gesichtszüge als häßlich bezeichnet werden. Läßt sich eindeutig festmachen, wann ein Gesicht als schön empfunden wird, und zwar von möglichst vielen Menschen? Überwiegen dabei biologische Aspekte, oder lassen sich möglicherweise Unterschiede zwischen den Kulturen feststellen?

Wer es unternimmt, sich auf dieses Thema einzulassen, kann sich an den beiden Aspekten orientieren, um die es hier gehen wird, an denen der Symmetrie bzw. der Asymmetrie nämlich. Um mit ihnen vertraut zu werden, fange ich tief im Inneren der Wissenschaft an.

Symmetrie in der Wissenschaft

Der Begriff Symmetrie stammt von dem griechischen Wort *symmetros* ab, das aus einer angeglichenen Vorsilbe – aus *syn* ist *sym* geworden – und dem Wortstamm *metrein* (messen) gebildet worden ist und soviel wie Zusammenmessen heißt, was man besser mit »Ebenmaß« übersetzt. Gemeint ist die wechselseitige Entsprechung von Teilen, zum Beispiel in bezug auf Größe und Form. Da in den meisten alltäglichen

– und damit außerhalb des wissenschaftlich umschriebenen Treibens stattfindenden – Fällen die Teile eines menschlichen Körpers bzw. die Hälften des dazugehörigen Gesichts gemeint sind, und da es offensichtlich ist, daß die rechte und die linke Körperseite, von außen betrachtet, mehr oder weniger gleich gebaut sind, benutzt man den Begriff der Symmetrie oft in der Bedeutung von Spiegelgleichheit. (Daß es im Inneren anders zugeht und etwa das zweigeteilte Gehirn des Menschen ausgesprochen asymmetrisch ist, wird noch zur Sprache kommen.)

Wenn in diesem Kapitel von sichtbarer Symmetrie die Rede ist, dann soll – wenn nichts anderes vermerkt wird – ebenfalls die Gleichheit bzw. Ausgewogenheit gemeint sein, die sich in einem Spiegel erkennen läßt bzw. vermißt wird. In der Wissenschaft hat man das Konzept der Symmetrie allerdings sehr erweitert, und zwar dahingehend, daß man sagt, ein Objekt (bzw. ein Zustand oder ein Gesetz) besitzt die Eigenschaft der Symmetrie, wenn man eine wohldefinierte Operation (eine Transformation oder eine Variation) angeben kann, die sich an dem Objekt (bzw. dem Zustand oder dem Gesetz) vollziehen läßt, und zwar so, daß man zuletzt die ursprüngliche Form zurückbekommt und die neue Situation nicht von der Ausgangslage unterschieden werden kann.

Der gerade benutzte Begriff der Operation hat nur insofern etwas mit dem chirurgischen Fachausdruck zu tun, als in beiden Fällen konkret eingegriffen wird und man ausdrücken will, daß man einen Gegenstand (oder seine Lage) so verändert, daß danach alles wieder wie vorher ist – nämlich alles in Ordnung bzw. in guter Gesundheit. Die Spiegelung ist zum Beispiel eine Operation, und wenn ich mein Gesicht in einem Spiegel sehe, dann betrachte ich es, nachdem die Operation der Spiegelung ausgeführt worden ist. Eine Drehung kann ebenfalls als Operation gedacht werden: Wenn ich ein Quadrat um einen rechten Winkel (um 90°) drehe, sieht es nach dieser Symmetrietransformation genau so aus wie vorher. Ähnliches trifft für einen sechseckigen (hexago-

Abb. 6-1 Einige Exemplare von Schneekristallen.

nalen) Schneekristall zu (Abb. 6-1), der sich nicht verändert, wenn ich ihn um den sechsten Teil des Vollkreises drehe, also um 60°.

Mit dem sechseckigen Schnee und seinen Symmetrien hat sich übrigens schon Kepler beschäftigt, dem spätestens 1610 aufgefallen war, daß keine der vielen Schneeflocken, die er rasch untersuchte, bevor sie in seinen Händen dahinschmolzen, fünf oder sieben Strahlen zeigte. Er fand immer nur sechs Zacken der von ihm zärtlich »Schneesternchen« genannten Objekte, und ein Naturforscher fragt in solch einem Fall natürlich nach der Ursache für diese Regelmäßigkeit. Ohne zu einer aus heutiger Sicht vollständigen Antwort zu kommen – moderne Wissenschaftler reden von damals noch ungeahnten und unzugänglichen molekularen Strukturen, und sie erwähnen Gitterkräfte, wenn sie sich mit der Physik der Kristallbildung beschäftigen –, agiert Kepler in der Überzeugung, daß »sich die sechseckige Form aus der gesetzmäßigen Notwendigkeit der Materie bildet oder aus ihrer Natur selbst«, denn in ihrem Inneren wohne »das Urbild der Schönheit, die im Sechseck liegt«.

Das Urbild ist der schon erwähnte Archetyp. Kepler drückt aus, daß das Gefallen der Menschen an den regelmäßigen Formen natürlicher Gebilde nicht zufällig ist. Ihre Gesetzmäßigkeit und ihre Schönheit stammen aus *einer* Quelle, nämlich der archaischen Ebene, auf der sich die Archetypen angesiedelt haben. Sie formen Geist und Natur zugleich, deren Übereinstimmung sich folglich mit ästhetischen Kriterien beurteilen läßt.

Ein erster Erhaltungssatz

Symmetrien haben nicht nur statische, sondern auch dynamische Konsequenzen, auf die es nun hinzulenken gilt. Zwar lassen sich mit Hilfe der oben beschriebenen Operationen viele regelmäßige Strukturen von Molekülen oder Kristallen und ihre Symmetrieeigenschaften darstellen, doch soll dies trotz des visuellen Reizes nicht weiterverfolgt werden, da die Symmetrien, die mit physikalischen Vorgängen (Prozessen) und den ihnen zugrunde liegenden Gesetzen zu tun haben, viel spannender sind. Wie sich nämlich mit mathematischer Hilfe herausgestellt hat, hängen die grundlegenden Größen, die in der Welt der Physik erhalten bleiben – und somit die uns schön erscheinende Einheitlichkeit in aller Vielfalt darstellen –, mit Symmetrien zusammen.

Wenn eine Größe unter einer bestimmten Operation unverändert bleibt, spricht man ihr auch die Eigenschaft der Invarianz zu. Man sagt zum Beispiel, daß ein Schneekristall invariant ist unter einer Drehung von 60°, wobei sicher aufgefallen sein wird, daß regelmäßige sechseckige Gebilde dieser Art natürlich auch spiegelsymmetrisch sind. Ich kann sie nämlich um 3 mal 60° – also um insgesamt 180° – drehen und damit rechts und links vertauschen.

Nun gibt es ein paar Formen der Symmetrie bzw. Invarianz, die zwar auf den ersten Blick eher trivial oder gar banal wirken und keine besondere Aufmerksamkeit zu verdienen scheinen, die sich aber trotzdem als fundamental für die Physik erweisen. Gemeint ist zum Beispiel die doch leicht verständliche und offenbar keinen Beweis benötigende Behauptung, daß das Ergebnis eines wissenschaftlichen Versuchs nicht davon abhängen sollte, zu welcher Uhrzeit man sich daran gemacht und mit den Messungen begonnen hat. Anders ausgedrückt: Die Gesetze der Physik sollten invariant gegenüber Verschiebungen (sogenannten Translationen) in der Zeit sein, wobei unter Zeit das verstanden wird, was eine Uhr anzeigt. Für die Physik reicht diese Zuweisung aus.

Der Gag besteht nun darin, daß sich im Rahmen der klassischen Mechanik allein aus dieser sogenannten Translationsinvarianz die Möglichkeit ergibt, mit mathematischen Mitteln nachzuweisen, daß die Energie eines Systems erhalten bleibt, und zwar unabhängig davon, in welcher Form und in wieviel Verkleidungen sie auftritt. Konkret bedeutet dies, daß es keine Änderung der Gesamtenergie im Laufe der Zeit gibt, so wie es im Ersten Hauptsatz der Wärmelehre gefordert wird. Die Erhaltung der rätselhaften Größe Energie ist die Folge der genannten Symmetrie in bezug auf die Zeit.

Wenn ich hierzu eine persönliche Anmerkung machen darf: Die äußerst elegante Herleitung dieses Erhaltungssatzes (und der beiden anderen im Anschluß hieran aufgeführten entsprechenden Sätze) findet sich im ersten Kapitel des ersten Bandes eines berühmten »Lehrbuchs der theoretischen Physik«, das insgesamt zehn Bände umfaßt. Gemeint ist das von den beiden russischen Autoren Lew D. Landau und Iljy M. Lifschitz stammende Werk. Generationen von Physikstudenten haben ihre Theorie bei Landau und Lifschitz gelernt und sich dabei hoffentlich – nachdem das Handwerkszeug begriffen war – von der Bewunderung erfassen lassen, die sonst nur mit der Errichtung eines großartigen Gebäudes oder Kunstwerks einhergeht. Landau und Lifschitz jedenfalls könnten vielen Studenten das Gefühl gegeben haben, daß sie Physik betreiben, weil in dieser Wissenschaft Schönheit steckt. Das Wunderbare dabei liegt in der Beobachtung, daß die theoretische Physik als Naturwissenschaft zwar die höchste Stufe der Abstraktion erreicht hat – aber nachdem sie sich meilenweit vom allgemeinen Bewußtsein entfernt hat, findet sie genau das wieder, was sie meint, längst hinter sich gelassen zu haben, nämlich die wahrnehmbare Schönheit der Natur. Was sinnlich unmittelbar erfaßt werden kann, taucht auch in der Höhe der theoretischen Spekulationen wieder auf. Die Schönheit reicht überall hin.

In der jüngsten Ausgabe des erwähnten ersten Bandes, der 1990 erschienen ist, findet sich ein Anhang zum Leben von Lew Landau, in dem ich den geistigen Vater des Lehrbuchs vermute. Dort erfährt der Leser, warum Landau die Physik so geistreich vorführt. Er war persönlich »von der unglaublichen Schönheit der Allgemeinen Relativitätstheorie tief beeindruckt«, und er sprach im Zusammenhang mit der Quantentheorie vom »Genuß wahrer wissenschaftlicher Schönheit« und einem großen »Entzücken«, das ihn überkam, wenn er mit Hilfe von Formeln über ihre Form nachdachte.

Es ist wichtig, sich immer wieder klarzumachen, daß die großen Physiker unserer Zeit – Einstein, Bohr, Heisenberg und andere – zunächst einmal alle im Bann dieser Schönheit standen, die sie in ihrer Wissenschaft fanden. Eine von vielen Quellen der Verehrung steckte in dem oben in einem ersten Beispiel erläuterten Zusammenhang zwischen der Symmetrie der physikalischen Gesetze und der Erhaltung grundlegender Größen (Invarianz). Damit zeigt sich die Schönheit genau in der Weise, die der schottische Philosoph Hutcheson – wie oben erläutert – beschrieben hat: als Einheitlichkeit in der Vielfalt. Die Einheitlichkeit ist dabei sogar doppelt zu finden. Sie steckt sowohl in dem Prinzip der Erhaltung als auch in der Tatsache, daß es immer ein Grund ist, auf dem sie beruht, der Grund der Symmetrie nämlich.

Entdeckt hat diesen tiefen Zusammenhang übrigens eine Frau, und zwar die aus Elmshorn stammende und zuletzt in die USA emigrierte Mathematikerin Emmi Noether (1882–1935), die 1918 zum ersten Mal abstrakte Symmetrien (Invarianzen) und konkrete physikalische Erhaltungssätze zusammenführte und einer Wissenschaft damit die Chance gab, schön zu sein.

Mehr Erhaltungssätze

Neben dem Satz von der Erhaltung der Energie ging es Emmi Noether noch um den Impuls- und den Drehimpulssatz, von denen nun die Rede sein soll. Um zum Impuls zu kommen, müsse man statt an die Verschiebung in der Zeit an eine lineare Verschiebung im Raum denken. Dazu kann mutatis mutandis wiederholt werden, was oben ausgeführt worden ist, denn es gilt ebenso offensichtlich, daß der Ausgang eines Experiments nicht davon abhängt, ob ich die Apparatur, mit der gemessen wird, etwas parallel verschiebe oder nach vorne bzw. hinten versetze (ohne sie dabei zu drehen). Mit anderen Worten: Die Gesetze der Physik müssen invariant nicht nur gegenüber einer zeitlichen, sondern auch gegenüber einer räumlichen Translation sein, und diese Symmetrie hat die Erhaltung des Impulses zur Folge, wobei man sich erinnern wird, daß der Impuls definiert wird als Produkt aus Masse und Geschwindigkeit eines physikalischen Körpers.

Wir können noch einen dritten Schritt tun und hinzufügen, daß ebenso selbstverständlich die beliebige Drehung eines Systems im Raum nichts an den mechanischen Eigenschaften dieses Systems ändern sollte (nachdem die Operation beendet ist). Auch hieraus läßt sich die Erhaltung einer Größe ableiten, und zwar ist es diesmal der Impuls, den ein System besitzt, das sich nicht geradlinig bewegt, sondern dreht. Man spricht dabei von seinem Drehimpuls und weiß nun, daß auch er erhalten bleibt.

Der wissenschaftliche Blick in den Spiegel

Man darf jetzt nicht den Eindruck gewinnen, daß alles symmetrisch ist und alle Symmetrien, die man sich leicht ausdenken und vorstellen kann, auch tatsächlich zutreffen. Aber es ist äußerst wichtig, sich zu verdeutlichen, daß die Physik deshalb so gut über Atome und kleinere (»elementare«) Bausteine der Materie Bescheid weiß, weil diese Bestandteile der Wirklichkeit fundamentale Raum-Zeit-Symmetrien in unzerlegbarer Weise widerspiegeln, natürlich in mathematischer Form. Zwar geht die konkrete Anschaulichkeit verloren, die auf der Ebene der materiellen (makroskopischen) Wirklichkeit besteht. Aber die innere Anschaulichkeit bleibt durch die Idee der Symmetrie erhalten. Atome bleiben also – wie denn auch sonst? – ästhetisch erfaßbar.

Bei der Erfassung der Mikrowelt mit dem Netz der Symmetrie hat es allerdings eine Überraschung gegeben, auf die im folgenden hingeführt wird. Die Physiker – mit der Quantentheorie im Rücken – haben bis in die Mitte der fünfziger Jahre hinein jahrzehntelang nach den Naturgesetzen im Innersten der Welt unter der Annahme gesucht, daß sie exakt symmetrisch seien, und zwar gleich in dreifacher Hinsicht. Es ging dabei jeweils um eine Art Umkehrung oder Spiegelung: zum einen tatsächlich um eine Rechts-Links-Vertauschung (also um eine Raumspiegelung), zum zweiten um eine Änderung der elektrischen Ladung (das heißt um einen Wechsel ihres Vorzeichens von Plus (+) nach Minus (–) oder umgekehrt), und zum dritten um eine Umkehr der Zeitrichtung (die dann rückwärts statt vorwärts läuft, was in diesen Tiefen tatsächlich vorstellbar ist, wie gleich erläutert wird).

Es ist sicher leicht, sich vorzustellen, daß die Welt unverändert bleibt, wenn man das positive und das negative Vorzeichen der elektrischen Ladung vertauscht. Zum einen erfolgten die bestehenden Zuordnungen – das Elektron nennt man negativ und das Proton wird dann positiv – nur aus Konvention, das heißt, man hätte sie auch anders vornehmen können. Und zum zweiten wirkt eine negative Ladung genauso auf eine positive, wie es umgekehrt der Fall ist. Da tritt dieselbe Kraft mit derselben Richtung in Erscheinung. Diese Symmetrie bereitet keinerlei Sorgen, und niemand stellt sie auch nur halbwegs ernsthaft in Frage. Man nutzt sie vielmehr aus, um die Gesetze der Physik so zu machen, daß von ihnen die Erhaltung der Ladung erfüllt wird.

Schwieriger sieht es mit der Zeitumkehr aus, an die – gerade andersherum – eigentlich niemand glaubt, der sich am alltäglichen Geschehen orientiert. In der jedermann vertrauten Welt laufen Uhren nur vorwärts, und Zeitreisen in die Vergangenheit sind ausgeschlossen (sonst könnte noch jemand den Vater meiner Frau umbringen, bevor sie gezeugt wird). Aber so einfach ist diese Symmetrie nicht gemeint. Natürlich ist unser Leben keineswegs zeitumkehrinvariant, aber die Bewegung eines atomaren Bausteins ist es eben doch – zumindest lassen die Naturgesetze dies zu. Die Grundgleichungen der Physik kennen nämlich *keine* Richtung der Zeit, wie unumstritten zugegeben wird und den Naturwissenschaftler vor das Riesenproblem stellt, eine Erklärung für die tatsächlich beobachtete Richtung der physikalischen Zeit zu finden. Ihr Pfeil fliegt nur nach vorn, und man vermutet, daß er erst dann entsteht, wenn viele Ereignisse zusammentreffen und man den Begriff der Wahrscheinlichkeit verwenden muß. Wahrscheinlich kann nur

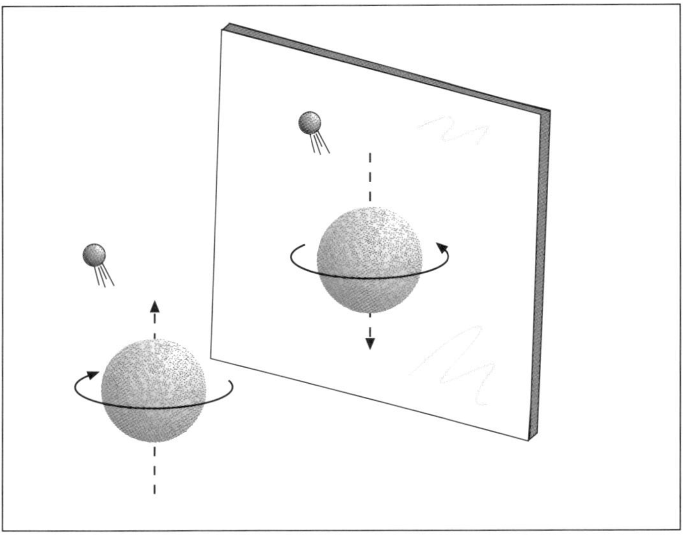

Abb. 6-2 Der Beta-Zerfall von Kobalt und sein Spiegelbild. Genauer gesagt zerfällt das Kobalt-Isotop, das durch die Ordnungszahl 60 charakterisiert wird. Der Kobalt-Kern ist als Kugel dargestellt. Den Physikern ist bekannt, daß dieser Kern einen sogenannten Spin hat, der sich (ungern) als Eigendrehimpuls veranschaulichen läßt. Wichtig ist, daß die Richtung der Drehung es erlaubt, eine räumliche Orientierung der Kerne anzugeben, im gezeigten Fall nach oben. Weiter ist wichtig, daß sich diese Richtung natürlich im Spiegel genau umkehrt. Im Experiment lassen sich nun – durch tiefe Temperaturen – Kobalt-Kerne so ausrichten, daß die überwiegende Zahl von ihnen, wie der gezeigte Kern, nach oben orientiert ist. Nun kommt es in dieser Situation zu dem Beta-Zerfall, was heißt, daß Elektronen den Kern verlassen. Sie tun dies, wie man nachmessen kann, bevorzugt in die angedeutete Richtung, also entlang der Achse, die durch die Drehung des Kerns bestimmt wurde. Im Spiegelbild müßten sie natürlich auch nach oben fliegen, was aber nicht mit der umgekehrten Drehrichtung zusammenpaßt. Das heißt: Das Spiegelbild des Beta-Zerfalls von Kobalt ist physikalisch ausgeschlossen. Es kommt in Wirklichkeit nicht vor.

etwas in der Zukunft passieren. In der Vergangenheit ist es schon eingetreten (oder nicht), und statistische Aussagen machen keinen Sinn. Doch diese makroskopische Asymmetrie ist nicht gemeint, wenn ich von dem elementaren Bereich der Materie erzähle, in dem es zumindest theoretisch Atomen und kleineren Einheiten möglich ist, die Zeit rückwärtslaufen zu lassen.

Das Hauptaugenmerk soll auf die erstgenannte Symmetrie gerichtet sein, die Raumspiegelung, die unter Physikern auch als Parität – also als »Gleichheit« – bekannt ist. In den fünfziger Jahren wurde an dieser Stelle zur allgemeinen Überraschung entdeckt, daß es in der Natur eine fundamentale Asymmetrie gibt. So seltsam es beim ersten Hören auch klingen mag – aber die Annahme, daß das Bild eines physikalischen Vorgangs, das man im Spiegel sieht, ebenfalls ein nach den Naturgesetzen möglicher physikalischer Vorgang ist, diese Annahme ist nicht durchgängig korrekt und somit falsch. Verstanden hat man dies am Beispiel des radioaktiven Zerfalls, den man aus historischen Gründen mit dem griechischen Buchstaben β (Beta) bezeichnet. Die Kraft, die für den β-Zerfall eines Atoms, zum Beispiel von Kobalt, zuständig ist, erfüllt nicht die Paritätsinvarianz (Abb. 6-2). Mit anderen Worten: Das Spiegelbild des gezeigten Zerfalls existiert in diesem Universum nicht. Wer einen Beta-Zerfall – wie man auch sagen kann – im Spiegel anschaut, bekommt etwas zu Gesicht, was es gar nicht gibt.

Das Verrückte ist, daß sich trotz dieses Ergebnisses die Natur in 99,99% der Fälle paritätisch verhält, das heißt, die große Mehrheit bleibt also schön symmetrisch und unterscheidet nicht zwischen rechts und links. Nur ein ausgesprochen winziger Teil ihrer Wirkung ist linkslastig, weshalb man auch gespottet hat, daß Gott »ein schwacher Linkshänder« sei (ohne allerdings bislang zu wissen, was ER rechts noch in der Hinterhand hält). Das Attribut »schwach« kommt dadurch zustande, daß die Kraft, die für den Beta-Zerfall zuständig ist, als schwache Kernkraft bezeichnet wird, was wiederum dadurch zu verstehen ist, daß es eine stärkere Form – eben die starke Kernkraft – gibt. Sie ist für den Zusammenhalt des Atomkerns zuständig.

Warum nun diese winzige Verletzung der Spiegelsymmetrie in der Natur vorhanden ist und ob damit eine umfassende Asymmetrie des Universums gegeben ist, dies bleibt für die Physiker bis heute ein Buch mit sieben Siegeln. Schön finden sie es eigentlich nicht, und das Wundern über diese Abweichung von der perfekten Harmonie hält an. Es hält natürlich vor allem deshalb an, weil die Wissenschaftler sich nicht damit zufriedengeben, einen Sachverhalt technisch richtig zu verstehen. Sie wollen mit ihm auch ästhetisch ins Reine kommen. Noch besteht eine Dissonanz zwischen dem erkannten Ergebnis und dem erwarteten Erlebnis. Man sucht meiner Meinung nach weiter, bis entweder doch noch eine Schönheit gefunden wird oder bis sich das Gefundene als schön zu erkennen gibt.

Der alltägliche Blick in den Spiegel

Der Blick in den Spiegel kann nicht nur Dinge und Vorgänge zeigen, die es ohne ihn nicht gibt (weil sie nach physikalischen Gesetzen ausgeschlossen sind). Der Blick in den Spiegel zeigt manchmal auch etwas, das wir ohne ihn nicht (er)kennen würden, nämlich uns selbst. Es ist am Anfang mühsam, zu lernen, daß man das selbst ist, der oder die da in den Spiegel schaut. Und es bleibt später mühsam, sich an das Gesicht zu gewöhnen, das man dabei erblickt.

Jeder weiß, daß sein Gesicht nicht völlig symmetrisch ist, denn jeder sieht auf einer Photographie anders aus als in einem Spiegel. Der Grund dafür steckt in der Tatsache, daß in einem Spiegelbild die rechte und die linke Seite vertauscht erscheinen. Ich habe mich inzwischen so an mein Gesicht im Spiegel gewöhnt, daß ich mir auf den meisten Photographien schlecht getroffen vorkomme. Und das bringt mich zu der Frage, ob es sein könnte, daß ein Gesicht, das im Spiegel als schön empfunden wird, in der Wirklichkeit (oder

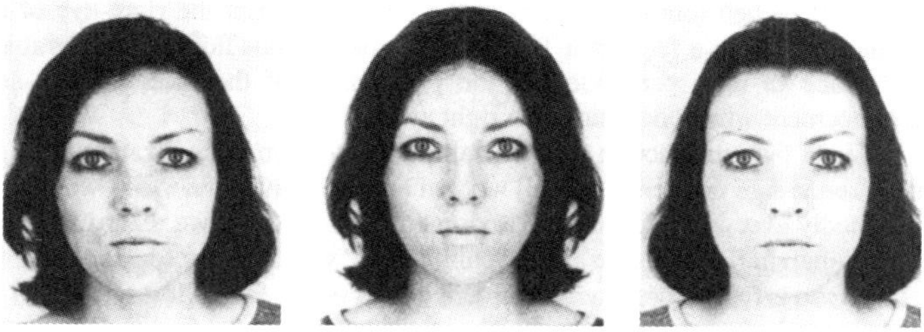

Abb. 6-3 Ein normales Gesicht (links) und seine Rekombination in Form von zwei rechten (Mitte) und zwei linken (rechts) Hälften. In empirischen Versuchen erklären 90% (!) der Befragten das »rechte« Gesicht für das schönste.

auf einer Photographie) nicht solch einen Eindruck hinterläßt?

Das Vertauschen von rechts und links – von rechter und linker Gesichtshälfte – hat tatsächlich nicht nur perspektivische, sondern auch ästhetische Konsequenzen, wie sich an den folgenden Abbildungen demonstrieren läßt. Wenn man ein Gesicht (bzw. das entsprechende Bild davon) dadurch perfekt symmetrisch macht, daß man es aus zwei rechten bzw. zwei linken Teilen bestehen läßt (Abb. 6-3), dann zeigte sich, daß es das »rechte« Gesicht ist, welches von Betrachtern als schöner bewertet wurde.

Tatsächlich beeinflußt uns in völlig unsymmetrischen Gesichtern der Ausdruck stärker, der sich in der rechten Hälfte abspielt und dort erkennbar wird. Dies läßt sich durch Bilder zeigen, in denen das lächelnde und das ernst blickende Gesicht eines Mannes so geteilt und neu zusammengesetzt worden ist (in der Genetik nennt man diesen Vorgang Rekombination), daß einmal die rechte und ein zweites Mal die linke Hälfte lächelt (und umgekehrt ernst blickt). Man kann diesen Befund auch durch eine einfache Zeichnung demonstrieren (Abb. 6-4). Das heißt, wenn wir ein fröhliches Gesicht haben, dann dämpft der Blick in den Spiegel diesen Eindruck, und wir sehen uns ernster, als wir sind. Wenn nun das offene und öffnende Lächeln – zum Beispiel auf dem

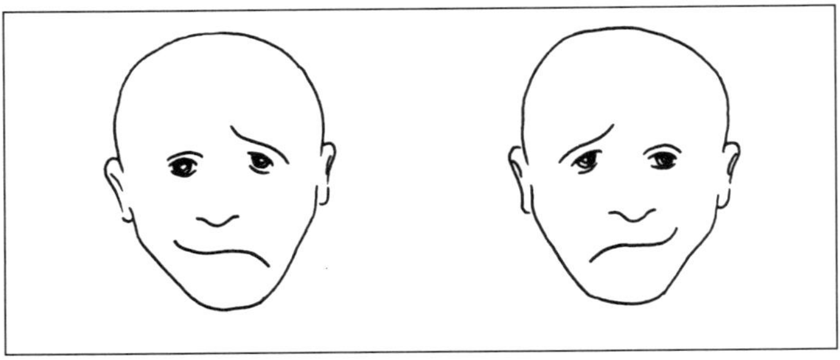

Abb. 6-4 Welches Gesicht wirkt fröhlicher und welches trauriger? Rechtshänder denken, daß ein links lächelndes Gesicht eher auf Glück hinweist.

Gesicht einer Frau – als schön empfunden wird, dann sollte man sie vielleicht besser nicht im Spiegel anschauen, wenn man sich in sie verlieben will.

Das symmetrische Durchschnittsgesicht

Überraschend an den oben in aller Kürze skizzierten Versuchen ist vor allem die Beobachtung, daß es ein symmetrisches Gesicht ist, das den schönsten Eindruck hinterlassen hat. Diese Beobachtung gilt tatsächlich allgemein, und sie wurde zum ersten Mal – dann allerdings eher unbeabsichtigt – gegen Ende des 19. Jahrhunderts gemacht.

Im Jahre 1878 versuchte der englische Naturforscher und Anthropologe Sir Francis Galton, der immer als Vetter von Charles Darwin und als Vordenker der Eugenik charakterisiert wird, seine Vorstellung, daß jede Form von Begabung (die positive wie die negative) vererbt werden kann, einem experimentellen Ansatz zugänglich und durch ihn wissenschaftlich sauber beweisbar zu machen. Galton glaubte unter anderem, daß man zum Verbrecher geboren wird, und er wollte den Halunken ihre Neigung an der Nasenspitze ansehen können. Zu diesem Zweck nutzte er die damals noch

Abb. 6-5 Francis Galtons »Durchschnittsgesicht« (1878).

neue Technik der Photographie, um durch überlagerte Bilder von Gesetzesbrechern das dazugehörige typische Gesicht zu ermitteln, wobei das letzte Wort nicht im polizeilichen Sinne, sondern ganz wörtlich zu nehmen ist. Galton mittelte die Gesichter. Er produzierte, wie er meinte, das Durchschnittsgesicht eines Kriminellen (Abb. 6-5), und er hoffte, ihm die böse Absicht unmittelbar ansehen zu können.

Doch zu seinem Verdruß mußte Galton erkennen, daß ihm gefiel, was bei seinen Manipulationen herauskam, daß er den durchschnittlichen Verbrecher nicht schrecklich, sondern im Gegenteil schön fand. Zu seiner weiteren Überraschung mußte der Vererbungsforscher sogar feststellen, daß die Mischgesichter immer schöner wurden, je mehr Aufnahmen er miteinander zu einem Bild verschmolz.

Zu meinem großen Leidwesen haben weder Galton noch andere Biologen bzw. Naturforscher des 19. Jahrhunderts dieses Ergebnis nach seiner Publikation in der berühmten Zeitschrift ›Nature‹ weiter verfolgt, und so dauerte es mehr als 100 Jahre, bevor die Wissenschaft erneut auf die so ermittelte Schönheit des Durchschnitts zu sprechen kam. Im Jahre 1979 schließlich griff der amerikanische Anthropologe Donald Symons Galtons Idee auf und machte den kuriosen Vorschlag, daß sich das, was Menschen Schönheit nennen, auf diese Weise biologisch definieren lasse, nämlich durch die Durchschnittlichkeit der Gesichter. Den Grund dafür fand Symons in der biologischen Evolution. Schließlich – so meinte er – könne man nicht erwarten, daß sich die Entwicklung des Lebens an Extremwerten orientiere. Die natürliche Selektion bevorzuge vielmehr die Lebensformen mit durchschnittlichen Eigenschaften, da sie es seien, die sich am besten in ihren Nischen eingerichtet hätten. Die Nachkommen durchschnittlicher Weibchen hätten – in der Welt der Tiere – die größten Chancen auf Überleben, und wenn man dies – so immer noch Symons – auf die Menschen übertrage, dann pflanzten sich diejenigen Männer am erfolgreichsten fort, die durchschnittliche Dutzendgesichter von Frauen schön genug fänden, um Interesse an einer Paarung bzw. an der Ehe mit ihnen zu bekommen und um anschließend zur verführerischen Tat zu schreiten und Kinder zu zeugen. Aus diesem Grund habe die Evolution die Menschen zusätzlich mit der Empfindung »schön« ausgestattet, wenn sie ein nach durchschnittlichen Maßen geformtes Antlitz sehen.

Die Hypothese von Symons, daß es einen Selektionsdruck geben soll, der dazu führt, Durchschnittliches attraktiv zu finden, wurde Anfang der neunziger Jahre nach der Methode von Galton geprüft, nur daß in den modernen Instituten die zusammengesetzten Gesichter mit elektronischer Hilfe – sprich: mit einem Computer – erzeugt wurden. Tatsächlich ergaben die Untersuchungen, daß die meisten Befragten erneut das gemittelte Gesicht schöner fanden als die individuellen Aufnahmen, von denen die Experimentatoren ausgegangen waren, und so konnte der attraktive (ästhetische) Wert des Durchschnitts zunächst seine wissenschaftliche Bestätigung erfahren.

Doch fühlten sich viele Psychologen (und andere Wissenschaftler) nicht wohl bei dem Gedanken, und irgendwie schien man etwas übersehen zu haben. So schön war der Durchschnitt nun auch wieder nicht, und wenn man die Gesichter anschaut, die wirklichen Menschen gehörten, die zu ihrer Zeit als schön empfunden werden – Greta Garbo zum Beispiel oder James Dean –, dann wird rasch klar, daß sie ihre Wirkung gerade nicht durch die Symmetrie erzielten, die irgendwelche anonymen Dutzendgesichter auszeichnete.

Tatsächlich haben die Psychologen inzwischen verstanden, daß es mindestens zwei Komponenten gibt, die zur Schönheit eines Gesichtes beitragen, und dazu haben sie sich eines einfachen Tricks bedient. Sie haben zunächst – wie früher Galton und wie seine Nachfolger 100 Jahre später – mit Hilfe eines Computers ein Durchschnittsgesicht gebildet (Abb. 6-6a), das tatsächlich als schön empfunden wurde (und wird).

Dieses erste Durchschnittsgesicht, das einer »Frau Misch« gehören soll, wurde aus 60 Einzelgesichtern zusammengesetzt, die man von den befragten Personen auch individuell einschätzen ließ. Danach hat man aber noch ein zweites Durchschnittsgesicht konstruiert, und zwar aus den 15 Gesichtern, die bei der Einzeleinstufung am besten abgeschnitten hatten, die also »am schönsten« waren. Dabei ist eine »Frau Schön« herausgekommen. Und tatsächlich ist der Durchschnitt der wenigen Schönen schöner als der Durchschnitt von allen Hübschen (Abb. 6-6b). Frau Schön gefällt mehr Menschen als Frau Misch. Warum ist dies der Fall? Worin liegt der entscheidende Unterschied? In den Wangenknochen? In den Augenabständen? In den Abständen zwischen Nase und Kinn? In Form und Lage der Nase?

Natürlich läßt sich sagen, daß man dies niemals herausfinden wird. Denn schließlich ist – wie bereits erläutert – nichts an einem Gesicht schön, sondern das Gesicht *als Ganzes* ist schön. Doch mit einem Computer lassen sich beliebig leicht Manipulationen vornehmen, und so kann man mit dem Gesicht von »Frau Schön« ein wenig elektronisch herumspielen. Tatsächlich läßt sich Frau Schön noch attraktiver machen, wenn die Unterschiede zwischen ihr und Frau Misch – etwa die Entfernung zwischen dem oberen Lippenrand und der Nasenspitze – noch ein klein wenig stärker betont werden und auf diese Weise ein drittes Gesicht, das von »Frau Neu«, entsteht. Frau Neu schließlich konnte den

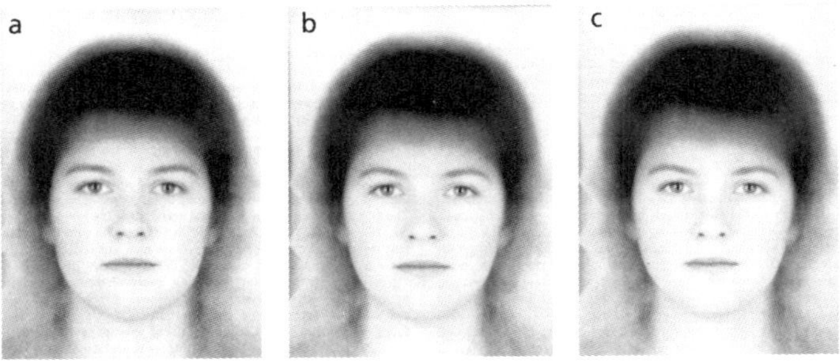

Abb. 6-6: »Frau Misch« (a), Frau Schön« (b) und »Frau Neu« (c), deren Zustandekommen im Text beschrieben wird.

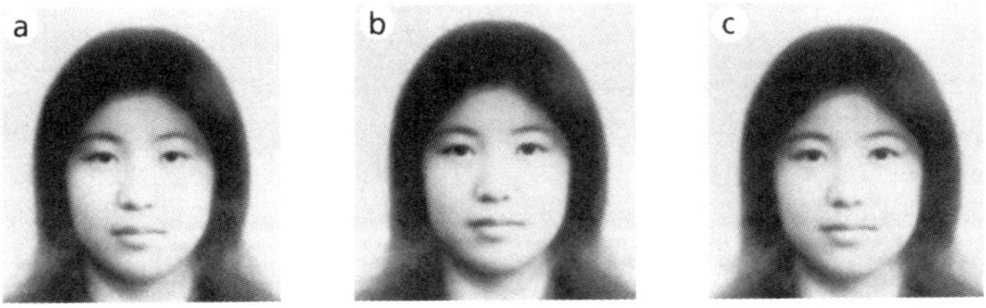

Abb. 6-7: »Frau Misch« (a), »Frau Schön« (b) und »Frau Neu« (c) in der japanischen Version; das Zustandekommen der Gesichter wird im Text beschrieben.

wissenschaftlichen Schönheitswettbewerb endgültig für sich entscheiden (Abb. 6-6c).

Falls übrigens an dieser Stelle der Einwand erhoben werden sollte, daß diese Wahl wenig mit Wissenschaft zu tun habe, weil die Juroren sich doch nur an den schönen Gesichtern orientierten, die ihnen von den Titelblättern der Illustrierten aus entgegenlächelten oder denen sie im Kino begegneten, dann kann darauf mit dem Hinweis geantwortet werden, daß schon drei- bis sechs Monate alte Kleinkinder dieselbe Wahl treffen. Das heißt, wenn den Krabbelkindern Bilder mit Gesichtern gezeigt werden, die von Erwachsenen als schön bewertet worden sind, dann wenden die Kleinen ihre Aufmerksamkeit diesen Bildern spürbar länger und nachhaltiger zu als den Photographien, auf denen Menschen zu sehen sind, die als weniger schön eingestuft werden. Das heißt, die Unterscheidung zwischen einem mehr oder weniger attraktiven Gesicht ist uns auf keinen Fall allein durch kulturelle Gegebenheiten anerzogen worden. Sie ist vielmehr – zumindest teilweise – biologisch bedingt und damit ganz allgemein menschlich verständlich.

In dieselbe Richtung weist noch eine weitere Beobachtung. Zwar haben wir bislang nur europäische Gesichter betrachtet – die Biologen sprechen in dem Fall aus historischen Gründen von Kaukasiern –, doch war es leicht, dasselbe Experiment auch mit asiatischen Gesichtern auszuführen – konkret wurden Bilder von japanischen Menschen verwendet –, und das Ergebnis bleibt unverändert (Abb. 6-7).

Es gibt offenbar eine kulturunabhängige Übereinkunft, was Menschen als attraktiv – als schön – bewerten. Leider wird dadurch das Rätsel, was Schönheit letztlich ausmacht, nicht schneller einer Lösung nahegebracht. Es wird aber der naturwissenschaftlichen Perspektive zugänglich gemacht und somit spannender. An diesem Beispiel läßt sich zudem erkennen, daß Francis Bacon im 17. Jahrhundert recht hatte, als er die Vermutung äußerte: »There is no excellent beauty that hath not some strangeness in the proportion«. Also auf Deutsch etwa: »Auffallende Schönheit zeichnet sich durch seltsame Proportionen aus.« Ob und wie diese seltsamen Proportionen einer wissenschaftlichen Erklärung zugänglich sind, steht im nächsten Abschnitt zur Debatte.

Symmetrie und Sex

Möglicherweise bemühen sich diejenigen Forscher vergeblich um eine Antwort auf die Frage, welche Proportionen für Schönheit entscheidend sind, die tatsächlich nach Millimetern und Winkeln im Gesicht fragen und es quantitativ genau wissen wollen. Es ist nämlich kaum anzunehmen, daß da irgendwo im menschlichen Gehirn ein Computer sitzt, der die entsprechenden Daten, die ihm über die Sinnesorgane zugespielt werden, umrechnet und daraus das Urteil »attraktiv« ableitet. Wenn ernst genommen wird, daß es nicht die Teile (und ihre quantitative Beziehung zueinander) sind, die das Schöne an einem Gesicht ausmachen, sondern daß es nur das *ganze* Gesicht ist, das man so bezeichnen darf, dann kann eine Beurteilung nicht durch Beobachtung (von anvisierten Teilen), sondern nur durch Wahrnehmung (von einem Ganzen) zustande kommen. Wahrnehmung geht aber ohne Kalkulation vor sich. Sie steht zwar am Beginn jeder Erkenntnis, aber sie geht immer über die Einzelheiten hinaus und zielt auf das Ganze, das wir dann schön nennen, und zwar unmittelbar, das heißt, ohne jeden rechnerischen Vorgang in dem Computer, über den unser Gehirn natürlich auch verfügt.

Die Frage der Wahrnehmung wird noch genauer ins Auge gefaßt, wenn – im nächsten Kapitel – umfassender und genauer auf die evolutionären Bedingungen eingegangen wird, die zur Entstehung von Schönheit führen können. Hier soll der Hinweis reichen, daß der Vorgang der Wahrnehmung erleichtert wird, wenn das anvisierte Objekt symmetrisch ist. Die Beeinflussung der Wahrnehmung durch symmetrische Muster läßt sich in einer Anordnung untersuchen, die in verschiedenen Lehrbüchern zur »Wahrnehmung« gefunden werden kann (Abb. 6-8). Es geht um die Einteilung einer Anordnung in den Bereich, den man als Figur wahrnimmt und auf diese Weise vom Rest, dem Hintergrund, abhebt. Jede visuelle Wahrnehmung fokussiert eine Figur, die dann vor einem Hintergrund gesehen wird.

Wenn man gebeten wird, zu beurteilen, welche der Muster Figur und welche Hintergrund ist, dann treffen die meisten Betrachter ihre Wahl nicht durch die Farben oder durch die Helligkeit – schwarz drängt sich vielleicht eher in der Vordergrund als weiß. Vielmehr hängt die Festlegung von der Symmetrie der Muster ab. Der menschliche Wahrnehmungsapparat ist offenbar so angelegt, daß Symmetrisches

Abb. 6-8
Wenn man bei dem gezeigten Muster die Augen von links nach rechts wandern läßt, ändert sich das, was man als Figur und das, was man als Hintergrund bewertet. Das Symmetrische tritt vor, das Asymmetrische tritt zurück.

leicht seine Aufmerksamkeit erregt und auf diese Weise auch attraktiver und damit letzten Endes schöner wirkt.

Was gewinnt nun der oder die Wahrnehmende, die nach Symmetrie sucht? Schon lange ist bekannt, daß diese Eigenschaft eine Rolle in der Evolution spielen kann. Verhaltensbiologen haben beobachtet, daß bei vielen Tierarten von den Insekten aufwärts die Weibchen sich bevorzugt mit Männchen paaren, die symmetrische Muster anbieten bzw. vorweisen können, bei denen also die linke und die rechte Körperhälfte gut zusammenpassen und sich entsprechen.

Bei Menschen hat man nun dasselbe beobachtet. So wurden in den USA bei Tests zunächst sieben Meßgrößen bestimmt, die Rechts-Links-Abweichungen quantifizieren sollten – zum Beispiel die Breite der Füße, Gelenke und Ellbogen, und die Länge der Ohren. Diese Asymmetrie wurde dann mit dem Sexualverhalten der studentischen Versuchspersonen, das durch Fragebogen ermittelt wurde, in Verbindung gebracht, und das Ergebnis war erstaunlich eindeutig:

Nicht nur, daß »symmetrische« Männer ihre ersten sexuellen Erfahrungen ein paar Jahre früher als ihre »asymmetrischen Konkurrenten« haben. Im Laufe der Jahre fanden sie auch schneller und häufiger neue Sexualpartner, wie es technisch heißt. Was die Frauen betraf, so mußte man ihre Gestalt sorgfältiger analysieren, um die Attraktivität zu verstehen (Frauen sind wie immer komplizierter als Männer). Trotzdem nützte auch ihnen die Symmetrie etwas, denn – so zeigten die Umfragen – , sie erleben viel leichter und häufiger einen Orgasmus, wenn sie sich mit einem möglichst symmetrisch gebauten Mann zusammentun und mit ihm eine Nacht (oder mehr) verbringen. Es zahlt sich offenbar in jeder Hinsicht aus, ein symmetrischer Mann zu sein. Man dominiert leichter die anderen und ist zudem durchweg gesünder.

Die Asymmetrie im Kopf

Wie auch immer Schönheit sich zeigt oder wie sie beschaffen ist, wahrgenommen werden muß sie im Kopf. Das Gehirn, das sich hier befindet, ist zweigeteilt (Abb. 6-9) und seine beiden Teile sind asymmetrisch (Abb. 6-10, Tab. 6-1), und zwar von Anfang an. Das heißt, die Entwicklung der Asymmetrie unseres Denkorgans setzt ein, bevor wir geboren werden.

Abb. 6-9 Wer genau einen Punkt betrachtet (fixiert), der genau vor ihm (oder ihr) liegt, sorgt dafür, daß das gesamte Bild, das ihm (oder ihr) vor Augen liegt, im Kopf in zwei gleich große Teile zerlegt wird.

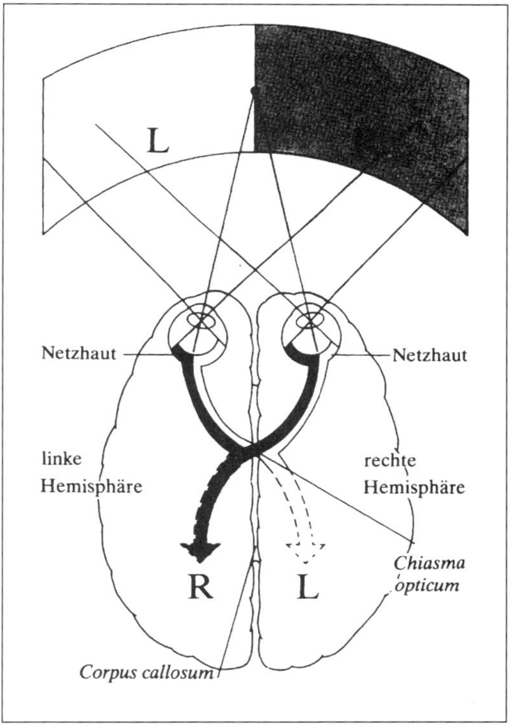

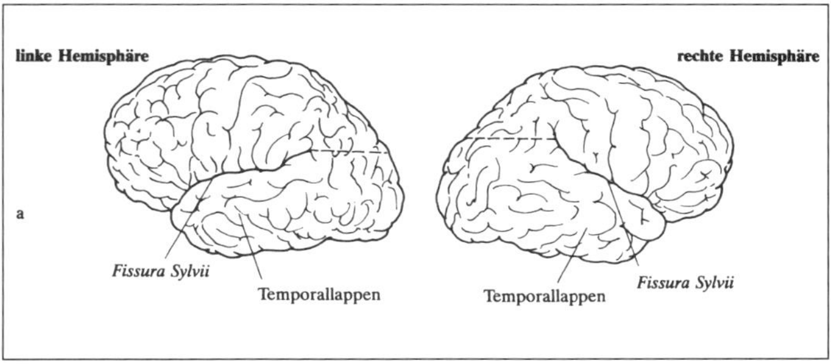

Abb. 6-10 In der rechten Hemisphäre steigt zum Beispiel die sogenannte Lateralfurche (Fissura Sylvii) stärker an, und in der linken Hirnhälfte nimmt das Planum temporale ein größeres Gebiet ein. Man vermutet, daß dieses Areal für das Sprachverständnis eine Rolle spielt.

Tab. 6-1 Einige Stichwörter zur Lateralisierung des Gehirns, die cum grano salis zu verstehen sind.

Linke Hemisphäre	Rechte Hemisphäre
Gesprochene Sprache	Metaphorische Bedeutung
Lesen und Schreiben	Melodie der Sprache
Rhythmus der Musik	Harmonie der Musik
Farbnamen	Raumorientierung
Verbal	Visuell-räumlich
Sequentiell	Gleichzeitig
Digital	Analog
Logisch	Ganzheitlich
Analytisch	Synthetisch
Rational	Intuitiv

Die Experten sprechen von der Lateralisierung des menschlichen Gehirns und weisen darauf hin, daß sie bei unterschiedlichen Personen unterschiedlich ausfallen kann. Linkshänder und Rechtshänder können leicht durch eine spiegelbildliche Vertauschung der Funktionen charakterisiert sein. Auf diese im Einzelfall äußerst wichtige Differenzierung soll nicht weiter eingegangen, sondern nur der durchschnittliche Fall des durchschnittlichen Rechtshänders betrachtet werden, an dessen normaler (biologisch bedingter) Lateralisierung auch nichts durch eine besondere Form der Aufbringung – entweder in einem Land mit einer ungewöhnlichen Sprache oder in einem Haushalt mit ungewöhnlich vielen musikalischen Möglichkeiten – geändert worden ist. Im Kopf eines solchen Menschen geht es ganz schön asymmetrisch zu (Tab. 6-1), und man kann sich die Frage stellen, inwieweit diese Aufteilung der Hirnfunktionen etwas mit der Einteilung des Gesehenen (bzw. Wahrgenommenen) in *schön* und *nicht schön* zu tun haben könnte.

Man kann nun in einem Versuch, der auf den amerikanischen Psychologen S. Breskin zurückgeht, Personen geometrische Figuren so vorlegen, daß sie diese entweder mit beiden Gehirnhälften oder nur mit einer Hemisphäre sehen. Die Figuren können danach unterschieden werden, ob sie den Probanden etwas sagen, etwa, ob sie eine einfache Gestalt besitzen und irgendwie vollständig erscheinen. Sie heißen dann in der Fachsprache »prägnant« (Abb. 6-11), wobei dieser Ausdruck aus der Gestaltpsychologie stammt und Gebilde meint, die in sich schlüssig sind. Somit kann in einem Experiment gefragt werden, welche Figur eine Versuchsperson bevorzugt betrachtet, die prägnante Zeichnung oder ihr Gegenstück.

Bei dem genannten Experiment stellt man zum einen fest, daß prägnante Figuren dann besonders bevorzugt werden, wenn sie mit der rechten Hemisphäre wahrgenommen bzw. gesehen werden. Man stellt zum anderen fest, daß vor allem Männer dabei als homogene Gruppe agieren, während die Frauen ihre Wahl individueller treffen.

Wer vor einem Bild in einem Museum steht, kann nicht verhindern, daß die von ihm aus gesehen linke (rechte) Hälfte des Bildes mehr in seiner rechten (linken) Hirnhälfte

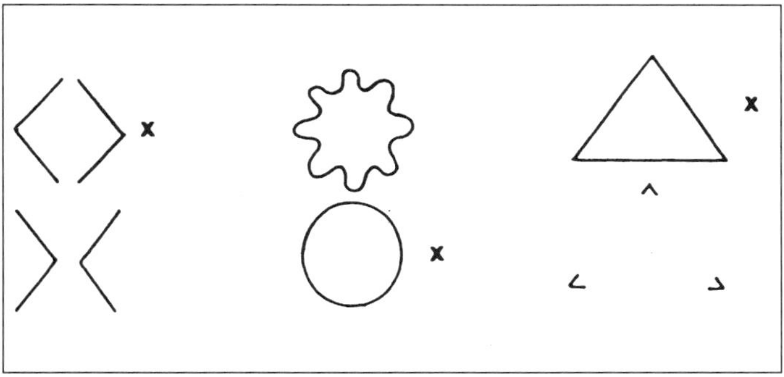

Abb. 6-11 Breskin-Figuren, die mit oder ohne Prägnanz ausgestattet sind; das Kreuzchen (x) gibt die Figuren an, die als prägnant bezeichnet werden.

ankommt. Wenn nun ein Bild stark asymmetrisch ist, dann muß der Schwerpunkt der Aufmerksamkeit mehr rechts oder links liegen; dann könnte es sein, daß unser durchschnittlicher Rechtshänder sein Urteil über das Bild – schön oder nicht schön – in Abhängigkeit von dieser Position fällt. Hier findet die Wissenschaft wieder etwas zu messen, ohne allerdings mit dem Ergebnis zu überraschen. Sie hat es längst getan und herausgefunden, daß durchschnittliche Betrachter ein Bild bevorzugen, dessen Hauptgewicht mehr rechts liegt und das also bevorzugt mit der linken Hemisphäre gesehen wird.

Wenn man die Probanden erklären läßt, was sie an dem rechtslastigen Bild besser finden, dann antworten sie interessanterweise, die ganze Szene mache auf sie einen eher ausgeglichenen Eindruck. Tatsächlich neigen Menschen spontan (d.h. von Natur aus) dazu, Bilder eher in der rechten Hemisphäre wahrzunehmen, was offenbar dazu führt, die Aufmerksamkeit automatisch mehr nach links zu richten. Diesen Effekt kann man dadurch experimentell nachweisen, daß man die Versuchspersonen Bilder betrachten läßt, die nahezu perfekte Spiegelsymmetrie zeigen, und sie fragt, ob diese Bilder symmetrisch sind oder eher links- bzw. rechtslastig scheinen. Die Antwort der Rechtshänder lautet dann, daß das Bild eine linke Tendenz habe.

Zusammenfassend läßt sich sagen: Nach rechts orientierte Versionen eines Bildes werden bevorzugt, weil sie ausgeglichener und somit schöner erscheinen. Die Asymmetrie des Reizes rückt die inhärente Vorzugsrichtung zurecht. Jede Bildwahrnehmung aktiviert vornehmlich die rechte Hirnhälfte, und wenn der dadurch entstehenden Neigung nach links eine Verlagerung des Schwerpunktes nach rechts entgegensteht, so daß die linke Hirnhälfte mehr zu tun bekommt, dann können beide Hemisphären harmonisch zusammenarbeiten und somit auch beim Besitzer des Gehirns diesen Eindruck hervorrufen.

Die Frage, ob die Rechts-Links-Asymmetrie eine ästhetische Komponente beinhaltet, wurde wahrscheinlich zum ersten Mal von dem großen Schweizer Kunsthistoriker Heinrich Wölfflin gestellt, der sich 1941 in seinem letzten Buch Gedanken über »Das Rechts und Links im Bilde« machte. Er stellte sich vor, daß Menschen, die ein Gemälde betrachten, damit links unten beginnen, um anschließend den Blick nach rechts zu richten, wo – zumindest in den Bildern aus der Zeit der Renaissance und des Barock – der wichtigere Inhalt zu sehen ist. Die von Wölfflin vermutete Links-Rechts-Bewegung der Augen kann heute experimentell verfolgt werden, und tatsächlich hat sich beim Betrachten von Landschaftsbildern herausgestellt, daß man links beginnt und sich mit den Augen danach auf die gegenüberliegende Seite begibt.

Die Frage, die man jetzt stellen könnte, lautet, ob die Maler die Anlage ihres Bildes an solche asymmetrischen Vorgaben der Wahrnehmung, die sie ja selbst auch betrafen, angepaßt haben. Ich muß dieses Thema auf sich beruhen oder den Experten überlassen, um mich zuletzt einer auffälligen Asymmetrie in der Kunst zuzuwenden, die ein Neurobiologe entdeckt hat. Otto-Joachim Grüsser hat bemerkt, daß in den meisten Bildern, die als westliche Kunstwerke zu bezeichnen sind, das Licht von links einfällt (Abb. 6-12), namentlich seit der Zeit der wissenschaftlichen Revolution. Besonders überzeugend und einsichtig sind in diesem Zusammenhang die Gemälde von Vermeer (Abb. 6-13), bei denen die Helligkeit durchweg von links kommt.

Grüsser selbst ist versucht, »Spekulationen darüber anzustellen, ob die Links-Rechts-Asymmetrie in Gemälden aus dem westlichen Kulturkreis mit der elementaren Links-Rechts-Asymmetrie der Lichtverteilung korreliert ist«, die wir alle erfahren, wenn wir als Neugeborene auf dem linken (herznahen) Arm der Mutter liegen, oder ob sie etwas »mit

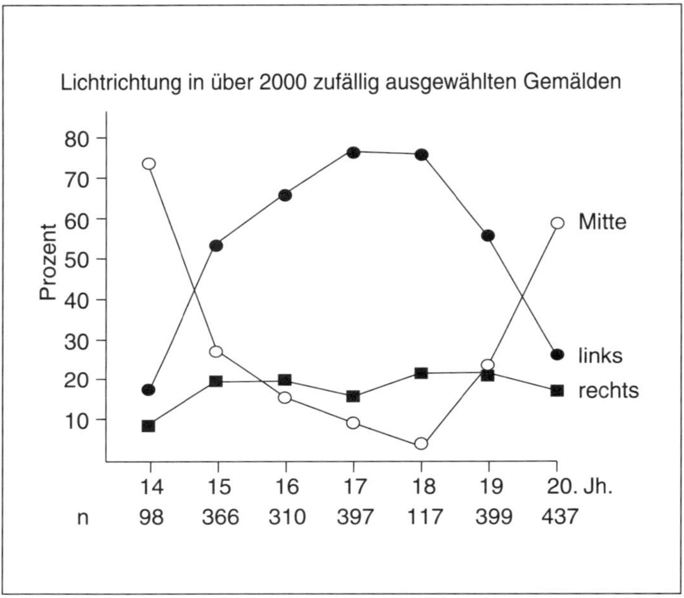

Abb. 6-12 Die Verteilung des Lichteinfalls in über 2000 Bildern der europäischen Kunst, wie sie O.J. Grüsser zusammengestellt hat.

der allgemeinen Links-Rechts-Asymmetrie zu tun hat, die dadurch zustande kommt, daß die rechte Hemisphäre für räumliche Aufgaben dominant ist«.

Natürlich weiß Grüsser, der sich hier auf die Spuren von Erasmus Darwin begibt, daß es für den Kunsthistoriker kaum von Interesse ist, seine Aufmerksamkeit auf die Rechts-Links-Verteilung zu richten, wo doch die Bilder viel komplexere und raffiniertere Gestalten und Raumaufteilungen zeigen. Für einen Neurobiologen aber, der nach einer wissenschaftlichen Basis für mögliche elementare Regeln

Abb. 6-13 Einige der berühmten Gemälde von Vermeer. Bei seinen Interieurs fällt das Licht niemals von rechts ein.

sucht, die der ästhetischen Wahrnehmung unterliegen, sind diese Beobachtungen alles andere als langweilig. Wer den Zusammenhang zwischen dem Gehirn und der Kultur bestimmter Menschen verstehen will, muß klein anfangen – zum Beispiel mit einem Vergleich der Asymmetrien, die uns auf Bildern gefallen, mit den Asymmetrien, die im Kopf unsere Wahrnehmung beeinflussen.

7 *Wahrnehmen und Wählen* Wie Schönheit entstehen und im Leben entscheiden kann

»Unter Schönheit verstehe ich die Qualität eines Körpers, durch die er Liebe oder eine ähnliche Leidenschaft verursacht.«

Edmund Burke

Der Zweck der Evolution, so hat es Joseph Brodsky in seinem Essay mit dem Titel »An Immodest Proposal« ausgedrückt, könne nicht das Überleben des Tüchtigsten oder des Stärksten sein – denn dann sähen alle Männer aus wie John D. Rockefeller oder wie Arnold Schwarzenegger. Der Zweck der Evolution könne auch nicht das Überleben des sozusagen am wenigsten Tüchtigen oder Starken sein, zum Beispiel des Schmächtigsten – denn dann sähen wir alle so aus wie etwa Karl Valentin. Das Ziel der Evolution müsse etwas anderes sein, und der russisch-amerikanische Dichter hat kurz vor seinem Tod den Mut gehabt, sich in seinem Essay mit einem »unbescheidenen Vorschlag« festzulegen. Für Brodsky ist es die Schönheit, wie er auf Englisch geschrieben hat:

»The purpose of evolution, believe or not, is beauty«. Denn die Schönheit ist es, »die alles überlebt und die Wahrheit hervorbringt, und zwar einfach deshalb, weil ihr eine Verschmelzung des Geistigen mit dem Sinnlichen gelingt« (»[she] survives it all and generates truth simply by a fusion of the mental and the sensual«).

Große Worte, die meines Erachtens das Nachdenken lohnen, da sie – wie es Kepler mit seinen archetypischen Vorstellungen tut – ein (geistiges) Inneres und ein (sinnlich erfaßtes) Äußeres zur Deckung bringen wollen, um Erkennen ästhetisch möglich zu machen.

Wer sein Brot durch das Betreiben oder Beobachten von Wissenschaft verdient, wird Brodskys bravouröse Behauptung (sofern sie ihm jemals zu Ohren kommt) möglicherweise für blanken Unsinn halten. Im Rahmen der Biologie ist es nämlich zum Beispiel nicht gestattet, von einem Zweck der Evolution zu sprechen. Schließlich gehört es zu den wesentlichen Voraussetzungen, unter denen die moderne Wissenschaft seit ihrem Auftreten zu Beginn des 17. Jahrhunderts operiert – und zwar sehr erfolgreich –, daß ganz allgemein »die Betrachtung natürlicher Prozesse unter dem Aspekt der Zielgerichtetheit steril ist«, denn »wie eine gottgeweihte Jungfrau gebiert sie nichts.«

So heißt es zum Beispiel bei Francis Bacon im Jahre 1623, als der Brite die berühmten ersten Signale gegeben hat, die dazu aufforderten, Wissenschaft vor allem im Dienste der materiellen Wohlfahrt des Menschen zu betreiben und die damals sicher sehr mühselige Existenz unserer Vorfahren zu erleichtern. Die Natur hat laut Bacon schlicht und einfach – anders als ein einzelner Mensch – kein Ziel, und also solle, wer sie verstehen wolle, erst gar nicht danach suchen. Er solle sich vielmehr damit beschäftigen, die Gesetze der Natur herauszufinden. Kenne er sie und füge sich ihnen, könne er sie sehr wohl nutzen, und das heißt, sich der Naturkräfte zu bemächtigen.

Wissen ist Macht

Man muß der Natur (zuerst) gehorchen, um sie (danach) zu beherrschen, wie Bacon meint, und durch diese bis in unsere Tage praktizierte und einleuchtende Idee ist fast unbemerkt etwas entscheidend Neues in die Welt gekommen, nämlich der Mensch, der sich unterwirft, und zwar dem, was ihm als Natur entgegentritt. Der Unterwürfige heißt auf Latein *subiecto*, und wenn er demütig agiert, drückt dies das lateinische

Adverb *subiective* aus. Das heißt, zu Beginn des 17. Jahrhunderts, als Bacon der Wissenschaft jedes Ziel abspricht, gibt er ihr – gewissermaßen als Gegenleistung – seinen Gegenstand, nämlich dasjenige, was sich dem Subjekt entgegenstellt, was in der Sprache Ciceros als das *obiectus* bezeichnet wird. Die Welt wird im Verlauf der wissenschaftlichen Revolution des 17. Jahrhunderts plötzlich gespalten in Subjekt und Objekt, wobei nur Subjekte – die Menschen – Ziele verfolgen können, nicht aber mehr die Objekte, die nur noch beherrscht werden können.

Die Nachwelt hat sich Bacons Devise in der Kurzform »Wissen ist Macht« zu Gemüte geführt und im Gedächtnis bewahrt. Dabei ist der überzeugende und erfolgreiche Gedanke entstanden, daß sich in der Wissenschaft eine Erkenntnis vor allem dadurch als wahr erweist, daß man aus ihr etwas machen könne. Giovanni Battista Vico hat diesen Gedanken im frühen 18. Jahrhunderts durch den lateinischen Satz »Verum et factum convertuntur« ausgedrückt, den man so übersetzen kann, daß die Machbarkeit (*factum*) als Kriterium für die Richtigkeit (*verum*) gilt.

Der Gedanke findet sich in seiner Urform bei Galilei, der von den Wissenschaften fordert, daß sie sich nur um das Meßbare zu kümmern haben und deswegen alles Wissenswerte entsprechend einrichten – meßbar machen – sollen. Mit diesem Verlangen nach vollständiger Quantifizierung geht fast selbstverständlich der Verzicht auf die Sinneswahrnehmung einher, wie Galilei deutlich in seinem »Il Saggiatore« festhält:

»Ich bin der Auffassung, daß es, um Sinneswahrnehmungen wie Geschmack, Geruch, Geräusch in uns zu erzeugen, in der äußeren Welt nichts anderes bedarf als des Vorhandenseins von Formen, Zahlen und langsamen oder schnellen Bewegungen. Ich glaube, daß, wenn Ohren, Zungen und Nasen entfernt werden, Formen, Zahlen und Bewegung zurückbleiben würden, aber nicht Gerüche, Geschmack oder Geräusche. Die letztgenannten sind, so sehe ich es, wenn sie von lebendigen Wesen abgetrennt werden, nichts anderes als Namen.«

Kein Wunder, daß in einer ausschließlich auf das Nützliche und das Durchsetzbare ausgerichteten und entsprechend vorgehenden wissenschaftlichen Welt der Gedanke aufgetaucht ist, die Evolution funktioniere auf dieselbe Weise. Die Natur bemüht sich demnach mit ihrem Mittel der natürlichen Selektion, den Stärksten, den Mächtigsten hervorzubringen, der sich durchsetzt und alle anderen verdrängt. »*Survival of the fittest*« heißt das bekannte Schlagwort, demzufolge langfristig nur die tüchtigsten Individuen einer Art überleben, und zwar dadurch, daß sie viele Nachkommen zeugen und erfolgreich großziehen.

Ab und zu kann man noch den Vorwurf hören, bei dieser Formel handele es sich bloß um eine Tautologie, denn Tüchtigkeit werde schließlich durch den Erfolg bei der Reproduktion definiert. Somit drücke sie nur die Banalität aus, daß derjenige überlebt, der sich fortpflanzt (*the survival of the survivor*). Wenn auch inzwischen längst verstanden ist, daß diese Kritik an der Sache vorbeizielt, so läßt sich doch immer weniger übersehen, daß sich im Laufe der Evolution nicht nur Eigenschaften entwickelt (durchgesetzt) haben, die dem Kampf ums Überleben dienen. Gemeint sind nicht nur die vielen Symbiosen, in denen die Natur meisterlich Kooperationen exerziert. Gemeint sind hier vor allem die Luxusqualitäten, die sich in großer Pracht etwa bei Vögeln finden, zum Beispiel die bunten Farben von Fasanen, der prächtige Schwanz eines Pfaus und die Federfülle der Paradiesvögel (Abb. 7-1, siehe Farbteil nach S. 144). Manche Lebewesen verfügen nicht nur über nützliche Eigenschaften. Sie sind manchmal einfach schön.

Wenn für den Paradiesvogel das Wort »schön« verwendet wird, dann heißt dies selbstverständlich zunächst nur, daß er mir, dem Betrachter gefällt. Von Schönheit und ihrer Wahrnehmung kann aber nicht ohne weiteres gesprochen werden, wenn es allein um das Verhalten von Tieren geht und alles wissenschaftlich korrekt geschehen soll. In diesem Fall wird

»schön« dann verwendet, wenn damit die Attraktivität eines Tieres ausgedrückt werden soll, die ihm einen Vorteil bei der Partnersuche verschafft, das heißt, ihm die Fortpflanzung (in der dafür zur Verfügung stehenden Zeit) ermöglicht. (Daß die Henne ihren Pfau bzw. sein Rad vor allem von hinten anschaut – wie mir scheint, wenn ich die Tiere beobachte –, sei hier nur in Klammern vermerkt.)

Die weibliche Wahl

Wie gesagt, es wird seit langer Zeit darauf hingewiesen, daß im Verlauf der Evolution neben nützlichen Eigenschaften auch Hervorbringungen entstanden sind, die sich – aus menschlicher Sicht – als schön qualifizieren lassen. Und in diesem Zusammenhang darf ruhig erwähnt werden, daß es nicht zuletzt die menschliche Gestalt selbst ist, die Schönheit beanspruchen darf (wenn auch der Begriff des »schönen Menschen« heute eher abwertend gemeint ist). Als reine Überlebensmaschinen sähen die Mitglieder der Spezies *Homo sapiens* vermutlich völlig anders aus. Natürlich halte ich – wie jeder andere auch – nicht jeden Körper für schön, aber der weiter oben gegebene Hinweis von Sokrates, daß die menschliche Gestalt schöner als die eines Tieres sei, bekommt im evolutionären Gewand eine Komponente, die sich sinnvoll verstehen läßt.

Offenbar hat die Evolution nicht nur tüchtige, sondern eben auch schöne Wesen hervorgebracht, und wer diese doppelte Entwicklung verstehen will, kann es damit versuchen, für jede der beiden Qualitäten einen eigenen Mechanismus zu finden, und zwar möglichst so, daß beide kooperieren und in dieselbe Richtung zielen. Was das athletische Fitsein angeht, so besteht bekanntlich die grundlegende und akzeptierte Erklärung der biologischen Wissenschaften in dem Wirken der natürlichen Selektion, der ich mich zunächst – in aller Kürze – zuwende.

Seit den Tagen von Charles Darwin wird die Anpassung

von Arten an ihre Umgebung durch die Verbindung mehrerer Beobachtungen erfaßt und erklärt. Abgesehen davon, daß von allen Arten immer genügend Nachkommen produziert werden können, treten in jeder Generation untereinander leicht abweichende Organismen auf, die durch zufällige genetische Änderungen (Mutationen) bedingt sind. Das heißt, viele Variationen sind erblich, und diejenigen Neuerungen werden vermehrt an die nachfolgende Generation weitergegeben, die ihre Träger leichter in die Lage versetzen, sich in der jeweils bewohnten Umwelt (Nische) zurechtzufinden. Wer am besten dem Klima und den Nahrungsangeboten angepaßt ist und sich möglichst gut in dem bewohnten Gebiet gegen die sicher vorhandenen natürlichen Feinde wehren bzw. durchsetzen kann, der wird die meisten Nachkommen produzieren und insofern langfristig die Entwicklung der Art bestimmen.

Natürliche Selektion hat nur mit äußeren Kriterien zu tun. Sie bestimmt die Überlebenschancen einer ganzen Art, und die Schnabelformen von Finken lassen sich damit ebenso gut erklären wie die Daumen eines Pandas, die Hälse und Schwänze der Giraffen, die Flossenformen von Fischen oder die Ultraschallortung bei Fledermäusen.

All dies ist längst gesicherter Bestand des biologischen Wissens. Doch wie sieht es mit dem kontrastreichen Gefieder von Auerhühnern aus (Abb. 7-2, siehe Farbteil nach S. 144)? Was hat zum Beispiel den roten Fleck um ihre Augen hervorgelockt? Und was verschafft dem afrikanischen Malachit-Nektarvogel die scharlachrote Haube auf seinem leuchtend grünen Gefieder?

Natürlich ist einer Person, die die Natur und ihre Geschöpfe so sensibel wahrnimmt, wie Darwin es getan hat, nicht entgangen, daß es diese luxuriösen Auffälligkeiten bei Tieren gibt, und natürlich hat er dafür auch eine evolutionäre Erklärung angeboten (die dann ebenso selbstverständlich lange Zeit überlesen wurde). Darwin sprach von der »*female choice*«, der »weiblichen Wahl«, mit der sich in einigen Spezies die Frauen ihren Sexualpartner aussuchen. Um bei diesem Vorgang gewinnen zu können und zu den Auserwählten zu gehören, unternähmen die Männchen jede Anstrengung, sich besonders prächtig auszustatten. Weithin am besten bekannt ist vielleicht das Beispiel der Beifußhühner, die im Westen der USA leben und bei denen die ganze Veranstaltung der Partnerwahl sogar auf einer Art Marktplatz stattfindet. Die Männchen treten alle auf einer Ebene an, und sie präsentieren sich, indem sie aufgeblasene Luftsäcke in dem dazugehörigen Gefieder zur Schau stellen. Während sie sich aufplustern, spazieren die Weibchen in aller Ruhe zwischen den Männchen umher. Sie widmen sich lange Zeit der wahrnehmenden Prüfung, bevor sie sich entscheiden, wobei sie ihre Wahl dadurch bekanntgeben, daß sie sich vor dem akzeptierten Männchen niederkauern.

Darwin konnte diesen Vorschlag der weiblichen Wahl machen, da es tatsächlich – etwa bei Pfauen und Fasanen – die Männchen sind, die sich besonders schön entwickeln. Und sie tun dies natürlich, um zu ihrem Ziel zu kommen, das darin besteht, ein Weibchen zu befruchten. (Das ist die Uniformität in der Vielfalt der Natur, die trotz aller Wiederholung schön bleibt.)

Das Asymmetrische der Konzeption – die Tatsache, daß es zwar eine weibliche, aber keine männliche Wahl gäbe – erklärte Darwin mit der von ihm damals schon längst gemachten Beobachtung, daß Männchen bereit sind, »sich mit jedem Weibchen zu paaren, und häufig noch nicht einmal einen Unterschied zwischen Weibchen der eigenen und anderen Arten machen«. Weibchen hingegen haben triftige Gründe, nach einem geeigneten Männchen Ausschau zu halten. Darwin konnte sie auch schon genauer benennen:

»Die Gründe für diesen krassen Unterschied beruhen auf dem Prinzip der Investition. Ein Männchen hat genug Samen, um zahlreiche Weibchen zu befruchten, seine Investition in eine einzelne Kopulation ist daher klein. Ein Weibchen dagegen produziert relativ wenige Eier und investiert viel Zeit und Mittel in Ausbrüten der Eier, Austragen der Embryonen und Brutpflege.«

Dieses Argument, das in moderner Form schlicht als »*parental investment*« vorgetragen wird, tritt dann besonders schlagkräftig in Erscheinung, wenn die Brutpflege tatsächlich so vor sich geht, daß eine Henne sie allein durchführen kann. Und dies ist wiederum dann besonders leicht möglich, wenn – im Fall der bislang ausschließlich betrachteten Vögel – die Jungen sich so schnell entwickeln, daß man sie als »Nestflüchter« bezeichnet. Nur bei ihren Gegenstücken, den »Nesthockern«, brauchen die Mütter bei der Aufzucht die Hilfe des Männchens, und damit verlieren die Weibchen mindestens zum Teil die Freiheit bei der weiblichen Wahl.

Als Beispiel lassen sich auf der einen Seite die Paradiesvögel anführen, deren Nachwuchs das Nest früh verläßt, während sich auf der anderen Seite die Krähen finden, die ihr Leben als Nesthocker beginnen. Der äußere Unterschied zwischen den nah verwandten Vogelarten könnte größer nicht sein: Grau-schwarze Vögel stehen prächtig geschmückten Exemplaren gegenüber, was einen Schluß zuläßt, den auch Darwin schon gezogen hat, nämlich den Schluß, daß die weibliche Wahl ein Weg der Evolution ist, Schönheit hervorzubringen.

Schöne sexuelle Selektion

Das Prinzip der weiblichen Wahl muß als zweiter Mechanismus des evolutionären Geschehens verstanden werden, und man ist dazu übergegangen, von der *sexuellen* Selektion zu sprechen, die der natürlichen Auswahl an die Seite gestellt wird. Die umfassende äußere Selektion – so läßt sich nun ein einfaches Bild der Evolution zeichnen – hat zunächst in der Stammesgeschichte den Vorrang und ermöglicht eine optimale Anpassung an die verfügbaren Lebensbedingungen, die klimatisch und geographisch bestimmt werden und weiter sowohl von den Ressourcen als auch von den Lebewesen abhängen, die ebenfalls in die anvisierte Nische drängen.

Wenn diese Anpassung an die Umwelt abgeschlossen ist,

tritt die sexuelle Selektion stärker hervor, die sich natürlich auch auf seiten der Männchen auswirken kann, und zwar dann, wenn – wie es bei Huftieren der Fall ist – Männchen mehrere Weibchen als Sexualpartner beanspruchen, was Rivalenkämpfe zur Folge hat. Tatsächlich setzen sich dabei die kräftigsten Exemplare durch, und die nachfolgende Generation besteht vielfach aus »geborenen Rivalen«. Wenn die sexuelle Selektion zu Rivalenkämpfen führt, bringt die Natur kampfbereite Männchen hervor, die zudem über Mut und Ausdauer verfügen.

So wichtig diese Eigenschaften sind, sie verfeinern oder erweitern nur, was sich durch die natürliche Auswahl schon vorgebildet hat. Wenn hingegen die sexuelle Selektion in Form der weiblichen Wahl stattfindet, dann schlägt die Evolution eine Strategie ein, die überhaupt nicht mehr nach außen orientiert ist, sondern die entscheidenden Faktoren innen sucht. Anders ausgedrückt, und zwar mit den Worten von Hilde Neunhöffer, die die Bedeutung der weiblichen Wahl für die Evolution der Menschen umfassend analysiert und dargestellt hat, und zwar außerhalb der traditionellen Kanäle der Wissenschaft:

»Nicht mehr Kraft, Durchsetzungsvermögen, Bewaffnung, Angepaßtheit entscheidet über die Weiterentwicklung der Art, sondern Farbe, Schönheit und Anmut.«

Daß es tatsächlich ästhetische Gesichtspunkte sind, die bei der Evolution des Menschen eine maßgebliche Richtungssteuerung übernehmen, daß die sexuelle Selektion ihre bisherige Rolle am Rande des auswählenden Geschehens aufgibt und mehr in den Mittelpunkt der Erklärungen rückt, stellt ebenfalls eine kürzlich erschienene Naturgeschichte der Sexualität fest. Ihr Autor, der britische Wissenschaftsjournalist Matt Ridley, schreibt:

»Die Beweise häufen sich, daß die Menschheit eine in hohem Maße durch sexuelle Selektion geformte Spezies ist und daß sich damit die große Variabilität bei Merkmalen wie Körperbehaarung, Nasenlänge, Lockenpracht, Bartwuchs und Augenfarbe zwischen verschiedenen Rassen erklären lassen, eine Variabilität, die mit Klimabedingungen oder anderen physikalischen Faktoren vielleicht nichts zu tun hat. Beim Jagdfasan verfügt jede der sechsundvierzig isoliert lebenden Populationen in Zentralasien über eine andere Kombination von männlichem Gefiederschmuck: weiße Halskrause, grüner Kopf, blauer Rumpf, orangefarbene Brust. Genau wie bei ihm ist auch beim Menschen die sexuelle Selektion am Werk.«

Sie führt zu Anmut und Schönheit, wenn sie über die weibliche Wahl vonstatten geht, und das Problem besteht darin, einen Grund zu finden, warum die Vorfahren des Menschen den Frauen die Möglichkeit dazu gelassen haben. Wodurch haben sie die Chance zur Wahl bekommen? Denkbar wäre, daß sie diesen entscheiden Einfluß bekommen haben, weil sie es waren, die das Feuer hüteten. Sie haben dabei die starke Stellung ausgebaut, die sie anfänglich allein aufgrund der Tatsache hatten, daß sie die Kinder zur Welt brachten – und die männliche Bevölkerung in frühen menschlichen Gesellschaften wahrscheinlich überhaupt nicht verstand, daß sie selbst überhaupt etwas zur Erzeugung des Nachwuchses beitrugen.

Gute Gene oder guter Geschmack

Bevor ich näher erkunde, wie die weibliche Wahl die Schönheit der Menschen ermöglicht hat, und bevor genauer analysiert wird, welche Verhaltensweisen wir der sexuellen Selektion verdanken, soll der Blick noch einmal auf die Welt der Tiere gerichtet sein, um die Frage zu klären, wie diese nach innen gerichtete Auswahl eigentlich operiert. Warum suchen sich Weibchen die schönsten Männchen aus? Warum entwickeln sie einen ästhetischen Sinn für männliche Ornamente, wie Darwin es formuliert hat? Und was wollen die Männchen damit Ornamenten zeigen? Genauer gefragt, was ist eigentlich die biologische Basis der sexuellen Selektion? Worin besteht der Vorteil, der dabei zustande kommt?

Die zahlreichen Erklärungen, die die wissenschaftliche Literatur anbietet, lassen sich in zwei Gruppen einteilen. In der einen finden sich die Vorstellungen, die als »Theorie des guten Geschmacks« zusammengefaßt werden können. Ihnen zufolge suchen sich zum Beispiel Pfauenhennen die schönsten Pfauenmännchen schlicht und einfach deshalb aus, weil sie daran interessiert sind, ihren Söhnen diese Schönheit weitergeben zu können, damit diese wiederum möglichst viele Weibchen anziehen können, und so weiter.

Schönheit steht hier mehr oder weniger als Wert für sich. Und so sympathisch der Gedanke auf mich auch wirkt, er scheint willkürlich zu sein und es unter anderem dem Zufall zu überlassen, daß sich vielleicht irgendwann früher einmal eine Henne für den schönsten Hahn entschieden hat. Sie hätte auch den größten nehmen oder ihre Wahl nach irgendeinem dritten Kriterium treffen können.

Natürlich liegt ein hinreichender Grund dafür, daß Weibchen lange Pfauenschwänze bevorzugen, darin, daß es schon genügend andere tun. Unverständlich muß aber im Rahmen dieses Modells bleiben, warum gerade lange Federn als schön erkannt werden sollen. Sie sind doch eher hinderlich bei dem, was man den normalen Überlebenskampf nennt. Wobei man natürlich auch sagen könnte, daß sich der Hahn, der sich trotz seines Federschmucks durchgesetzt hat, dies besonders gut können muß und also besser und überlebensfähiger als die anderen ist. Doch eine Rabulistik dieser Art bleibt im wissenschaftlichen Rahmen ohne Witz und Überzeugungskraft.

Es lohnt sich an dieser Stelle, noch einmal nachzulesen, was oben von Darwin zitiert wurde. Männchen – so lassen sich seine Sätze umformulieren – sind bei der Partnersuche an Quantität interessiert und Weibchen an Qualität. Sie können sich nicht beliebig oft paaren – wenigstens nicht unter dem Aspekt der Vermehrung, auf den es hier allein ankommt –, weil sie es sind, die die Jungen austragen und nach der Geburt versorgen müssen. Da sie im Laufe ihres Lebens nicht sehr viele Kinder großziehen können, müssen

Weibchen vielmehr wählerisch sein, und das heißt, sie müssen sich die besten Partner aussuchen, um von ihnen nur das beste Erbmaterial zu bekommen. Im biologischen Klartext: Wenn Weibchen Erfolg haben wollen, müssen sie ein Mittel finden, den Partner mit den besten Genen zu erkennen, und dieses Mittel besteht in dem Blick auf die äußere Gestalt. Weibchen erkennen die Qualität der Gene an der Schönheit des Männchens.

Damit ist nicht gesagt, daß gute Gene direkt zur Schönheit führen (oder es sogar so etwas wie Gene für Schönheit gibt). Vielmehr wird behauptet, daß Schönheit außen zeigt, daß innen gute Gene sind. Schönheit stünde in dieser Vorstellung nicht für sich allein. Sie hätte vielmehr einen Zweck, und zwar den, auf die Güte des Erbmaterials hinzuweisen, das ein Weibchen im Falle der Befruchtung empfängt und mit den eigenen Genen mischt.

Pfauenhennen würden nach dieser Theorie der guten Gene nicht aufgrund irgendeines angeborenen Sinnes für Ästhetik nach den langen Schwanzfedern Ausschau halten, mit denen der Werber so ein schönes Rad schlagen kann (Abb. 7-3, siehe Farbteil nach S. 144). Pfauenhennen würden das Rad vielmehr deshalb genau studieren – das heißt, die Farben und Muster auf ihm wahrnehmen –, weil sie auf diese Weise die Qualität der Gene erkennen können, wobei genauer die Qualität des Genoms gemeint ist. Unter einem Genom versteht man alle Gene zusammengenommen, und die Eigenschaft, auf die es den Hennen vor allem ankommt, ist der Befall dieses männlichen Genoms mit Parasiten.

Der Befall mit Parasiten – in dem hier besprochenen Zusammenhang von Sexualität und Schönheit muß es auf den ersten Blick befremdlich wirken, plötzlich von Krankheitserregern zu hören. Aber der große Rahmen, in dem ich hier meine wissenschaftlichen Bilder male – die Idee der Evolution nämlich –, hat genau mit einem dauernden Wettstreit zwischen verschiedenen Formen des Lebens zu tun. Und dazu gehört auch das Duell zwischen Parasiten und ihren Wirten.

Zu den Grundüberzeugungen der modernen Evolutionsbiologen gehört die Feststellung, daß der Hauptzweck der sexuellen Fortpflanzung, der Grund, warum die Evolution diesen komplizierten Weg der Weitergabe von Genen entwickelt hat, darin liegt, die eigenen Nachkommen so resistent wie möglich gegenüber den allgegenwärtigen Parasiten zu machen. Die Idee ist nun, daß die Weibchen es durch die Wahl des schönsten Männchens schaffen, sich das Genom zu angeln, das am wenigstens mit Parasiten belastet ist. Und es ist leicht zu sehen, warum sie dies erreichen, wenn sie genau hinschauen: Das riesengroße Pfauenrad ist nicht leicht zu machen, und einem Weibchen muß vor allem leichtfallen, eventuelle Abweichungen von der Symmetrie festzustellen. Die Qualität bzw. der Symmetriegrad des Musters ist nun ein direktes Maß für die Fähigkeit des Pfauengenoms, seine Aufgaben zu erfüllen, ohne wahrnehmbar (!) von Parasiten belästigt zu sein.

Solch eine Theorie kann natürlich nur Akzeptanz finden, wenn sie experimentell auf sicherem Grund steht, und der ist inzwischen gefunden worden. Detailuntersuchungen haben tatsächlich ergeben, daß es vor allem die farbenprächtigen Vogelarten sind, die besonders stark von Blutparasiten befallen sind. Man kann bei ihnen – und inzwischen auch bei vielen Fischarten – sogar sagen, je mehr Parasiten vorhanden sind, desto auffälliger erweist sich die Art.

Übrigens, eine merkwürdige Verbindung, auf die der wissenschaftliche Blick hier gelenkt wird und die in den höheren Regionen des Geistes die Menschen fasziniert. Gemeint ist die Verbindung von Krankheit und Schönheit, die ein häufiges Thema in der Literatur ist und in den hier gegebenen Hinweisen vielleicht ihren Ausgangspunkt erkennen läßt.

Sexuelle Selektion will, was Sexualität überhaupt will, nämlich für gesunde Kinder sorgen, das heißt, so für Nachwuchs sorgen, daß er möglichst resistent gegen Krankheitserreger ist. Und dies gelingt durch den Blick auf die Symmetrie von Merkmalen oder Körperteilen, zum Beispiel den Schwänzen von Schwalben. Ihre Symmetrie entscheidet über den Erfolg bei der Partnerwahl, wie viele Untersuchungen und Beobachtungen bestätigt haben.

Immer wieder läßt sich nachweisen, daß die Symmetrie von Organismen etwas über deren Fitneß verrät. Bei Skorpionfliegen etwa besteht eine klare Korrelation zwischen der Symmetrie der Flügel – in Hinblick auf Größe und Form – und dem Erfolg sowohl bei der Jagd nach Beute als auch bei der Fähigkeit, das Erbeutete zu verteidigen (Abb. 7-4, siehe Farbteil nach S. 144).

Übrigens: Zwar kann ein Forscher die Ausgewogenheit der Flügel von Skorpionfliegen überprüfen und nachmessen, aber es kommt bei der Brautwerbung vor, daß das Weibchen gar keine Chance hat, einen Blick auf die Flügel zu werfen und ihre Symmetrie zu erkennen. Das heißt vermutlich, daß noch andere äußere Mittel – Duftstoffe, Töne – eingesetzt werden, um den Gesundheitszustand zu melden, der für den wahrnehmenden Menschen als schöner Körperbau (Flügelsymmetrie) erscheint.

Beim Menschen selbst nun – wenn ich diesen Riesensprung mit einem Satz und ohne Vorwarnung machen darf – kann unzweideutig davon gesprochen werden, daß ein symmetrisches Gesicht den Rückschluß auf gute Gesundheit zuläßt. Jedenfalls zeigt eine Untersuchung an amerikanischen Universitäten, an der im Jahre 1996 rund 100 Studenten beteiligt waren, die ausgiebig Tagebuch über ihr körperliches Befinden führen mußten, daß Menschen mit symmetrischen Gesichtszügen weniger unter Schlaflosigkeit zu leiden haben, daß ihre Nasen weniger verstopft waren und daß sie sich weniger verärgert oder neidisch zeigten.

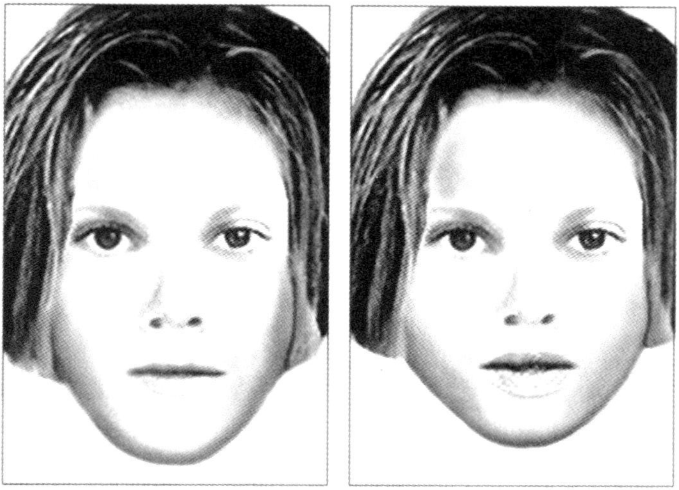

Abb. 7-5: Zwei von einem Computer erzeugte Gesichter, von denen das linke dem Durchschnittsgesicht entspricht, während das rechte die Züge in sich vereinigt, die die meisten Menschen als ideal ansehen.

Die Symmetrie des menschlichen Gesichts ist natürlich nicht zu verbergen, aber sie macht auch nicht den entscheidenden Eindruck aus, der uns pausieren und das Aussehen einer Person bewundern läßt. Dies tun gerade bestimmte Abweichungen von der Symmetrie eines Durchschnittsgesichtes, dessen biologische Attraktivität selbst jetzt durch die einfache Überlegung zu verstehen ist, daß Individuen, die mit durchschnittlichen Charakteristiken einer Population versehen sind, weniger wahrscheinlich schädliche genetische Mutationen in und mit sich tragen.

Das besondere Gesicht (Abb. 7-5) – so zeigen es empirische Untersuchungen in den psychologischen Wissenschaften immer wieder, und zwar in den USA, in Großbritannien und in Japan – kommt bei Frauen durch eine höhere Stirn, vollere Lippen und ein kleineres Kinn zustande. Auffallend ist dabei vor allem die Vorliebe für den eher winzigen Kiefer der Frauen, dem auf männlicher Seite das genaue Gegenteil entspricht, nämlich ein starkes Kinn, das zu einem schönen Gesicht gehört.

Es sind nun vor allem die unteren Partien eines Gesichts, die sich in den Geschlechtern nach der Pubertät unterschiedlich entwickeln und so die (innere) Wirkung von spezifischen Hormonen nach außen verraten. Frauen mit einem kleinen Kinn könnten in den frühen Zeiten der Menschheit den Bewerbern durch dieses Zeichen verraten haben, welche Chancen auf Schwangerschaft bestehen, da sie vor allem deshalb so aussehen, weil in ihnen das Hormon Östrogen seine Wirksamkeit erwiesen hat. Und das große Kinn der Männer drückt die Aktivität von Androgenen aus, was evolutionär orientierte Biologen veranlaßt, die entsprechenden Gesichtszüge als »ehrliche Werbung« zu deuten, das heißt, als ehrlichen Nachweis für eine erhöhte Widerstandskraft gegen Krankheiten.

Schöne Körper

Zwar läßt sich sagen, daß unsere Gesichter die Visitenkarten sind, die wir abgeben, wenn wir Kontakt aufnehmen. Aber was den Sex-Appeal angeht, auf den es bei einer biologisch orientierten Argumentation vor allem ankommt, so steht vor allem der Körperbau im Zentrum des Interesses. Wenn man sich vorstellt, daß unsere frühen Vorfahren ihr Aussehen nicht durch Kleider verdeckten, dann wird klar, daß zunächst die Gestaltung des Körpers und erst danach die Feinheiten des Gesichtes die Aufmerksamkeit erregten.

Für den Körperbau interessieren sich – zumindest in der Gegenwart – vor allem Männer, und es fällt auf, daß es namentlich die weibliche Figur ist, die sich im Laufe eines Lebens ändert. Daß es eine – im evolutionären Kontext längst vermutete – Verbindung zwischen Aussehen und Fruchtbarkeit gibt, wodurch die Schönheit einer Frau zum Hinweis auf ihre Gebärfähigkeit wird, läßt sich leicht nachmessen:

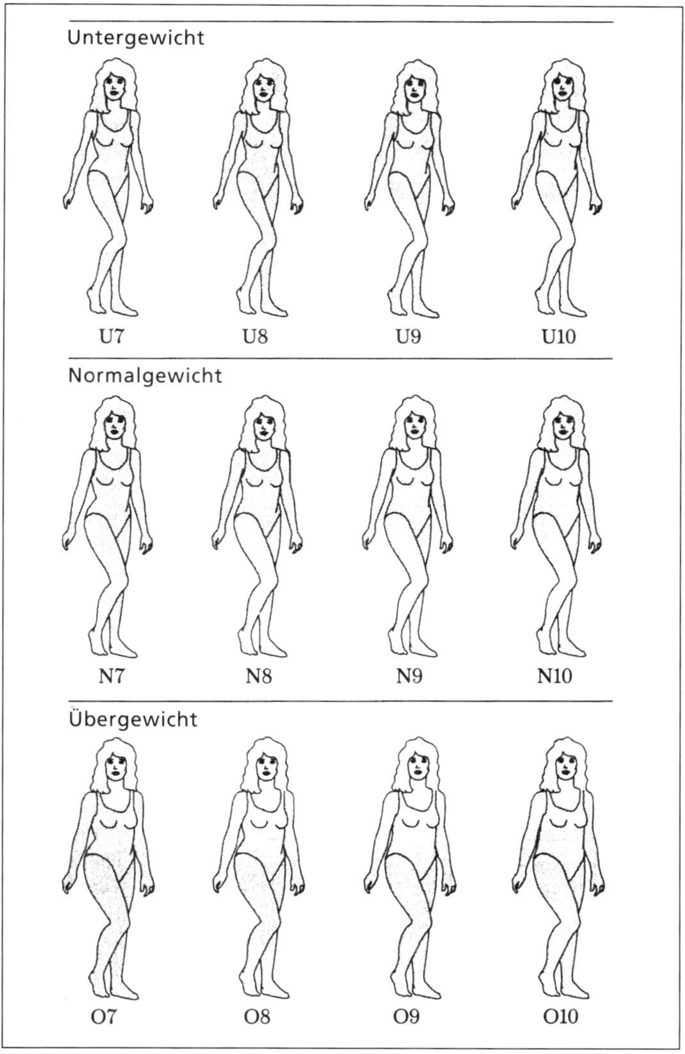

Abb. 7-6 Wenn männliche Beobachter gebeten werden, die gezeigten Körperformen mit unterschiedlichen Hüften und Oberweiten in eine Rangfolge zu bringen, dann entscheiden sich die meisten für die mit N7 bezeichnete Figur. Es folgen N8 und U7. Am Schluß steht O10.

Vor der Pubertät und nach der Menopause weisen Frauen etwa denselben Tailleumfang wie Männer auf. Während der Pubertät aber, wenn Knaben Muskeln bekommen und die Knochen zulegen, sammeln Mädchen das sogenannte reproduktive Fettgewebe an, das sich an den Hüften und den Oberschenkeln anlagert. Diese Pfunde enthalten (speichern) die Kalorien, die für die Ernährung eines Fötus während einer Schwangerschaft gebraucht werden. Insgesamt gilt, daß alles, was mit Fruchtbarkeit zu tun hat, den weiblichen Körperbau beeinflußt. Gesunde, fruchtbare Frauen lassen sich durch ein Verhältnis aus Taille und Hüfte erkennen, das zwischen 60 und 80% liegt. Dies bedeutet, daß ihre Taillen zwischen 60 und 80% der Größe ihrer Hüften haben, unabhängig vom Körpergewicht.

Natürlich können Frauen auch dann Kinder zur Welt bringen, wenn sie außerhalb dieser Zone liegen, doch bringt selbst eine kleine Abweichung häufig Komplikationen mit sich, wie eine niederländische Studie ergeben hat. Bei 500 Frauen, die sich für eine In-vitro-Fertilisation gemeldet hatten, nahm die Wahrscheinlichkeit des Erfolgs um 30% ab, wenn das Taille-Hüfte-Verhältnis sich um 10% änderte. Unter evolutionären Gesichtspunkten ist es nur schwer vorstellbar, daß Männer darauf nicht reagieren würden, und entsprechend braucht sich niemand zu wundern, wenn Frauenkörper vor allem dann als schön eingestuft werden, wenn ihr Quotient aus Taillenweite und Hüftgröße bei 70% liegt, wie in einem einfachen Versuch bestätigt werden konnte (Abb. 7-6). Männliche Versuchsteilnehmer, die zwischen 8 und 80 Jahre alt waren, entschieden sich mit riesengroßer Mehrheit für die Silhouette, die hier als N7 gekennzeichnet wurde. Sie liegt im Bereich eines normalen Gewichtes, und eben in der Mitte des Bereichs, in dem das Verhältnis der beiden genannten Körpermaße auf Gesundheit und Fruchtbarkeit hinweist.

Der Blick der Männer auf den weiblichen Körper hat mich jetzt zwar weit von der »weiblichen Wahl« entfernt, aber in beiden Fällen kommt der entscheidende Prozeß in Gang, der eng mit Schönheit verbunden ist und dem ich mich jetzt zuwenden will. Gemeint ist die Wahrnehmung, die natürlich die Voraussetzung dafür ist, um all die Signale, von denen die Rede war, aufnehmen und bewerten zu können.

Wer sich mehr solchen Fragen zuwendet, kommt häufig zu dem Schluß, daß der ästhetische Sinn der Menschen eher auf einigen allgemeinen Prinzipien der Wahrnehmung ruht, die eine Rolle gespielt haben, als sich die Evolution der biologischen Signale abspielte. Die Vorliebe für Symmetrie braucht nicht unbedingt als Indikation für die Qualität des Signalgebers entstanden zu sein. Ihre Bevorzugung könnte zum Beispiel auch einfach als Nebenprodukt der Lösung der Aufgabe aufgetreten sein, Gegenstände oder Körper unabhängig von ihrer Position und ihrer Orientierung im visuellen Feld zu erkennen. Die Existenz eines sensorischen Hangs zur Symmetrie könnte dann – so liest man oft – zum einen im Verlauf unserer Stammesgeschichte von der Evolution und der natürlichen Selektion ausgenutzt worden sein, als sie die biologischen Signale entwickelte. (Die Neigung könnte unabhängig davon im späteren Verlauf der Kulturgeschichte von Künstlern genutzt worden sein, um das Interesse an ihren Bildern zu erhöhen.)

Was auffällt, ist die Tatsache, daß viele Signale, die Tiere zur Kommunikation verwenden, von Menschen als schön eingestuft werden – Farben und Muster von Blumen und Schmetterlingen zum Beispiel. Dies fällt deshalb auf, weil die Signale für Organismen entstanden sind, die im Verlauf der Evolution mit visuellen Systemen und Mechanismen ausgestattet worden sind, welche nach völlig verschiedenen Prinzipien funktionieren.

Ein Problem, dem sich Tiere (und Menschen) gegenübersehen, besteht darin, Lebewesen und Gegenstände an verschiedenen Positionen und in unterschiedlichen Orientierungen innerhalb des Sehfeldes zu erkennen. Ein Objekt, das von einer bestimmten Stelle aus zu sehen ist, wird als eine Art »Bild« auf der Retina fokussiert. Auf diese Weise ist das Gesehene geometrisch transformiert worden. Die Idee der Wahrnehmungsforscher besteht nun darin, daß die Notwendigkeit, viele solcher Transformationen zu verallgemeinern, zu Präferenzen für Symmetrie und zur Evolution symmetrischer Signale führen kann.

Die Antwort auf die Frage, warum die Natur die Symmetrie so liebt, könnte dann in einer »Verschwörung« aus Geometrie und neuronaler Architektur liegen, die symmetrischen Mustern asymmetrischen gegenüber den Vorzug gibt. Tatsächlich läßt sich zeigen, daß artifizielle neuronale Netzwerke, die in der Lage sind, Bilder zu erkennen, dazu neigen, eher auf symmetrische Muster anzusprechen.

Mehrere Netzwerke, die sich geringfügig unterscheiden, werden mit Bildern (Mustern) konfrontiert – zum Beispiel dem Schwanz eines Vogels –, die sie erkennen bzw. übersehen sollen. Das beste Netzwerk wird ausgewählt, die anderen werden verworfen – wie in der Evolution hinterlassen sie keinen »Nachwuchs«. Das überlebende Netzwerk dient nun als Schablone für neue, die zufällig variiert werden, in Analogie zu einer genetischen Mutation. Dieser Zyklus wird mehrere Male wiederholt, bis ein Netzwerk herauskommt, das die Fähigkeit zur Mustererkennung hat.

So stellt sich die Idee dar. Die Versuche zeigen, daß die »trainierten« Netzwerke immer besser auf symmetrische Varianten unter den angebotenen Bildern reagieren. Es kommt zu einer Ko-Evolution zwischen Signal und Empfänger, und zuletzt zeigt sich eine übergroße Präferenz für Muster, die rotationssymmetrisch sind (Abb. 7-7, siehe Farbteil nach S. 144).

So schwierig und spannend solche Untersuchungen auch sind, sie führen zur Zeit noch nicht zu einem genaueren Verständnis der Rolle, die die Wahrnehmung bei der »weiblichen Wahl« bzw. der sexuellen Selektion spielt. Symmetrieverliebte neuronale Netzwerke in allen Ehren, aber Menschen müssen mit ihrer Wahrnehmung mehr leisten, um über die Runden zu kommen.

Die Frage, auf die dieses Kapitel hinauszulaufen versucht und die es zu beantworten gilt, lautet, ob sich von naturwissenschaftlicher Seite auch nur ein paar Anhaltspunkte dafür finden lassen, daß Brodsky recht hat und die Evolution alles unternimmt, um Schönheit entstehen zu lassen.

Die Schönheit der natürlichen Art ist insofern leicht zu verstehen, da man sagen kann, daß Signale, die biologisch relevant sind, auch ästhetisch wirksam werden. Anders herum wäre daraus kein Schuh geworden, mit dem man auch nur einen einzigen evolutionären Schritt hätte unternehmen können. Die Schönheit der künstlichen – künstlerischen – Art ist viel komplizierter zu verstehen, und wenn überhaupt, dann muß sie – in diesem Rahmen – etwas mit der Partnerwahl zu tun haben und den Tricks, die man dabei zu seinem Vorteil zu entwickeln versucht.

Ich setze der Einfachheit halber voraus, daß die Menschen sich in einem Zustand befinden, in dem die natürliche Selektion ihre Grenze erreicht hat und die sexuelle Auswahl die Oberhand gewinnt. Das Schlüsselmerkmal für diese Situation, die wahrscheinlich vor 100.000 Jahren eingetreten ist, muß die Anwesenheit anderer Menschen gewesen sein. Nach Meinung vieler Biologen kann schließlich nur der Mensch selbst »eine zur Erklärung seiner eigenen Evolution hinreichende Herausforderung darstellen«, wie es zum Beispiel William Alexander ausdrückt.

Damals begann zum ersten Mal eine Entwicklung, die nicht zu einer Anpassung an die umgebende Natur führte, sondern eine Adaptation an menschliche Wertungen und

Wahrnehmungen. Jeder neue Selektionsvorteil muß von nun an beim Menschen selbst gesucht werden, und er könnte zum Beispiel darin bestanden haben, daß die Frauen nicht mehr den stärksten Bewerber, sondern den menschlichsten bevorzugten, also denjenigen, der auf sie Rücksicht nahm und der mehr Zuneigung und Sensibilität entwickelte.

Überhaupt haben die Frauen damals, als der Weg zu dem *Homo sapiens* begann, für den wir uns halten, lernen müssen, andere – zum Beispiel ihre Kinder – so wahrzunehmen, daß sie deren Interessen erkennen können. Und genau hier könnte die Quelle für die Fähigkeit auch der heutigen Frauen liegen, ihre Mitmenschen besser zu durchschauen, als Männer dies tun. Frauen sind eher in der Lage, die Gedanken ihrer Partner zu erkennen. Ihre intuitive Psychologie übetrifft vielfach an Treffsicherheit und Weitblick das Urteil, das die wissenschaftliche Psychologie sich zu geben bemüht.

Natürlich geht eine Entwicklung dieser Art nicht ohne Gegenreaktion vonstatten, und es ist leicht zu sehen, daß die Durchschauten nach Wegen gesucht haben, die wahrnehmende Partnerin zu täuschen. Bekanntlich spielen die Produktion von heißer Luft und Betrug eine große Rolle in der menschlichen Kommunikation, aber diesen Aspekt will ich völlig übergehen, um auf einen positiven Aspekt der Ko-Evolution hinzuführen. Schließlich will ich doch gerade nicht das Böse erklären, das die Menschen leisten können, sondern das Gute, das mit der Schönheit verbunden ist.

Eine andere Möglichkeit, auf die bessere Wahrnehmung der Frauen zu reagieren, bestand für einen Mann darin, die Wahrnehmungsfähigkeit seiner anvisierten Dame auszuschöpfen und ihr etwas Neues zu präsentieren, zum Beispiel ein Kunststück oder ein Kunstwerk. In den Worten des amerikanischen Biologen Geoffrey Miller:

»Ich vermute, daß der Neocortex nicht ausschließlich oder in erster Linie im Dienste der Herstellung von Werkzeugen, der Entwicklung des aufrechten Gangs, der Verwendung des Feuers, des Kriegführens, Jagens, Sammelns oder der Vermeidung von Kontakten mit Räubern der Savanne steht. Der

Neocortex ist mehr oder weniger ein Organ der Werbung, dazu angelegt, Sexualpartner anzuziehen und zu halten; seine spezielle evolutionsbiologische Funktion ist es, andere Menschen zu stimulieren und zu unterhalten und die Stimulationsbemühungen anderer zu bewerten. [...] So wie die Pfauenhenne mit nichts anderem zufriedenzustellen ist, als mit einem brillanten Feuerwerk der Farben, so waren meiner Ansicht nach Männer und Frauen irgendwann nur noch mit geistreichen, brillanten, faszinierenden und unterhaltsamen Gefährten zufrieden.«

Wenn Frauen einmal anfangen, intelligente bzw. kreative Männer zu bevorzugen, dann sorgen die dabei gezeugten kreativen Kinder später für noch kreativere Männer, und so entwickelt sich die Tendenz vielleicht explosionsartig weiter. Das Gehirn wird dann so groß, wie der Pfauenschwanz schön ist, was die Frage mit sich bringt, warum die Frauen es geschafft haben – nämlich ebenfalls größere Hirne zu bekommen –, was den Hennen verwehrt blieb – nämlich auch so schöne Federn zu erwerben. Die Antwort kann nur lauten, daß Wahrnehmung ein großes Gehirn braucht, vor allem dann, wenn der andere, der wahrgenommen werden soll, erstens dazu übergeht, die Wahrnehmenden zu täuschen und ihr etwas vorzuspielen, und wenn er zweitens nach und nach in dieser Übung immer besser wird.

Als die Männer klüger werden mußten, um Chancen im Rahmen der »weiblichen Wahl« zu bekommen, da tauchten in der Geschichte der Menschen die ersten Kunstgegenstände auf. Dies ist wahrscheinlich ebensowenig ein Zufall wie die Tatsache, das es sich dabei nahezu ausschließlich um Frauendarstellungen handelt, die zwar nicht das Idealmaß, wohl aber die Fruchtbarkeitsmerkmale betonen – wie zum Beispiel die sogenannte Venus von Willendorf (Abb. 7-8).[7] Der Schluß erscheint plausibel, daß es Männer waren, die

[7] Die empirische Basis für diese Behauptung ist dünn und kann jederzeit durch gegenteilige Funde verloren gehen.

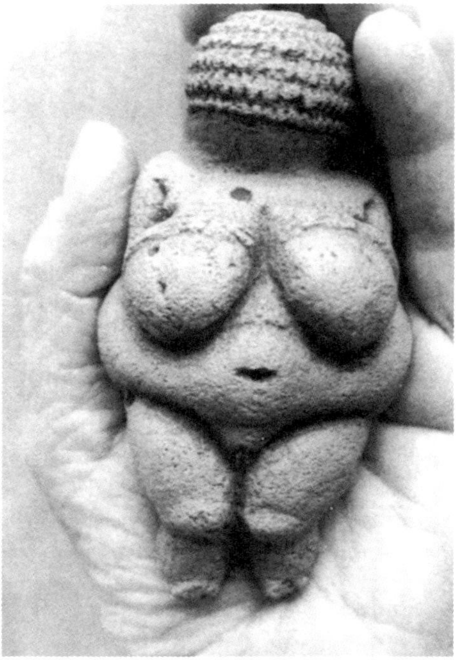

Abb. 7-8
Die 1908 in Niederröstereich gefundene »Venus von Willendorf«, die bequem in einer Hand Platz findet. Es handelt sich um eine rund 10 cm große Kalksteinstatuette.

diese ersten Kunstgegenstände angefertigt haben, um den Frauen zu gefallen, die über die eigentliche Macht verfügten, die Macht der Partnerwahl.

Die Gegebenheitsform des schönen Gegenstandes

Mit dem Auftauchen dieser ersten, möglicherweise den Frauen offerierten Kunstartefakten vor rund 30.000 Jahren beginnt sich die Empfindung einzustellen, die Schönheit nicht nur in Form der menschlichen Gestalt erkennt, sondern sie auch über diese Qualität hinaus wahrnimmt. Es sind wahrscheinlich vor allem Frauen, die auf diese Weise ein

Gespür für Werte und ein sicheres Gefühl für andere Menschen bekommen. Menschen beginnen damit, ihre Wahrnehmung auf den Anderen zu richten und das Besondere an ihnen zu erkennen. Mit anderen Worten: Menschen beginnen, human zu werden. Sie interessieren sich für das Schöne, und aus diesem biologisch ausgelösten Motiv heraus entsteht über den *Homo sapiens* und den *Homo humanus* der *Homo aestheticus,* der wahrnehmende und gefühlvolle Mensch.

Der ursprüngliche Begriff des Schönen ist – in dieser biologischen Sicht – in dem Begriff der schönen Menschen zu finden, von dem Goethe meinte, er sei das höchste Ziel der sich entfaltenden Natur. Für einen Philosophen des 20. Jahrhunderts ist dieser Begriff natürlich bestenfalls »vulgärgeläufig«, wie es Nicolai Hartmann ausgedrückt hat, der seine Ästhetik trotzdem nicht so hoch aufhängt, daß kein normal begabter Leser sie erreichen kann. Für Hartmann ist die Wahrnehmung die »Gegebenheitsform des schönen Gegenstandes.« Das Schöne wird in seiner Sicht unmittelbar wahrgenommen, und die Empfindung wird affektiv bereichert, denn, wie es die Idee der Evolution nahelegt,

»Gefühlskomponenten sind der Wahrnehmung nicht sekundär aufgeprägt, sondern sie sind das Ursprüngliche, und aus ihrem Bereich hat sich das objektive Wahrnehmen erst relativ spät herausgelöst.« Gefühlsreaktionen haften »unmittelbar und gänzlich der Wahrnehmung an.« Auf ihnen beruht – so der Philosoph – »das Geheimnis des ersten Eindrucks«.

Dieser erste Eindruck, die Liebe auf den ersten Blick, geht immer über die Teile hinaus und erfaßt das komplexe Ganze, das mir zwar gegenübertritt, das ich aber noch nicht getrennt von mir erfasse. Die erste Wahrnehmung stellt nur eine Beziehung her, eine Harmonie. Beim ersten Blick ist die Welt also immer schön. Menschen machen also zunächst ästhetische Erfahrungen, wie sich ebenfalls bei Joseph Brodsky nachlesen läßt, mit dem dieses Kapitel eingeleitet wurde. In einem Vortrag, in der »Der Staat, die Sprache und der Dichter« zusammengebracht wurden, heißt es, »die Ästhetik ist die Mutter der Ethik«, denn »ein Kleinkind, das weinend vor einem Unbekannten fremdelt oder, im Gegenteil, die Ärmchen nach ihm ausstreckt, wählt instinktiv nach ästhetischen Kategorien, keineswegs nach moralischen.« Warum kann das nicht ein Leben lang so bleiben?

8 *Neue Werte für die Wissenschaft* Plädoyer für einen ästhetischen Wandel der Forschung

»Es geht um die Bildung der ästhetischen Funktion. Denn ihre Unterdrückung ist es ja, die den Okzident verblendet hat gegenüber der Vielfalt menschlicher Schaffensweise.«

Adolf Portmann

Es ist schon seltsam: Die Naturwissenschaften verfügen über die besten Möglichkeiten, das Schöne in der evolutionären Natur zu erfassen und seine attraktive Wirksamkeit zu erklären. Sie haben darüber hinaus zahlreiche Gründe dafür, das Schöne in der intellektuellen Sphäre zu fassen und seine kreative Wirksamkeit zu nutzen. Und doch kommen heutzutage nur wenige von sich aus auf die Idee, die naturwissenschaftlichen Hervorbringungen selbst schön zu nennen und in diesem Teil der Geisteswelt nach Schönheit zu suchen. Während man vor nicht allzu langer Zeit noch vom wissenschaftlichen Weltbild ergriffen war oder sich zumindest begeistert zeigte – da gab es etwa neben den tiefreichenden Theorien über das Innere der physikalischen Materie und den Kosmos die umfassende Idee der biologischen Evolution zu bestaunen –, und während man sich eine Zeitlang sogar an diesem szientistischen Entwurf und seiner Wahrheit zu orientieren versuchte, wenden sich heute viele Menschen eher ab, wenn sie die wissenschaftliche Welt betrachten und etwa Bilder (Photos) von manipulierten und klonierten Lebewesen vor sich sehen. Sie stehen ziemlich ratlos da und sehen kein lohnendes Ziel mehr, das die Wissenschaft vor Augen haben könnte. Früher bewunderte man die Theorie der Relativität, die Einstein geschaffen hat, heute bedauern die Menschen eine Fliege mit vierzehn Augen oder ähnlich unanschaubare und sinn(es)widrige Wesen, die Genetiker der Welt vorsetzen. Früher erhoffte man von der Wissenschaft die Fortschritte, mit denen die ersehnte Macht über die Natur zu gewinnen und zu vermehren wäre. Heute fürchtet man sich eher vor den Fortschritten der Wissenschaft, deren Auswirkungen immer mehr ein Gefühl der Ohnmacht auszulösen scheinen.

Wertfrei oder wertvoll?

Irgend etwas ist schiefgelaufen mit der Wissenschaft, zumindest aus der Sicht des interessierten Publikums, das seltsam freudlos und unbefriedigt die unvermindert weiter einlaufenden Neuigkeiten aus den Forschungszentren und Instituten zur Kenntnis nimmt. Das Gefühl macht sich breit, daß sich irgendwie mit und in der Wissenschaft etwas ändern muß, denn jeder weiß schließlich, daß in europäischen Gefilden ohne ihre Hilfe kein Überleben möglich sein wird und daß es ohne ihr Zutun keine Zukunft geben kann, die sich lohnt. In diesem Kapitel will ich versuchen, einige Hinweise für die Richtung zu geben, die das wissenschaftliche Vorgehen vielleicht einschlagen sollte, wenn es sich weiter vorwärtsbewegt. Und es wird für niemanden eine Überraschung sein, wenn damit – an dieser Stelle des Buches – ästhetische Elemente gemeint sind und eine Art Rückkehr zur Sinnlichkeit vorgeschlagen wird, verstanden als ein Vertrauen in wahrnehmende Sinneserfahrungen.

Auf die knappste Formel gebracht, schlage ich vor, daß die Wissenschaft nicht mehr wie seit Jahrhunderten alles daransetzen sollte, *nutzvoll* (oder *nützlich*) zu sein, sondern ihre Fähigkeiten besser einsetzt, wenn sie sich statt dessen darum bemüht, *wertvoll* zu werden. Da die Forschung noch nie versucht hat, etwas zu machen oder zu finden, was *nutzlos* ist, sollte die Wissenschaft entsprechend in Zukunft auch nie versuchen, etwas zu machen oder zu finden, was *wertlos* ist.

Es ist zur Zeit noch aus vielen Gründen ausgesprochen mühsam, innerhalb des Wissenschaftsbetriebs herauszufinden, was wertvoll ist. Der Hauptgrund steckt darin, daß es den Forschern seit langem gefällt, vieles von dem, was sie tun, mit dem Hinweis zu rechtfertigen, daß die Wissenschaft und ihre Tätigkeit *wertfrei* sei. Mit anderen Worten, sie sehen davon ab, die Ergebnisse ihres Forschens und Denkens unter dem Gesichtspunkt des Wertes zu betrachten, und sie sind damit zufrieden.

Es gehört zu den schlimmen Folgen des philosophischen Denkens, das als Rationalismus bezeichnet wird und das sich vor allem um die »Vernünftigkeit« der Dinge kümmerte, im Rahmen seiner aufklärerischen Bemühungen auch den Begriff der »wertfreien Wissenschaft« in die Welt gesetzt zu haben. Mit seiner Hilfe wurde behauptet, daß die Wissenschaft sich nicht lange bei der Frage aufzuhalten habe, ob die Gegenstände ihrer Begierde und die Ergebnisse ihrer Aneignung ethisch wertwidrig oder angemessen sind, ob sie Heil oder Unheil in sich tragen, ob sie der Bewahrung oder der Zerstörung dienen (können). Wichtig sei einzig der wissenschaftlich genaue Umgang mit den Dingen und der Versuch, dabei etwas Nützliches, zum Beispiel in technischer Hinsicht, zu bewirken. Es ist natürlich kein Wunder, daß die meisten Forscher solche Vorgaben schnell aufgegriffen haben, um sich frei ihren Gegenstand auswählen und an ihm praktische Verfahren wertfrei probieren und entwickeln zu können.

Die Rolle der Wahrnehmung

Die Konstruktion der Wertfreiheit macht aber nur Sinn, solange es ohne Wahrnehmung abläuft bzw. solange man dabei auf die Wahrnehmung der Welt verzichtet. Kommt hingegen das sinnliche Erleben und Bewußtwerden zu seinem Recht, dann sieht die Welt der Wissenschaft gleich ganz anders aus. Erforschte und andere Dinge haben nämlich ihren spürbaren und wahrnehmbaren Wert – und man bemerkt ihn spätestens dann, wenn etwas als schön erkannt und bezeichnet wird. Es ist schließlich die Schönheit, durch die Menschen sinnlich erfahren und verstehen, daß es etwas gibt, was wert ist, erhalten zu werden. Diese Schönheit gilt es wahrzunehmen, und das heißt genauer: Die Wissenschaft der Zukunft muß versuchen, die Natur weniger mit Begriffen und mehr mit den Sinnen zu erfassen, und zwar so, daß sich dabei ihre Schönheit zeigt. Leider versucht man im Rahmen der heute aktiven Umweltschutzbewegung (noch) nicht, die Natur zu bewahren, weil sie schön ist, sondern weil sie beschädigt und also häßlich geworden ist. Ein überzeugender Umgang mit der Umwelt muß und kann aus ästhetischen Quellen kommen. Das Bewahrenswerte muß durch seine Schönheit wahrgenommen werden.

Mit den genannten oder ähnlichen Worten könnte das Programm einer ästhetisch orientierten Wissenschaft – das Programm der Ästhetik – formuliert werden. Es müßte sich dabei gegen viele Vorurteile wenden, denn schließlich behaupten die rationalen Schwestern Wissenschaft und Philosophie, daß Sinneserfahrungen mit vielen Täuschungen verbunden sind und zunächst einmal ein ziemliches Durcheinander im Kopf enstehen lassen. Vor allem Kant ist kaum müde geworden, das »Gewühl der Sinne« als Instrument der Erkenntnis abzulehnen (ohne zu merken, daß er bestenfalls die Reize meinte, die auf einen einprasseln).

Dabei ist eher das Gegenteil der Fall, wie man leicht wissen könnte, wenn man die vielen raffinierten Konstanzleistungen der Wahrnehmung (Abb. 8-1) zur Kenntnis nehmen würde, etwa die Konstanzleistungen für Farbe, Form und Größe. Wie sich diese Qualität bei der Farbe zeigt, können die Leser leicht wahrnehmen, wenn ihnen auffällt, daß das Papier dieser Seiten stets weiß aussieht, unabhängig von dem (natürlichen oder künstlichen) Licht, das sie zum Lesen benutzen. Dabei erreichen, physikalisch gesprochen, ganz andere Wellenlängen mit ganz anderen Intensitäten des

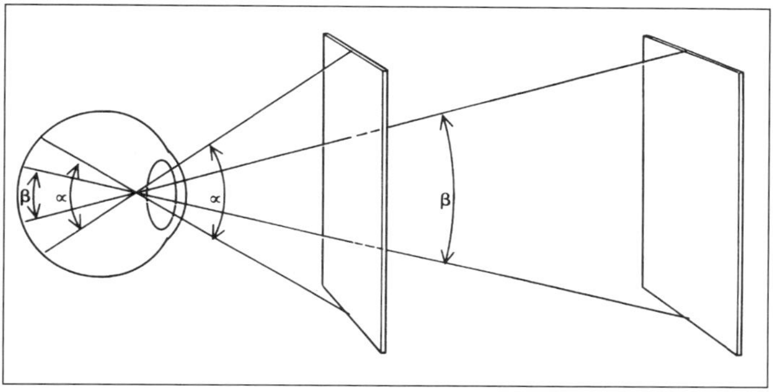

Abb. 8-1 Wenn ein Objekt aus größerer Entfernung gesehen wird, erscheint auf der Netzhaut des Auges ein kleineres Bild. Die Wahrnehmung könnte dem Betrachter suggerieren, er sähe einen kleineren Gegenstand. Korrekt wird aber dem Bewußtsein gemeldet, daß der Gegenstand in seiner Größe gleich geblieben ist und sich nur weiter entfernt befindet. Neben dieser Größenkonstanz der Wahrnehmung kennt die Wissenschaft unter anderem noch die Farbkonstanz: Farben ändern sich weitgehend nicht, auch wenn das Licht wechselt, das sie beleuchtet. So auch die Formkonstanz: Gegenstände behalten ihre Form, auch wenn etwa nach einer Drehung ihre Projektion auf die Retina dies tut. Die physiologische Wissenschaft tut sich schwer mit Konstanzleistungen der Wahrnehmung und kann sie nicht so recht erklären.

Lichts ihre Augen, je nachdem, ob sie die Sonne zur Hilfe nehmen oder unter einer Neonlampe sitzen. Für die Wahrnehmung bleibt das Blatt weiß, und solch eine Konstanz der Farbe macht natürlich Sinn, wenn man von der Vorstellung her argumentiert, daß die Evolution die Menschen so hervorgebracht hat. Sie mußte dies so tun, weil es nur auf diese Weise möglich ist, sich mit Hilfe von konstanten Farben wie Rot, Grün oder Blau in der Welt zurechtzufinden und zu orientieren.

Doch das rationale Vorurteil unzuverlässiger Sinne und täuschungsanfälliger Wahrnehmungen stirbt nur langsam. Man meint noch immer, durch das reine Denken größere Sicherheit gewinnen zu können, und schläft doch nur um so

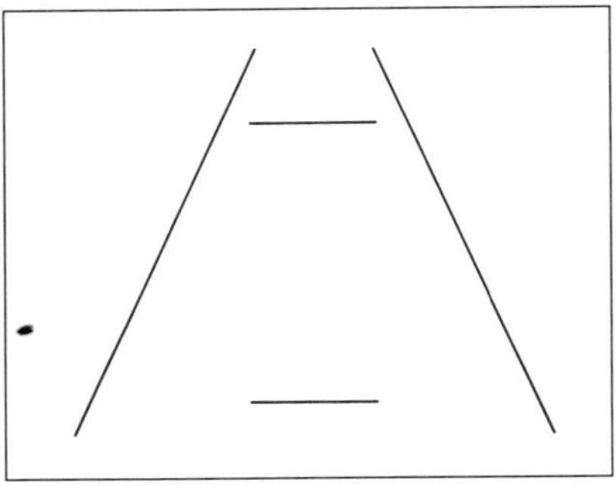

Abb. 8-2 Die sogenannte Ponzo-Illusion: Die obere (als weiter hinten liegend wahrgenommene) Linie wirkt länger als die untere (die als vorn liegend wahrgenommen wird). Diese Illusion kann mit der Größenkonstanz (Abb. 8-1) erklärt werden. Die Wahrnehmung meint nämlich, die obere Linie sei weiter weg. Da ihr Bild auf der Retina gleich groß ist wie das Bild der unteren Linie, teilt die Wahrnehmung dem Gehirn mit, daß die obere Linie in Wirklichkeit länger sei. Interessant an solchen Täuschungen der Sinne ist, daß die Illusion nicht verschwindet, auch wenn man sie begrifflich durchschaut. Wichtiger aber ist, daß es vor allem eine Konstanzleistung ist, die in diesem Rahmen ihre Festigkeit zeigt.

fester im Bett der Begriffe ein. Natürlich gibt es Sinnestäuschungen (Abb. 8-2) – wie etwa die bekannte Mondillusion, derzufolge ein am Horizont aufgehender Mond größer erscheint als einer, der schon hoch am Himmel steht –, aber sie sind leichter durchschaubar als die viel größeren Begriffstäuschungen, unter denen die westliche Kultur zu leiden hat und die bis heute vielen Verführungen Tor und Tür öffnen.

Es sind weniger die Begriffe, die Sinneserfahrungen ordnen. Es sind zunächst die Konstanzleistungen der Wahrnehmung, die dies tun, und sie erlauben sogar, eine ganz besondere Ordnung in das »Gewühl der Sinne« zu bringen. Es ist eine Ordnung, die jeder kennt, der schon einmal den »Mann im Mond« oder irgendein bekannt wirkendes Gesicht in einer Wolke am Himmel »gesehen« hat. In diesen Fällen zeigt sich die Neigung bzw. Fähigkeit der Wahrnehmung, Reize zusammenzufassen, um etwas Ganzes oder bekannte Muster entstehen zu lassen. Wahrnehmung sucht – wie schon erwähnt – nach einer guten Gestalt, und es wäre schön, wenn heute die »Gestaltwahrnehmung als Quelle wissenschaftlicher Erkenntnis« wieder so ernst genommen würde, wie Konrad Lorenz das schon in den fünfziger Jahren getan hat.

Wahrnehmung hat aber insgesamt eine Funktion, die weit über ihren Beitrag zur Erkenntnis hinausgeht und direkt zu moralischen und ethischen Fragen führt. Bevor dieser Aspekt zur Sprache kommt, soll noch ein anderes Thema behandelt werden, das dazu dient, die Bedeutung eines so verstandenen ästhetischen Wandels sichtbar und erstrebenswert zu machen.

Die Freude am Denken

Wer heute an die Naturwissenschaften denkt oder wer gar über sie nachdenkt, wird rasch bemerken, daß zwar immer noch viel von der Wahrheit ihrer Sätze und besonders häufig vom Nutzen ihrer Ergebnisse die Rede ist, daß aber Ausdrücke wie »Freude«, »Gefallen« oder gar »Glück« in diesem Zusammenhang schon weniger auftauchen. Moderne Naturwissenschaftler, so scheint es, empfinden keinerlei Lust mehr, wenn sie forschen, und ihrer Neugier ist die Sehnsucht nach dem Neuen verlorengegangen. Die heutigen Repräsentanten des wissenschaftlichen Wissens – haben sie gar kein Vergnügen mehr an ihrer Tätigkeit des Denkens, die Albert Einstein noch mit dem Beiwort »angenehm« schmückte? Noch in den frühen Jahrzehnten des 20. Jahrhunderts war es für Forscher selbstverständlich, intellektuellen Spaß zu haben, wenn sie versuchten, der Natur auf ihre schönen Schliche zu kommen. Die Freude am Denken, *the pleasure of thinking*, stellte das eigentliche Motiv für viele Wissenschaftler dar. Zum Beispiel für Einstein, der immer wieder zum Ausdruck gebracht hat, daß die Form seiner Forschung – seine Formulierungen bzw. seine Formeln – dann ihre eigentliche Schönheit bekommen, wenn sie aus reiner Freude an einem Nachdenken zustande kommen, das um seiner selbst willen betrieben wird. So auch Max Delbrück, den 1969 mit dem Nobelpreis für Medizin ausgezeichneten Wegbereiter der Molekularbiologie, der das wissenschaftliche Nachsinnen wie viele seiner Zeitgenossen in vollen Zügen genießen konnte.

Heute ist das anders. Forscher sind jetzt nicht mehr die glücklichen Menschen, die sie früher einmal gewesen sind. Zumindest weist kaum einer mehr in der Öffentlichkeit auf die mögliche Freude hin, die ihm seine Forschungstätigkeit bereitet, oder auf das Glück, das ihn überfällt, wenn er einen schönen Gedanken hat. In weit überwiegender Zahl haben sie längst vergessen, was am Anfang ihres Strebens nach Wissen steht, nämlich die Freude an der *aisthesis,* das Vergnügen an der Wahrnehmung mit den Sinnen. Und sie bemerken kaum noch, was sie am Ende – trotz einer sich so abstrakt wie möglich gebärdenden Askese – vor Augen haben, nämlich elegante Theorien oder schöne Strukturen, von denen ästhetische Wirkungen ausgehen könnten.

Niemandem aus der Gemeinde der Forscher scheint es heute mehr in den Sinn zu kommen, das Wort »Ergriffenheit« zu verwenden, wenn von wissenschaftlichen Einsichten die Rede ist, und dies empfinde ich als einen eklatanten Mangel. Denn wenn das Gefühl der Ergriffenheit als konstitutives Element der Erkenntnis unterschlagen wird – wie es in der Neuzeit geschieht –, dann läßt sich das Erlebnis der Schönheit nicht verwirklichen, um das es in einer Wissenschaft gehen sollte, die den Anspruch erhebt, Teil der menschlichen Kultur zu sein. Ohne dieses Erlebnis und ohne diese Einbindung, ohne ästhetische, sinnliche und das Gemüt bewegende Elemente der Wissenschaft wird es nicht möglich sein, sich die moralischen und ethischen Neuorientierungen vorzunehmen, die offenbar geboten scheinen und allmählich dringend werden.

Verstanden hat man dies schon seit vielen Jahrzehnten, und zwar spätestens seit es die Atombombe gibt. Ihre Erfindung markiert bekanntlich einen tiefen Einschnitt in der Bewertung von Wissenschaft, weshalb die damit zusammenhängende Geschichte im folgenden einmal unter einem ästhetischen Gesichtspunkt dargestellt werden soll.

Die fehlende Vernunft und das fehlende Gefühl

Vor rund 40 Jahren schrieb Karl Jaspers sein Buch über »Die Atombombe und die Zukunft des Menschen« (1958). Jaspers war etwas klargeworden, was ihn sehr beunruhigte und auf das er aufmerksam machen wollte. Es hatte mit der Wissenschaft von der Natur zu tun. Schließlich war sie es, die hinter den gewaltigen Kräften steckte, die seit 1945 freigesetzt werden können.

Natürlich hatten die Alliierten und ihre Physiker gegen Ende des Zweiten Weltkriegs die Bombe aus guten Gründen gebaut, und natürlich hatten die Forscher sowohl technische als auch theoretische Arbeiten geliefert, die von höchstem Können zeugten. Die Atombombe war politisch begründet, sie war wissenschaftlich und organisatorisch eine Meisterleistung, und doch »stimmte« etwas nicht mit ihr, und das beunruhigte den Philosophen. Er konnte sich nicht mehr des Eindrucks erwehren, daß die Rationalität, die bislang angeblich so souverän die Entwicklung der Menschen steuerte, plötzlich in die falsche Richtung geführt hatte. Die uralte Voraussetzung jeder Wissenschaft, daß der planende und wirkende Verstand der Menschen, seine Rationalität, Gutes hervorbringt und jeder Eingriff in die Natur alles nur besser für das Leben macht, diese Grundbedingung galt auf einmal nicht mehr. Der forschende Verstand hatte überdeutlich – und zwar in Form der Bombe – etwas »Böses« in die Welt gebracht, und Jaspers hatte den Verdacht, daß dieser historische Einschnitt über seine unmittelbare Bedeutung hinaus langfristig wirken und die wissenschaftlich geprägte Welt verändern müsse.

Es war der *Verstand*, der die Menschen auf diese schiefe Bahn gebracht hatte. Diese Instanz allein konnte daran auch nichts mehr ändern, und so war es dringend geboten, ein

Gegenmittel zu finden, das ihn (und seine Träger) in Zukunft daran hindern könnte, noch mehr Zerstörung und Zerstörungswissen zu produzieren.

Jaspers, der nicht nur Philosoph, sondern auch Arzt gewesen ist, ließ der Diagnose sogleich einen Therapievorschlag folgen. Er kannte eine Fähigkeit, der er zutraute, dem Verstand die Richtung zu weisen und den Menschen die Orientierung zu geben, die ihnen zu mangeln schien. Und diese Instanz war die *Vernunft*, die abendländische Philosophen spätestens seit den Tagen der Aufklärung besonders schätzen. Die Zukunft, meinte Jaspers 1958, hängt davon ab, ob es gelingt, der den Menschen zur Verfügung stehenden Vernunft die Rolle zu geben, die erforderlich ist, damit alles das, was der Verstand fertig bringt, wieder einen humanen Sinn bekommt und einen Zweck erfüllt.

Wenn das Wort »Vernunft« fällt, denkt der gebildete Mensch gleich an Kant und den Aufbruch aus unserer Unmündigkeit im 18. Jahrhundert, oder er geht noch weiter zurück bis zu Galilei, der sich bereits im 17. Jahrhundert seiner Vernunft bedient hatte, um Kritik an der angemaßten Autorität hoher Kleriker zu üben. Und wenn ihm diese großen Namen einfallen, fühlt er sich in guter Gesellschaft. Die Gefühlsduselei der Romantik scheint in weiter Ferne, und so läßt man sich den Vorschlag von Jaspers gerne gefallen.

Tatsächlich wurde damals und wird heute viel an die Vernunft appelliert und sie als höchste Fähigkeit der Menschen gefeiert – aber ansonsten machte man danach so weiter, wie man es gewohnt war: Man setzte seinen Verstand wie üblich ein, erforschte die Welt und lernte sie immer mehr zu beherrschen. So wollte man es tun, und so konnte man es tun.

Kritik dagegen kam nur wenig auf. Wer Vernunft einfach als die Fähigkeit definiert, Kritik zu üben und gegen den Strom zu schwimmen, der sieht sofort den elementaren Mangel der seit damals folgenden Entwicklung. Sie fand nämlich von allem Anfang an weitgehend ohne Vernunft statt, und dementsprechend ist die Lage statt besser immer schlimmer geworden, wie heute alle Menschen zusammen spüren. Sie können nicht mehr übersehen, was kluge Menschen nach und nach bereits in den sechziger Jahren erkannten, die der Jasperschen Analyse folgten. Der wissenschaftliche Verstand bringt inzwischen immer mehr »Böses« hervor, selbst wenn er das gar nicht plant und erst recht nicht will.

Um nur einige wenige Beispiele aufzuführen: 1963 erkannte Rachel Carson, daß ein stummer Frühling ohne Vögel drohe, wenn wir nicht bald Wege finden, sinnvoll (und sparsam) mit Pflanzenschutzmitteln umzugehen. Dann monierte Max Born, ein Nobelpreisträger für Physik, daß die Unternehmung, einen Menschen auf den Mond zu schicken, zwar ein Triumph des Verstandes, aber zugleich auch ein Versagen der Vernunft sei. Zu Beginn der siebziger Jahre schließlich erkannte der Club of Rome, daß es »Grenzen des Wachstums« gab, und kurze Zeit später erschütterte eine »Energiekrise« die westliche aufgeklärte Gesellschaft, die nun ihrerseits mißtrauisch wurde und jede Vernunft vermissen ließ.

Die zur gleichen Zeit aufkommende Gentechnik stieß zum Beispiel nicht mehr wie die Technologien der Vergangenheit auf allgemeine Zustimmung, sondern – im Gegenteil! – auf heftigste Ablehnung, die bis heute anhält, und inzwischen signalisieren nicht mehr nur Stichworte wie »Ozonloch«, »Waldsterben« und »Treibhauseffekt«, daß von einer Macht des technischen Verstandes keine Rede mehr sein kann. Er muß statt dessen seine Ohnmacht eingestehen, ihm fehlt längst jede Orientierung, und die nicht mehr zu übersehende »Umweltzerstörung« drückt zudem wörtlich aus, daß die Vernunft gerade nicht erreicht hat, was man ihr zutraute, nämlich die Zerstörungen zu vermeiden, die der Verstand – der Sachverstand – anrichten kann, wenn man ihm nicht die Richtung vorgibt, in die er wirken soll.

Die Philosophen am Ende des 20. Jahrhunderts begnügen sich eher mit Diagnosen, ohne ernsthaft Therapievorschläge zu unterbreiten, wobei diese ohnehin im medialen Zeitalter das kürzeste Verfallsdatum hätten. Es wird zwar viel davon gesprochen, daß unserem immer weiter wachsenden Verfügungswissen kein entsprechendes Orientierungswissen gegenüberstehe, aber welche menschliche Fähigkeit diese Aufgabe übernehmen könnte – und zwar an Stelle der hierbei vielleicht wirklich überforderten Vernunft –, diese Frage wird meist achselzuckend übergangen und lieber an die Manager und Forscher in der Industrie und an der Universität weitergegeben.

Dabei hat einer der kritischsten Geister unserer Zeit hierzu eine meines Erachtens sehr beachtliche Ansicht geäußert. Ich meine den Physiker Wolfgang Pauli, der in Zürich unterrichtete. Jaspers hatte ihm ein Exemplar seines Buches von Basel aus geschickt. Leider ist Pauli – wenn überhaupt – nur unter Fachkollegen bekannt, und sie wissen von ihm auch nur, was er als Physiker gemacht hat. Der Grund für diese Unkenntnis liegt darin, daß Pauli der einzige unter den Großen der Physik ist, von dem es keine Biographie gibt. Dabei war Pauli weit mehr als nur ein mathematisch versierter Theoretiker, dem manche Kollegen sogar eine höhere Genialität als Einstein zubilligen. Pauli war daneben umfassend gebildet, er hat sich gleichermaßen in Philosophie, Psychologie und Philologie ausgekannt. Er betrachtete und analysierte die Welt als kritischer Humanist, wie man seit einigen Jahren wenigstens anhand von den vielen Briefen nachlesen kann, die unter anderem im Rahmen seines viele Bände umfassenden »Wissenschaftlichen Briefwechsels« zugänglich werden.

Pauli war der einzige unter den großen Physikern unseres Jahrhunderts, der sich vom Bau der Atombombe vollständig ferngehalten und sich statt dessen mit reiner Grundlagenforschung beschäftigt hat. Er tat dies nicht aus politischen Gründen, sondern unmittelbar aus der Einsicht heraus, zu der Jaspers – wie erwähnt – später am Ende der fünfziger Jahre gekommen war, als er über die Atombombe nachdachte, das Böse an ihr sah und sich Sorgen über die Zukunft des Menschen machte.

Das Besondere ist nun nicht nur, daß Pauli bei derselben Diagnose der wissenschaftlichen Rationalität ein völlig anderer Vorschlag für die Therapie in den Sinn gekommen ist, das Besondere steckt vor allem in dem, was Pauli da vorschlägt und was er als die bessere Alternative zur Vernunft empfiehlt.

So seltsam es beim ersten Lesen klingt, aber was Pauli als Gegenmittel zum Verstand nahelegt, ist das *Gefühl*. Er meint damit natürlich nicht das, was umgangssprachlich oft unter Gefühl verstanden wird – wenn man zum Beispiel ein unangenehmes Gefühl im Magen hat, wenn sich ein Hemd weich anfühlt oder wenn einem das Gefühl überfällt, man werde beobachtet –, und er hat dabei auch keine irrationale Form irgendeiner billigen Emotion im Sinn (so schön diese Erregung auch sein kann). Pauli meint vielmehr eine wohldefinierte psychische Funktion des Menschen, die – um es etwas genauer zu sagen – dem Verstand (dem Denken) gegenüber komplementär ist und einen fühlenden Menschen in die Lage versetzt, zu erkennen, was wichtig und bedeutsam und was unwichtig und unbedeutend ist.

Das in Psychologenkreisen als rational angesehene Gefühl kümmert sich natürlich nicht um die Logik von Ursache und Wirkung, und es läßt sich auch von Zahlen und Daten nicht unmittelbar locken. Das Gefühl, um das es Pauli in der Wissenschaft geht, erkennt den Wert einer Sache – zum Beispiel den einer Wiese mit einem Flußlauf oder den eines Schmetterlings –, und zwar den Wert, den man nicht berechnen und in Zahlen fassen kann.

Die Idee der Komplementarität

Das Gefühl kann natürlich nicht allein gelassen werden, und das entscheidende Wort heißt »komplementär«. Die Idee des Komplementären bezeichnet Größen oder Gegenstände, die zusammengehören, obwohl sie sich gegenseitig ausschließen. Dieser Gedanke von sich ergänzenden Gegensät-

Abb. 8-3 Das chinesische Yin-Yang-Symbol, bei dem ein Kreis eine S-Linie umschließt. Es wird auf diese Weise doppelt schön.

zen ist nicht neu. Im Gegenteil! Er durchzieht die ganze menschliche Geistesgeschichte. Dies beginnt mit dem chinesischen Yin-Yang-Symbol (Abb. 8-3) und ist beim Welle-Teilchen-Dualismus der modernen Physik wohl noch längst nicht ans Ende gekommen, wobei mit dieser Form der Komplementarität die Tatsache gemeint ist, daß die Physiker bei ihrem Eindringen in den Mikrokosmos feststellen mußten, daß Atome sowohl Wellen als auch Teilchen sein können. Komplementarität zeigt sich weiter auch darin, daß man im wissenschaftlichen Gewand die Natur entweder als Umwelt, die man ausnutzen kann, oder als »Mutter Erde«, die ihre Kinder versorgt, erfassen kann.

Zu jeder Naturbeschreibung – so meint man heute zu wissen, und so ist es meine Überzeugung – gibt es ein komplementäres Gegenstück, das gleichberechtigt ist. Es ist unerläßlich, komplementär zu denken, um das Ganze der einen Welt zu verstehen, in der wir leben – zum Eigenen gehört das Fremde, zum Licht gehört der Schatten, zum Logos gehört der Eros, und zum Verstand gehört das Gefühl, selbst wenn dies nach meinem Dafürhalten in den letzten Jahrhunderten aus den Augen verloren worden ist.

Ein Blick in die Geschichte des abendländischen Denkens zeigt nämlich, daß in der Zeit nach dem 17. Jahrhundert, als sich die moderne Form der Wissenschaft durchsetzte, sich das Gefühl immer mehr zurückziehen mußte, um allein dem Verstand Platz zu lassen und seinem Willen zur Macht nachzugeben. Die Natur wurde nur noch erforscht, um sie zu beherrschen, und alle anderen Ziele gerieten aus dem Blickfeld. Der Verstand und sein Vorgehen triumphierten über die Seele und ihr Gefühl. Zur gleichen Zeit gelang dem Bewußtsein dasselbe. Es wollte sich durch kein Unbewußtes mehr stören lassen. Seitdem blockieren sich die Menschen mehr oder weniger in psychologischer Hinsicht. Ihre Entwicklung vollzieht sich nur noch auf dem technischen Sektor, und die Seele verkümmert.

Doch was man nicht mehr sieht, ist deshalb noch lange nicht unwirksam, und nach und nach tauchen die Gegenkräfte wieder auf. An der Wende zum 20. Jahrhundert deckte die Psychologie unter Führung von Sigmund Freud das Unbewußte wieder auf. Selbst wer Einwände gegen bestimmte psychoanalytische Schulen hat, muß zugeben, daß an der Existenz des Unbewußten nicht zu zweifeln ist, ja daß seine Einbeziehung eine Chance für die Heilung seelischer Leiden eines Individuums eröffnet.

So wie das Unbewußte dem Bewußten gegenübersteht, so sollte auch das Gefühl dem Denken gegenübertreten. Es könnte vor allem da wirksam werden, wo die am Verstande orientierte Einstellung ihren Höhepunkt überschritten hat und als zu eng empfunden wird. Viele Menschen unternehmen schon längst Fluchten aus dem Bereich der Rationalität, sei es in irgendeine Mystik oder irgendeine Sucht. Die meisten kehren irgendwann zurück, und zwar dann, wenn sie merken, daß *beide* Haltungen in unserer Seele wohnen. Die eine wird stets die andere als Keim ihres Gegenteils in sich tragen, wie es das alte Yin-Yang-Symbol der chinesischen Tradition ausdrückt und illustriert (Abb. 8-3).

Es ist ganz sicher nicht die Vernunft allein, die uns einen Ausweg aus der Krise (und damit so etwas wie einen Heilsweg) zeigen kann. Es ist wahrscheinlich eher der Mut, sich auf unsere Fähigkeit zu besinnen, die wir als Gefühl kennen. Mit seiner Hilfe können wir immer dann, wenn jemand die

Nützlichkeit eines neuen Eingriffs in die Natur erklärt, die Erkundung nach dem komplementären Gegenstück vornehmen. Komplementär zur macht- und einflußerweiternden Manipulation – auf gentechnische, rodende oder welche Weise auch immer – ist das, was man als interesseloses Wohlgefallen an einem Baum oder einer Landschaft kennt. Statt eine zweckmäßige Bearbeitung der Natur vorzunehmen, können wir auch ihre zweckfreie Betrachtung ins Auge fassen und ihre Schönheit. Erst mit dem Einsatz des Gefühls und der Berücksichtigung der dabei erfaßten Werte wird die Naturwissenschaft der Zukunft wieder das ernst nehmen, was sie zwar im Namen führt, aber längst nicht mehr im Blick hat: die Natur nämlich. Dann wird sie die Umwelt nicht mehr nur als Reservoir zerstören, sondern vor allem als Lebensgrundlage erhalten wollen.

Das Schwierige an dem Vorschlag von Pauli, die Probleme des Verstandes durch die komplementäre Fähigkeit des Gefühls zu lösen, liegt darin, daß er nicht ein Ding durch ein anderes ablöst, dem man daraufhin bedenkenlos folgen könnte. Das Schwierige liegt darin, daß beide Aspekte zugleich im Auge zu behalten sind und wir immer wieder neu entscheiden müssen, was wichtiger ist, der Verstand oder das Gefühl. Die modischen Verächter der Wissenschaft, die allen Sachverstand der Forscher in Bausch und Bogen verdammen, machen sich die Sache viel zu leicht und die Lage eher noch schlimmer. Ihr Verzicht auf Rationalität läßt das Gefühl hilflos ohne Gegenstück agieren, und die Kapriolen, die dabei geschlagen werden, können wir uns nicht mehr erlauben. Jede Form von Einseitigkeit verbaut uns die Zukunft. Das Gefühl hilft uns nur in Verbindung mit dem Verstand, der zwar allein weiß, wie und worum es geht, der aber ohne sein komplementäres Gegenstück nicht weiß, worauf es ankommt – auf den Mut zum Gefühl zum Beispiel und damit auf den Mut für die Zukunft. Mit dem Gefühl könnte sie schön werden.

Bekanntlich kann man schon in der Bibel lesen, daß es nichts Neues unter der Sonne gibt, und tatsächlich findet sich die in diesem Buch verfolgte und eben formulierte Grundidee schon in einem Vortrag, den der Basler Zoologe und Kulturphilosoph Adolf Portmann kurz nach dem Zweiten Weltkrieg gehalten hat, genauer gesagt im Jahre 1949. Portmann sprach damals über »Biologisches zur ästhetischen Erziehung«. Er erinnerte seine Zuhörer daran, daß es neben dem hochgelobten rationalen Denken und seiner Fähigkeit zur wissenschaftlichen Analyse, die er als »theoretische Funktion« des Menschen zusammenfaßte, als komplementäres Gegenstück auch die »ästhetische Funktion« gebe, die mit den Eindrücken der Sinne – also mit der Wahrnehmung – zu tun habe und so vielleicht besser als »Grundlage des menschlichen Verhaltens« in Frage käme – besser jedenfalls als die theoretische Funktion, die – so meinte Portmann – für den »Krisenzustand« verantwortlich zu machen war, in dem sich die »Zivilisation des Abendlandes« seiner Ansicht nach damals erneut befand und sich vielleicht heute immer noch befindet.

Der Vortrag »Biologisches zur ästhetischen Erziehung«, dem auch das Zitat am Eingang dieses Kapitels entnommen ist, versucht, die in allen Menschen gegenwärtige »künstlerische« Seite zu wecken. In Portmanns leider kaum mehr gegenwärtigen Texten finden sich unter anderem folgende Sätze:

»Die Einsicht in die Notwendigkeit einer Stärkung der ästhetischen Position ist nicht gerade weit verbreitet – allzu viele machen noch immer die bloße Entwicklung der logischen Seite des Denkens zur wichtigsten Aufgabe unserer Menschenerziehung. Wer so denkt, vergißt, daß das wirklich produktive Denken selbst in den exaktesten Forschungsgebieten der intuitiven, spontanen Schöpferarbeit und damit der ästhetischen Funktion überall bedarf; daß das Träumen und Wachträumen, wie jedes Erleben der Sinne, unschätzbare Möglichkeiten öffnet.«

Portmann meinte nicht, daß die Wissenschaft bzw. die Menschen der westlichen Welt die Hypertrophie des Verstandes durch einen »Umschlag ins Schwärmen« ablösen bzw. ersetzen sollten. Das Ziel sei vielmehr »ein harmonisches Gleichgewicht, ein glücklicherer Mensch« – und zwar durch Erkenntnis, die als Beglückung bzw. Erfüllung und nicht als Mittel zu einem nützlichen Zweck angesehen werden muß. Der angestrebte Einklang kann erreicht werden, wenn man die sinnliche Form des Erkennens, die Ästhetik, der logisch-verstandesgemäßen Form an die Seite stellt bzw. sich wenigstens daran erinnert, daß die Möglichkeit dazu besteht. Sie steckt nämlich in allen Menschen, wie Gottlieb Alexander Baumgarten in der Mitte des 18. Jahrhunderts festgehalten hat, als er seine oben erwähnte Theorie des sinnlichen Erkennens vorlegte und versucht hat, dem Wort »Ästhetik« seine eigentliche Bedeutung zu geben.

Erkennen durch Gefühl

Etwa zu der Zeit, zu der Portmann sich in Basel über einen anderen Zugang zum Wissen äußerte, versuchte Pauli in Zürich ebenfalls auf das aufmerksam zu machen, was man die Nachtseite der Wissenschaft nennen könnte. Pauli war vor allem aufgrund eigener Erfahrungen davon überzeugt, daß es nicht nur das bewußte Denken ist, welches zu Einsichten über die Natur führen kann, sondern daß man den Weg dazu auch mit Hilfe von Träumen oder/und unter Einbeziehung des Unbewußten finden kann. Für jemanden wie Pauli, der sein waches Leben bei der wissenschaftlichen Arbeit im Institut mit komplizierten mathematischen Rechnungen verbracht hat, für den also das rational ausgerichtete Vorgehen die Hauptrolle spielte, öffnete sich die einfachste Verbindung zum Unbewußten durch die psychische Fähigkeit des Menschen, die als Gefühl bekannt ist und von dem nicht oft genug betont werden kann, daß seine Verwendung im wissenschaftlichen Kontext nichts mit dem alltäglichen Verständnis des Wortes zu tun hat, bei dem entweder Emotionen eine Rolle spielen – »man fühlt sich wohl« – oder bei dem es um eher banale Hautreizungen geht – wenn sich ein Pullover »hart oder weich anfühlt« zum Beispiel. (Damit soll auf keinen Fall gesagt werden, daß das Wort »Fühlen« oder das »Gefühl« im Alltag falsch benutzt wird; wer diese Worte benutzt oder hört, muß nur auf den Kontext achten, um Mißverständnisse zu vermeiden. Es wäre schön, wenn die wissenschaftlich gemeinten Gefühle so umfassend wirksam und populär würden, wie es die alltäglichen Gefühle längst sind.)

Das in der Wissenschaft wichtige Gefühl meint eine Fähigkeit, die einem Menschen zu erkennen hilft, ob etwas wichtig ist oder nicht (wobei man sich selten irrt). Mir scheint es offensichtlich, daß sich damit der Zugang zu der ästhetischen Komponente finden läßt, die Portmann im Sinne hatte. Das Beispiel von Heisenberg, der in jungen Jahren das Gefühl hatte, dank der Symbole der Physik tief in das Innere der Natur sehen und die dort vorhandene Schönheit erschauen zu können, ist schon ausdrücklich erwähnt worden. Von Einstein ist bekannt, daß er in Unterhaltungen mit Psychologen von einem »Richtungsgefühl« sprach, das ihm die Kraft gab, mit all den mathematischen Problemen zu ringen, die zwischen der ersten Form, in denen seine Ideen als Bild in Erscheinung traten, und der schlußendlichen Formulierung lagen, in denen seine Einsichten dann an die wissenschaftliche Öffentlichkeit traten.

Pauli berichtet, wie ein unbestimmtes Gefühl ihm in den zwanziger Jahren die Gewißheit verschaffte, die Eigenschaften von Elektronen in einem Atom dadurch verstehen zu können, daß er ihnen einen weiteren Freiheitsgrad zubilligte, den man heute Spin nennt.

Bekannt war damals, daß Elektronen – wie alle partikulären Objekte – die drei Freiheitsgrade der Bewegung haben, die ihnen die drei Dimensionen des Raumes lassen. Sie können ihren Ort vor und zurück, nach rechts oder links und nach oben oder unten verändern. In der Quantentheorie der Atome werden diese Möglichkeiten durch Quantenzahlen festgelegt, von denen es zunächst drei gab. Von mehr war vorläufig keine Rede, bis Pauli bemerkte, daß es eine weitere Eigenschaft von Elektronen geben müsse, die mit einer Drehung um die eigene Achse zu tun haben und durch die man sie unterscheiden könne. Er gab ihnen eine vierte Quantenzahl und formulierte mit ihrer Hilfe sein »Ausschließungsprinzip«, das Elektronen daran hindert, in einem Atom oder Molekül in all ihren Quantenzahlen übereinzustimmen.

Während er seine Kollegen durch die mathematische Beweisführung, die viel mit dem Konzept der Symmetrie operiert, überzeugen konnte, verschwieg er ihnen, »was eigentlich die Hauptarbeit« war, nämlich, »mich dazu durchzuringen, daß entgegen der naiven ›Anschauung‹ auch die vierte Quantenzahl die Eigenschaft eines und desselben Elektrons ist«, wie er einmal in einem Brief an seinen Kollegen Markus Fierz geschrieben hat.

Hier wird ein Beispiel für die »spontane Schöpferarbeit« sichtbar, von der Portmann gesprochen hat, wobei spontan meint, daß Pauli nicht bewußt und mit logischen Mitteln den Schritt von den drei räumlichen Bewegungen zu den vier Quantenzahlen vollzogen hat, ebensowenig wie Heisenberg bewußt und aus eigener Entscheidung das Schöne erblickt hat. Was bei Heisenberg zunächst nur als Offenbarung erscheint, kann bei Pauli in einen größeren ästhetischen Rahmen eingefügt werden, und zwar durch den von ihm selbst gegebenen Hinweis auf den »schwierigen Übergang von Drei zu Vier«, den er zu vollziehen hatte und den es zu Beginn des 17. Jahrhunderts in die umgekehrte Richtung gab. Um diesen Wechsel der Ziffern soll es im folgenden gehen.

Mit den genannten Zahlen und den Bedeutungen, die man ihnen zuordnet, komme ich deshalb rasch in Schwierigkeiten, weil die wissenschaftliche Tradition, die seit Bacon, Kepler, Galilei und Descartes im abendländischen Denken vorherrscht, vor allem auf meßbare Quantitäten aus ist und die Bedeutung von Zahlen auf diese Form der Information beschränkt. Zahlen drücken im heutigen Gebrauch keine Qualität mehr aus, jedenfalls nicht im wissenschaftlichen Rahmen. Zahlen stehen nur noch für Meßergebnisse, und nur durch diese Resultate betreffen sie die Zeitgenossen.

Dies war bei Kepler noch anders. Für ihn war die Drei nicht irgendeine Zahl. Sie war eine heilige Zahl, in der sich die Dreifaltigkeit (Trinität) ausdrückte und mit der er zu wissenschaftlichen Einsichten und Überzeugungen kam. Da die Vier in seinem Denken nicht auftaucht, trotz seiner genauen Kenntnisse der pythagoreischen Verehrung der Tetraktys, und da bekannt ist, daß diese »würdevolle Vierzahl« bei all seinen Vorgängern in hohem Ansehen stand, läßt sich der Schluß ziehen, daß in Kepler etwas grundsätzlich Neues passiert. In ihm setzt sich offenbar eine neue »seelische Haltung« durch, »die, an Bedeutung weit über Keplers Person hinausgehend, diejenige Naturwissenschaft hervorbringt, die wir heute die klassische nennen«.

So formuliert es Pauli in einer viel zu wenig bekannten und in Wissenschaftskreisen kaum diskutierten Untersuchung aus den frühen fünfziger Jahren über den »Einfluß archetypischer Vorstellungen auf die Bildung wissenschaftlicher Theorien bei Kepler«. Die seelische Haltung, die oben angesprochen wurde, bewirkt zum Beispiel das Ende des alten alchemistischen Denkens, demzufolge in allen Stoffen eine schlafende Weltseele zu finden sei, die *anima mundi*, die unter anderem für die Entstehung neuer Sterne verantwortlich sein sollte.

Die Drei schafft die archetypische Grundlage, auf der sich die Naturwissenschaft der kommenden Jahrhunderte erfolgreich entfaltet. Dies ist die Überzeugung Paulis, und vor diesem Hintergrund wird deutlich, welche besondere Bedeutung dem von Pauli vollzogenen Übergang von der Drei zur Vier zukommt. Mit der Quantentheorie, die den vierten Parameter für ein Elektron verlangt, zeigt sich ein offenbar veränderter Archetypus, der die Dynamik der modernen Physik bestimmt.

Der fehlende Sinn

Die vierte Komponente ist natürlich das, was der bisherigen und keineswegs schlechten Wissenschaft insgesamt fehlt, und die eigentliche Aufgabe besteht darin, das bisher so erfolgreiche, am Nutzen orientierte Vorgehen vorsichtig zu ergänzen, um seine bekannten Qualitäten zu bewahren und mit neuen zu bereichern.

Die traditionelle Physik ist in dem Sinne trinitaristisch, daß in ihr nur drei Grundgrößen Platz finden: das Raum-Zeit-Kontinuum, das Einstein so klar markiert hat, die unzerstörbare Energie, die schon im 19. Jahrhundert ihre deutliche Ausprägung gefunden hat, und die Kausalität, die alle Vorgänge in dem raumzeitlich und energetisch gespannten Rahmen bestimmt. Was offensichtlich fehlt, ist ein Gegengewicht zur Kausalität, ist ihre komplementäre Entsprechung, und sie muß mit dem zu tun haben, was man den Sinn nennen kann und was mit dem Sinnlichen, den Sinneswahrnehmungen zu tun hat.

Traditionell versucht die Wissenschaft – etwa im Rahmen ihrer Bemühungen, die biologische Evolution zu erklären – der Kausalität den Zufall gegenüber bzw. an die Seite zu stellen, und man ist im allgemeinen schnell zur Hand, das komplementäre Begriffspaar »Zufall und Notwendigkeit« als der Weisheit letzten Schluß anzubieten. Doch scheint mir, daß der real existierende Zufall dabei überfordert wird, und zwar in mehr als einer Hinsicht. Zum einen scheinen nahezu ausschließlich diejenigen Zufälle – die zufällig eintretenden Variationen – in der Evolution eine Rolle zu spielen, die in das Ganze der Natur passen – die also Sinn machen –, und das kann kaum der Zufall der reinen Art sein. Zum anderen läßt sich das Gefühl vieler Menschen verstehen, wenn sie diese Deutung ihrer Entstehung als höchst unbefriedigend empfinden. Sollte es nicht noch irgend etwas Drittes zwischen dem lieben Gott und dem bösen Zufall geben?

Was der gesamten traditionell trinitaristischen Naturwissenschaft unter Anführung der Physik fehlt, ist ein Verständnis für den individuellen Vorgang bzw. für die individuelle Erscheinung. Auf diesen Punkt weist bereits Baumgarten in seiner »Ästhetik« von 1750 hin, wenn er feststellt, daß die Abstraktion – bei aller Brillanz ihrer theoretischen Fähigkeiten – ein Verlust ist, und zwar ein Verlust an individuellem Gehalt. Die trinitaristische Wissenschaft kennt nur das Allgemeine: die Physik das Allgemeine Beispiel an einer Bewegung, die Botanik das Allgemeine an einer Pflanze, die Medizin das Allgemeine an einem Patienten. In diesem meßbar ausgelegten Rahmen wird das Austauschbare behandelt, und es geht um das, was von den Naturgesetzen gegeben ist. Dabei verschwindet das, was komplementär dazu ist, nämlich das Unverwechselbare und das, was durch Zufälle gegeben ist. Beides kommt gar nicht erst in den Blick. Die Rationalität hat dafür auch keinen Platz, und deshalb muß sie (komplementär) durch das Sinnliche ergänzt werden, durch die Wahrnehmung, die allein für das Einzelne und die Einzelnen zuständig ist.

Übrigens ist es genau diese Unfähigkeit der modernen Physik, den Einzelfall – die Bewegung eines einzelnen Elektrons zum Beispiel oder den Zerfall eines einzelnen Atoms – zu erfassen, die Einsteins Kritik an der Mechanik der Atome auf den Plan rief. Die Quantentheorie sei nicht vollständig, so lautete seine unerschütterlich bis in den Tod verteidigte Überzeugung. Allerdings erträumte sich Einstein eine Lösung im Gewand der klassischen Form seiner Wissenschaft, und dieses zu einfache Liebäugeln mit der alten Kraft der Naturgesetze hielt Pauli für ein »neurotisches Mißverständnis Einsteins«, wie er einmal sarkastisch geschrieben hat.

Vollständigkeit im Sinne der Komplementarität kann die Physik – und mit ihr alle exakte Naturwissenschaft – wahrscheinlich nur erzielen, wenn sie die Erfassung der Wirklichkeit durch das sinnliche Erkennen ergänzt, sich also der brachliegenden ästhetischen Funktion bedient, wie Portmann es ausdrücken würde. Ich vermute, daß sich in dieser »vollständigen« (»vollkommenen«) Erkenntnis die Schönheit zeigt, auf die es den Menschen ankommt. Ihre unleugbar vorhandenen »künstlerischen Antriebe« verlangen danach. Sie wollen nicht nur das Eine, das alles ist (rationale Abstraktion), sondern auch das Eine, das einzig bleibt und so erlebt werden kann.

Ästhetik und Moral

Schönheit hat sicher mit Vollkommenheit zu tun. So sieht es zumindest Baumgarten, der wieder als erster versucht hat, mit Hilfe der Sinne den wissenschaftlichen Blick so zu öffnen, daß Schönheit erkennbar wird. Der junge Philosoph Michael Hauskeller hat 1996 in einem Vortrag »Über die ästhetischen Grundlagen der Moral« darauf hingewiesen, daß das Einlassen auf Baumgartens Programm einschneidende moralische Konsequenzen haben würde:

»In der Schönheit macht sich die Wirklichkeit als Werttatsache geltend: Sie fordert unmittelbare Achtung und weckt Scheu. Die Kluft zwischen Sein und Sollen, die ... gemeinhin als unüberwindlich gilt, kann so vielleicht doch ästhetisch geschlossen werden.«

Die Kluft zwischen Sein und Sollen, diese dogmatische Setzung der alten Schule einer wertfreien Wissenschaft, die keine Brücke zwischen diesen Bereichen sieht, existiert für den wahrnehmenden Menschen nicht. Schließlich wissen alle Eltern (und nicht nur sie), die ihr (oder ein) Kind ansehen, daß sie ihm helfen müssen und für es verantwortlich sind. »Sein und Sollen [sind] in der Erscheinung [eines neugeborenen Kindes] untrennbar voneinander«, wie Hauskeller schreibt, der dies bei Hans Jonas gelernt hat. Sein »Prinzip Verantwortung« findet »das elementare ›Soll‹ im ›Ist‹ des Neugeborenen«, dessen bloßes Atmen von den Mitmenschen verlangt, sich seiner anzunehmen. Diese Einsicht faßt Jonas in den schönen Satz zusammen, »Sieh hin und du weißt.«

Wie sehr es die Wahrnehmung – und damit die Erfüllung der ästhetischen Funktion – ist, die Menschen moralisch handeln läßt, schildert Hauskeller am Beispiel des sogenannten *Milgram-Experiments*, das zu den Klassikern der Psychologie gehört. Es wurde zum ersten Mal zu Beginn der sechziger Jahre durchgeführt, und seine Ergebnisse konnten inzwischen vielfach bestätigt werden.

Der amerikanische Psychologe Stanley Milgram wollte wissen, wie sich bei erwachsenen Menschen »Gehorsamsbereitschaft gegenüber Autorität« zeigt, und er hat sich dazu folgende Situation ausgedacht: Er beschäftigte in seinem Laboratorium zwei Schauspieler, die einen Lehrer (als entsprechend ausstaffierte Autoritätsperson) und einen Schüler darstellten. Die beiden sollten so tun, als versuchten sie herauszufinden, ob Lernerfolg durch Strafen gesteigert werden kann.

An dieser Stelle tauchen die eigentlichen Versuchspersonen auf – die berühmten Männer und Frauen von der Straße. Sie hielten Lehrer und Schüler für echt, und ihnen wurde gesagt, sie nähmen an einem pädagogischen Versuch teil, für den man Hilfskräfte brauche. Ihre Aufgabe wäre ganz einfach, sie sollten bloß die Bestrafungen vornehmen, die der Lehrer verfügen würde und *die das Lernen verbessern sollten*. Als Strafen hätte man Stromschläge vorgesehen, die sie stufenweise einsetzen könnten, und zwar per Knopfdruck (in Wirklichkeit war auch die Apparatur eine Attrappe). Die Versuchspersonen konnten dabei bis weit über 400 Volt verabreichen, also eine tödliche Dosis, wenn sie wirklich zur Anwendung gekommen wäre.

Milgrams Frage lautete, ob Menschen unter dem beobachtenden Einfluß einer Autorität (des professoralen Lehrers) Strafen vollziehen würden, die sie als wahnsinnig und unangemessen brutal erkennen mußten. Die nachhaltig das bürgerliche Menschenbild erschütternde Antwort lautet leider »Ja«, aber auf diesen in der Literatur ausführlich diskutierten Aspekt soll hier nur hingewiesen werden. Im Rahmen einer ästhetischen Diskussion geht es nämlich um eine andere Beobachtung aus dem Milgram-Experiment. Es zeigte sich nämlich, daß die Bereitschaft (der Gehorsam), die höchste und lebensgefährliche Strafe anzuwenden, davon abhing, in welchem Kontakt die Versuchspersonen zu dem von ihnen bestraften »Schüler« standen (Abb. 8-4). Milgram unterschied Situationen, bei denen die Versuchspersonen und der »Schüler« in getrennten Räumen waren, von Situationen, bei denen sich beide in einem Raum aufhielten. Im ersten Fall wurde noch unterschieden, ob die Versuchspersonen nichts von dem »Bestraften« wahrnehmen (»Fernraum«), oder ob sie ihn hören (also stöhnen oder schreien hören) konnten (»akustisch«). Im letzten Fall wurde noch einmal danach differenziert, ob sich beide nur sehen (»Raumnähe«) konnten, oder ob es gar die Möglichkeit der Berührung gab (»Berührung«).

Das Ergebnis zeigte, daß die akustische Rückkoppelung fast nichts am Verhalten der Versuchspersonen änderte. Die Zahl der Gehorsamen gab in einem Experiment nur wenig von 65 nach 62 nach. Erst die »Raumnähe« hatte deutliche Auswirkungen – die Zahl der Gehorsamen erreichte jetzt nur noch 40 –, was durch den Körperkontakt noch einmal verstärkt wurde – sie sank auf 30. Natürlich macht einen Betrachter zunächst und vor allem die hohe bleibende Bereitschaft zum bedingungslosen Gehorsam unruhig, aber sie kann hier bis auf einen Hinweis nicht weiter behandelt werden. Dieser Hinweis hat damit zu tun, daß das Milgram-Experiment in einem kahlen und nüchternen Raum (einem Laboratorium) stattgefunden hat, also in einem Raum ohne jeden ästhetischen Reiz. Ich denke, die Frage, wie die Ver-

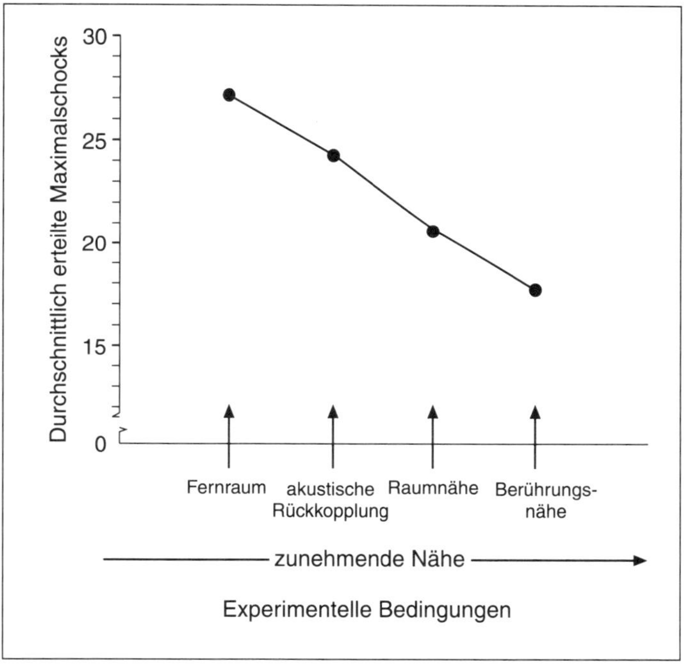

Abb. 8-4 Das Milgram-Experiment: Die maximal erteilte Strafe hängt von der räumlichen Nähe der beiden agierenden Personen ab. Die einzelnen Positionen sind im Text beschrieben.

suchspersonen in einer ästhetisch gestalteten und mit künstlerischen Hervorbringungen sinnlich zugänglich gemachten Umgebung reagiert hätten, wäre ein zweites Milgram-Experiment wert. Vielleicht drückt niemand mehr die gefährlichen Knöpfe, wenn er zum Beispiel die »Lebenstufen« von Caspar David Friedrich oder vielleicht die »Sternennacht« von Vincent van Gogh vor Augen hat.

Doch das Experiment hat ohne Kunst stattgefunden, und nur sein Ergebnis ist bekannt (Abb. 8-4). Es konnte in seiner Tendenz zwar erwartet werden, aber es lohnt sich trotzdem, einen Augenblick darüber nachzudenken bzw. etwas an ihm wahrzunehmen. Worauf es ästhetisch ankommt, läßt sich so formulieren, daß die Versuchspersonen begrifflich nichts Neues erfahren haben, als der bestrafte Mensch ihnen näher kam. Daß er Schmerzen hatte, daß er leiden mußte, daß er eine hilflose Kreatur war, das alles wußten sie schon, bevor er in ihr Blickfeld kam. Sie wußten es, und sie wußten es zugleich auch nicht. Die Versuchspersonen – also Menschen wie Du und ich – kannten erst nur durch Begriffe, was sie dann wahrnehmen und sinnlich erfassen konnten. Und erst als sie hinsahen, da wußten sie – genau wie es Hans Jonas notiert hat. Sie wußten auf einmal, daß es *ein Mensch* war, den sie leiden ließen, und sie wußten, das es *dieser besondere Mensch vor ihnen* war, den sie leiden ließen.

Das Wissen, das die Wahrnehmung den Menschen verschafft, hat schon Aristoteles als das Wissen des Besonderen bezeichnet, und nur dieses Wissen ist es, das die Wirklichkeit erfaßt. Das Allgemeine ist unwirklich, und es läßt meine Moral kalt. Von dem, was eine ausschließlich mit Hilfe der theoretischen Funktion betriebenen Wissenschaft kennt, führt tatsächlich kein Weg vom Sein zum Sollen. Bei dem Besonderen sieht dies anders aus, und wenn es mir zudem gelingt, seine Schönheit wahrzunehmen, habe ich eine große Chance, zu wissen, was ich tun soll. Das wahrgenommene Sein führt im empfindsamen Menschen zum Sollen.

Ein aktueller Exkurs: Der wertlose Klon

Es ist also die Wahrnehmung, aus der die Ethik der Wissenschaft sich entwickeln muß, denn die sinnliche Erfahrung ist offenbar in der Lage, das Wertewissen zu vermitteln, das zu einer moralischen Haltung führt. Und sie tut dies, wie es bei Hauskeller heißt, weil es ihr gelingt, *»den Dingen ihre Seele zu lassen.«*

Der Begriff der Seele scheint in der modernen Wissenschaft fehl am Platze zu sein, die immer wieder den Satz von Rudolf Virchow, dem berühmten Pathologen des 19. Jahrhunderts, zitiert: »Ich habe Tausende von Leichen geöffnet und nie eine Seele gefunden.« Aber wirksam bleibt die Seele unabhängig von dieser Häme, und selbst wenn viele Forscher ihre Existenz leugnen, so wissen die meisten Menschen doch, daß sie eine Seele haben. Vielleicht ist es nicht schlecht, sich die Seele eines Menschen als das vorzustellen, was derjenige erkennt, der einen Menschen wahrnimmt. Wer einen anderen nur *beobachtet,* richtet seine Aufmerksamkeit auf bestimmte Teile (Haarfarbe, Stirnhöhe). Wer sein Gegenüber aber *wahrnimmt,* erfaßt etwas, was darüber hinausgeht. Man könnte (und ich würde) es die Seele nennen.

Die Seele wird deshalb hier angeführt, um damit ein aktuelles Thema in den ausgebreiteten Rahmen der Ästhetik einzufügen, nämlich die Frage nach dem Klonieren von Lebewesen. Mit dem Klonieren ist gemeint, daß Wissenschaftler in der Lage sind, genetisch weitgehend identische Kopien von höheren Lebewesen herzustellen, und zwar durch ungeschlechtliche Vermehrung. Gelungen ist dies im März 1997 mit einem Schaf namens »Dolly«, probiert wird es offenbar mit Primaten, und nun wartet die Öffentlichkeit gespannt, wann der erste Mensch kloniert wird. Eine Firma hat sich zu diesem Zweck schon auf den Bahamas etabliert, und einige Leute, die sich anscheinend für unersetzlich halten, haben bereits signalisiert, daß sie bereit wären, sich klonieren zu lassen. Sie würde es reizen, sich selber im 21. Jahrhundert noch einmal aufwachsen zu sehen.

Natürlich ist die Aufregung groß, und viele Argumente werden angeführt, um das Klonieren von Menschen als verwerflich zu ächten. Dabei macht vieles einen seltsam abgenutzten Eindruck. Zum Beispiel die Hinweise der christlichen Kirchen, die schon wieder von einem unzulässigen Eingriff in die Schöpfung reden, ohne zum einen zu merken, daß Menschen nie etwas anders getan haben, und ohne zum zweiten zu merken, daß die Theologen »Schöpfung« nur noch als Begriff kennen, mit dem sie keinerlei Anschauung – geschweige denn irgendeine Wahrnehmung – verbinden.

Tatsächlich haben viele Menschen Angst vor einem

Menschklon, und dies hat mit der uneingestandenen Erkenntnis zu tun, daß mit »Dolly« das Fehlen ethischer Maßstäbe überdeutlich an den Tag getreten ist. Woran soll man sich orientieren? Die alte Gewißheit, daß die rational operierenden Wissenschaftler nur das Gute hervorbringen und der wissenschaftliche Verstand dabei niemals in ethische Probleme geraten würde, ist längst verlorengegangen. Und keiner scheint einen Mechanismus zu kennen, der an die leere Stelle treten könnte oder sollte.

Alles, was die Wissenschaft seit vielen hundert Jahren macht, läuft unter dem Banner, auf dem groß »Idee des Fortschritts« steht und mit dem verkündet wird, daß das vom wissenschaftlichen Verstand Planbare auch das Gute ist. Und in diesem Zusammenhang stellt man ganz selbstverständlich die Frage, warum man denn auch nicht eines Tages versuchen sollte, Menschen zu klonieren. Man denkt nicht nur beiläufig darüber nach und findet rasch Fälle, in denen der utilitaristischen Phantasie diese Möglichkeit einleuchtet. Sie sind tatsächlich beliebig schnell zur Hand – im kleinen Rahmen etwa der kinderlose Industrielle, der auf diese Weise versuchen will, sein Unternehmen für alle Zeiten in seine (jeweils frisch klonierten) Hände zu legen, oder im großen Rahmen die Regierung, die unentwegt Bedarf an kampfstarkem und denkschwachem Nachwuchs für die Armee des Staates hat. Warum – so fragt man sich – sollte nicht jemand, der mit genügend Geld ausgestattet wird, versuchen, den fehlenden Unternehmer oder die gewünschten Untermenschen zu klonieren? Irgendwo wird man ihm schon Platz und ein Laboratorium verschaffen, wobei die Spekulationen früher häufig auf den brasilianischen Urwald und heute eher auf die irakischen Wüsten gerichtet sind.

Was spricht denn auch dagegen, wenn es fast keine Risiken gibt? Was kann denn bei der Klonierung von Menschen schieflaufen? Warum soll man sie nicht versuchen? Gibt es überhaupt irgendein Problem?

Ein Risiko wäre natürlich, daß einige der erwünschten Merkmale – etwa die kaufmännische Intelligenz oder der soldatische Kampfeswillen – keineswegs von Genen abhängen, sondern vielmehr durch eine kontingente Umwelt bestimmt werden, denn dann scheiterte der Klonierungs-Plan allein daran, daß man die Umwelt – zum Beispiel die Eltern und Großeltern des Fabrikanten – mitklonieren müßte, wobei natürlich auch die nur dann identisch mit ihren Vorgängern wären, wenn auch deren Eltern bzw. Großeltern mitkloniert worden wären. Und so verliert sich dieses Verfahren rasch im Nebel der Undurchführbarkeit.

Ein zweites Risiko bestünde darin, daß der reproduzierte Alt-Unternehmer überhaupt nicht für die neuen Aufgaben der neuen Zeit geeignet ist. So konnte er zwar großartig die Gründung einer Fabrik für Schreib- und Rechenmaschinen in seiner Heimatstadt betreiben und das Geschäft auch national ausweiten, aber daraus folgt nicht, daß er zum Beispiel der Anpassung seines Werkes an den sich wandelnden Bedarf bei sich öffnenden europäischen Märkten gewachsen ist.

Und was die Soldaten angeht, so kommen sie höchstwahrscheinlich immer zu spät (wenn man sie mit genetischen Mitteln anfertigen will und nicht durch propagandistische Gehirnwäsche wie die Nazis). Man braucht ja nicht Monate, sondern Jahrzehnte, um sie zu klonieren, und wer kann garantieren, daß die politische Situation – das Feindbild – so lange stabil bleibt? Man braucht sich nur vorzustellen, daß eine Großmacht 1975 – noch im ausklingenden Kalten Krieg – Millionen von Soldaten in Auftrag gegeben hätte, und sich dann die Frage vorzulegen, was sie heute nach dem Fall der Berliner Mauer und der Auflösung des Ostblocks mit all den nun überflüssigen Klonmenschen machen soll. Immerhin müssen auch für sie Arbeitsplätze geschaffen werden, und das ist sicher nur das kleinste aller Probleme.

Auf ein weiteres – wissenschaftlich fundiertes – Risiko soll hier nur hingewiesen werden, das Risiko nämlich, daß bei einem Übergang von der geschlechtlichen zur ungeschlechtlichen Fortpflanzung die genetische Vielfalt der Gattung Mensch beeinträchtigt wird. Auf diese Weise verringert das

Klonieren die Möglichkeiten der Menschen, auf plötzliche Veränderungen der Umwelt genetisch zu reagieren.

Wir halten uns deshalb nicht lange bei diesem prinzipiell natürlich wichtigen Punkt auf, weil es unabhängig von allen technischen Erwägungen äußerst unwahrscheinlich ist, daß Menschen im größeren Umfang geklont werden. Aber dies hat nichts mit unserer Furcht vor den möglichen biologischen Gefahren zu tun. Es liegt vielmehr schlicht und einfach daran, daß die Aussicht auf eine mit Klonen genetisch identischer Menschen bevölkerte Erde überhaupt nichts Verlockendes an sich hat, obwohl es zunächst oberflächlich so scheinen mag.

Vielleicht wäre es auf den ersten Blick sogar ganz witzig, wenn Immanuel Kant, Johann Heinrich Pestalozzi, Ludwig van Beethoven, Albert Einstein, Marilyn Monroe, Kaiserin Maria Theresia oder wer auch immer plötzlich auf unseren Straßen herumspazierten – und zwar in größeren Mengen. Aber schon beim zweiten Blick muß man sich vorstellen, daß diese Wesen zum Beispiel nicht mehr das machen könnten, was wir an ihnen so schätzen. Einstein findet nämlich seine Theorien ebenso vor wie Beethoven seine Symphonien, und die Annahme, daß Beethoven auch andere Musik und Einstein auch andere Wissenschaft treiben kann, ist mehr als fragwürdig. Wahrscheinlicher ist, daß beide ihre klonierte Existenz als nutzlos empfinden, und die psychischen Konsequenzen kann sich jeder Leser selbst ausmalen.

Wenn man einmal das andere Extrem annimmt und sich vorstellt, daß sowohl Einstein alle Formen der modernen Wissenschaft und Beethoven alle Techniken der neuen Musik beherrscht – und zwar in der Genialität, die wir von ihnen gewohnt sind –, dann bleibt allen geistigen Normalverbrauchern nur noch die Resignation, wenn man es milde ausdrücken will, oder die Kugel.

Damit gelingt der Übergang zur Betrachtung der Monroe, die bekanntlich Selbstmord begangen hat. Alles, was man aus ihrer Biographie weiß, deutet darauf hin, daß sie in ihrem Leben zwar fröhlich ausgesehen hat, aber nicht glücklich gewesen ist. Warum redet trotzdem jeder von ihr, wenn Klone anvisiert werden?

Ich bezweifle, daß die Monroe bereit gewesen wäre, einen rekonstruierten Lebensversuch zu unternehmen, und ich bezweifle erst recht, daß sie dies vor den Augen einer ekelhaft neugierigen Öffentlichkeit tun würde, die ihr nicht den Hauch einer Chance geben würden, in Ruhe zu leben. Die Monroe wäre meiner Ansicht nach lieber tot als ein Opfer moderner Klatschspalten in der heutigen Boulevardpresse.

So kann man die meisten Einzelfälle abhandeln und die Lust auf das Klonieren rasch verlieren. Aber wichtiger als dieser Aspekt ist etwas anderes. Es geht dabei um die Vorstellung, die begehrten Menschen in Hunderten oder Tausenden von Exemplaren zu sehen. Solch ein Bild ist nämlich keinesfalls berauschend und vielmehr auf schlimmste Weise bedrückend. Denn uns Menschen schreckt eine Horde von völlig gleich aussehenden Serienprodukten, und der Grund dafür liegt in dem, was man als Einzigartigkeit der menschlichen Seele bezeichnet hat.

Menschen, denen wir das Merkmal der Einzigartigkeit nicht zuweisen können, wirken für uns nicht wie Menschen, sondern wie kalte kartesianische Maschinen, mit denen man machen kann, was man will. Diese Entpersönlichung durch das Klonieren kann leicht studieren, wer den Rassenhaß oder die Fremdenfeindlichkeit ins Auge faßt oder sich fragt, warum es Menschen so leicht fällt, andere Menschen dann zu töten, wenn sie als Soldaten in einer Uniform erscheinen und nicht als Individuen zu erkennen sind. Jede gesichtslose Masse – ob der Fremdling oder der Soldat – ist unbeseelt und kann als Kollektivfeind zur Bestie erklärt werden, die keinen Anspruch auf die Wahrung von moralischen Grundsätzen hat. Mit anderen Worten, der klonierte Mensch wird gar nicht mehr als Mensch wahrgenommen, und wenn uns solch ein Wesen in vervielfältigter Form begegnet, würden wir es und seine Mitläufer wahrscheinlich töten. Ich selbst hätte vermutlich die meiste Angst vor meinem Klon.

Damit nähern wir uns dem entscheidenden Punkt der

Debatte und der Frage, welches eigentlich die Quelle sein soll, aus der die moralischen Vorstellungen der westlich-wissenschaftlichen Welt fließen sollen. Was kann uns wirklich daran hindern, das »Böse« weiter in die Welt zu setzen und zum Beispiel Menschen zu klonieren?

Im Rahmen der bisherigen Wissenschaft, die sich ausschließlich mit dem Meßbaren befaßt und so keinen Zugang zu der Einzigartigkeit des Menschen und seiner Seele hat, die ihm beim Klonieren abhanden kommt, läßt sich kaum eine Lösung finden. Wie die Wissenschaft erweitert werden und einen Ausweg finden könnte, habe ich in diesem Buch anzudeuten versucht. Wenn die Rationalität an Grenzen stößt, dann hilft nicht der Rückgriff auf eine aufklärerische Vernunft, sondern vielleicht die Besinnung auf die Fähigkeit, die dem Menschen als komplementäres Gegenstück zum Denken mitgegeben ist und die Fühlen heißt. Gefühle werden dabei durch unsere Sinne ausgelöst, mit deren Hilfe wir die Welt wahrnehmen, und sie erlauben es, Werte zu erkennen.

Mit diesem Wert wird natürlich nicht etwas angesprochen, das sich durch Zahlen – etwa durch einen zu zahlenden Preis – ausdrücken läßt. Solch einen quantitativen Wert stellen klonierte Wesen ganz sicher dar, und aus diesem Grunde ist mit dem Klonieren überhaupt angefangen worden. Gemeint ist nicht ein Wert, den man messen oder berechnen kann. Gemeint ist ein Wert, den man durch sinnliche Erfahrung bzw. Wahrnehmung erfassen kann, und ein Beispiel dafür ist das, was wir unter Schönheit verstehen.

Schönheit ist leider überall zu einem beliebig mißbrauchten Begriff – unter anderem von Modejournalen und Kosmetikfirmen – abgewertet worden. Er gehört aber mitten hinein in die Wissenschaft, die sich daran erinnern muß, daß sie ihr Wissen über die Natur nicht nur zu vergrößern versucht, weil sie mehr Macht haben will, sondern auch, weil die Forscher das Gefühl haben, daß die Natur schön ist. Schön nennen wir das, was einem Ding einen wahrnehmbaren Wert zuweist, und zwar ohne jede Zweckbestimmung.

Wissenschaft muß die »Atrophie des Sinnenlebens« aufgeben, wie Portmann ebenfalls bereits in den fünfziger Jahren betont hat. Sie muß aufhören, nur nützlich sein zu wollen, und zur Fähigkeit der Wahrnehmung zurückfinden, der eigentlichen Quelle ihres Da-Seins. Wenn der Wissenschaft dies gelingt und sie in diesem Sinne wertvoll geworden ist, dann interessiert sich niemand mehr für den klonierten Menschen. Er ist dann nämlich wertlos.

Am Ende ein Traum: Die Forscher und das Schöne

»Die Sprache der Schönheit versteht die ganze Welt.«
Peter Sitte

In den »Notizbüchern« von Raymond Chandler, dem Erfinder des legendären Philip Marlowe, der weiß, daß sich in den Straßen von Los Angeles keine Gerechtigkeit der einfachen Art aufspüren läßt, findet sich unter dem Datum vom 19. Februar 1938 ein völlig aus der Rolle der anderen Notizen fallender Eintrag unter der ungewöhnliche Aufmerksamkeit verlangenden Überschrift »Großer Gedanke« (»Great Thought«). Da heißt es (in meiner Übersetzung):

»Es gibt zwei Arten von Wahrheit: Die Wahrheit, die den Weg weist, und die Wahrheit, die das Herz wärmt. Die erste Wahrheit ist die Wissenschaft, und die zweite ist die Kunst. Keine ist unabhängig von der anderen oder wichtiger als die andere. Ohne Kunst wäre die Wissenschaft so nutzlos wie eine feine Pinzette in der Hand eines Klempners. Ohne Wissenschaft wäre die Kunst ein wüstes Durcheinander aus Folklore und emotionaler Scharlatanerie (*emotional quackery*). Die Wahrheit der Kunst verhindert, daß die Wissenschaft unmenschlich wird, und die Wahrheit der Wissenschaft verhindert, daß die Kunst sich lächerlich macht.«

Der Eintrag wirkt eher isoliert. Der »große Gedanke« muß Chandler plötzlich ergriffen haben. Er kam vielleicht als Inspiration zu ihm, und er könnte eine Inspiration für die Zukunft sein. Ich träume nämlich davon, daß es gelingt, die beiden Bemühungen der Menschen um Wahrheit zusammenzubringen, und zwar in dem Bemühen um Schönheit.

a

$$\left\{\begin{matrix}\phi_{A'\cdots G'}(r)\\ \text{or}\\ \phi_{A\cdots G}(r)\end{matrix}\right\} = \int_{\omega=\mathrm{i}r\pi}\left\{\begin{matrix}\pi_{A'}\cdots\pi_{G'}\\ \text{or}\\ \frac{\partial}{\partial\omega^{A}}\cdots\frac{\partial}{\partial\omega^{G}}\end{matrix}\right\} f(Z^{\alpha})\pi_{E'}d\pi^{E'},$$

b

No-hair theorem. Stationary black holes are characterized by mass *M*, angular ınomentum *J*, and electric charge *Q*.

Abb. N (a, b) Die Diskrepanz zwischen dem technischen Können und dem ästhetischen Versagen der modernen Physiker zeigen die beiden Abbildungen aus dem Buch »The Nature of Space and Time«, das Stephen Hawking und Roger Penrose gemeinsam verfaßt haben. Auf engstem Raum nebeneinander werden dem Leser unverständliche Integrale (a) und alberne Witzchen (b) vorgelegt. Die Zeichnung soll ein sogenanntes »Theorem ohne Haare« illustrieren, demzufolge stationäre Schwarze Löcher durch ihre Masse, ihr Drehmoment und ihre elektrische Ladung charakterisiert sind. Kein Experimentalphysiker kann damit auch nur das geringste anfangen.

Könnte der Traum nicht verwirklicht werden, wenn sich die alte Wissenschaft mit der alten Ästhetik trifft, um eine neue ästhetisch orientierte Wissenschaft zu gründen? Ästhetik ohne Wissenschaft bleibt nutzlos, und Wissenschaft ohne Ästhetik bleibt wertlos. Wissenschaft mit Ästhetik kann wertvoll werden. Was zur Wissenschaft gehört und ihr bislang fehlt, ist der Blick der Kunst, wenn Kunst als Interpretin der Natur auftritt. Was dem Forscher fehlt, ist die Wahrnehmung des Künstlers, der die Natur studiert, um das Erlebte in neuer Form darzustellen.

»Ironic science«

Dieser Traum vom neuen Anfang für die Wissenschaft kommt in einer Zeit zustande, in der vielfach das Ende der Wissenschaft beschworen wird. »The End of Science« heißt ganz direkt ein 1995 in Amerika erschienenes Buch, in dem der Autor, John Horgan, prominente Wissenschaftler aus den Tagen des auslaufenden Jahrtausends – gemeint sind zum Beispiel Roger Penrose und Freeman Dyson – interviewt und sie um ihre Einschätzung von den künftigen Möglichkeiten bzw. Grenzen der Wissenschaft bittet. Ein Aspekt, der dabei zur Sprache kommt, steckt in einer seltsamen Schwierigkeit, von der die theoretisch arbeitenden Physiker bzw. ihre mathematisch versierten Kollegen aus der Kosmologie berichten. Die Wissenschaftler erleben das sonderbare Phänomen, daß sie zwar nach wie vor Theorien über die Dinge und die Welt aufstellen können, daß aber keinerlei Chance mehr besteht, diese Theorien in einem Experiment zu überprüfen. Die Apparate, die man dazu braucht, oder die Energie, die erforderlich wäre, übersteigen inzwischen alle irdischen Möglichkeiten. Mit anderen Worten: Die derzeit vorgelegten Theorien haben genauso wenig empirische Evidenz wie die Behauptungen von Science-fiction-Autoren oder anderen Schriftstellern. Dasselbe aus einer ungewohnten Perspektive formuliert: Der Unterschied zwischen Wissenschaft und Dichtung ist dabei, immer mehr zu verschwinden. Und ins Positive gewendet: Was ein Theoretiker des Universums über die Welt sagt, könnte vom Publikum nach denselben Kriterien beurteilt werden wie das, was ein Schriftsteller ersinnt. Dann käme es vor allem auf die Form an, und die Wissenschaft könnte auf diesem Wege ästhetisch werden.

Zur Zeit tut sie es nicht. Zwar haben einige Wissenschaftler das skizzierte Dilemma deutlich erkannt, und einer von ihnen, der Chaosforscher Christopher Langton, hat auch den Verdacht geäußert, daß die Zukunft der Wissenschaft eher poetisch aussehen wird (»*there is something more like poetry in the future of science*«). Aber die Konsequenz, die einige der heutigen Stars aus der Tatsache ziehen, daß ihre Behauptungen ebensowenig einem experimentellen Test ausgeliefert seien wie die Zeilen eines Gedichts, macht eher verdrießlich. Stephen Hawking und andere, die wie er nach Schwarzen Löchern suchen, nehmen sich selbst einfach nicht mehr ernst und nennen das, was sie treiben, »ironische Physik« (»*ironic physics*«). Zwar kann niemand verstehen, was sie sich da in den technischen Bart murmeln (Abb. Na), aber auch der laienhafte Leser kann leicht erkennen, daß das ästhetische Niveau eher katastrophal ist (Abb. Nb).

Ironische Wissenschaft dieser Art kann nur das Ende von Wissenschaft sein. Der Ausweg aus der Sackgasse der Unüberprüfbarkeit, in die viele Zweige der Forschung geraten sind, kann meiner Ansicht nach nur eine ästhetische Wissenschaft sein. Den Weg zu ihr wird man finden, wenn man sich daran erinnert, daß die wesentlichen Theorien und Modelle der Wissenschaft den Betrachter zunächst einmal durch ihre Schönheit beeindruckt haben.

Es muß vermehrt zu einem Wechselspiel zwischen den Künsten und den Wissenschaften kommen, allein deshalb, weil die Wahrheit der Wissenschaft längst so unmenschlich geworden ist, wie Raymond Chandler es befürchtet hat. Zumindest haben die ethischen Probleme des Forschens und die moralische Fragwürdigkeit so stark zugenommen, daß zwischenzeitlich schon höhere Mächte aufgefordert worden sind, uns zu retten. Jedenfalls soll Martin Heidegger einmal gesagt haben, daß nur ein Gott dafür in Frage käme, und auch Hans Jonas hat sich ähnlich geäußert, unter großer öffentlicher Zustimmung. In seinem Buch über »Das Prinzip Verantwortung« hat er vorgeschlagen, daß es wieder »Ehrfurcht für das, was der Mensch war und ist« geben müsse: »Ehrfurcht und Schaudern sind wieder zu lernen, daß sie uns vor den Irrwegen der Macht schützen«, die die Naturwissenschaften den Menschen zur Verfügung stellen. Die Idee von Jonas besteht darin, daß die Ehrfurcht uns ein »Heiliges« enthüllt, etwas »unter keinen Umständen zu Verletzendes«.

Mir kommt dies – im wahrsten Sinne – als zu hoch gegriffen vor, und statt in himmlische Höhen zu streben, bleibe ich lieber mit beiden Beinen auf der Erde. Statt der Ehrfurcht vor dem Heiligen weise ich lieber auf die schon erwähnte Ergriffenheit vor dem Naturschönen hin, die Nicolai Hartmann in seiner »Ästhetik« durch die Bemerkung definiert, daß sich der wahrnehmende Mensch »des Gefühls nicht erwehren kann, mit einem Schlag von Angesicht zu Angesicht mit dem Wunder der Schöpfung zu stehen«. Für Hartmann ist klar, daß die naturwissenschaftliche Schau ästhetisch faszinierend sein kann, wenn sich der Naturforscher über die Tiefe klar wird, in die das Naturschöne hinabreicht.

Dieses Innewerden könne die Menschen zuletzt moralisch werden lassen. So steht es zwar nicht mehr bei Hartmann, aber bei Josef Brodsky, der im Januar 1996 gestorben ist. In einem erst kürzlich publizierten Essay, aus dem schon einmal zitiert wurde, heißt es:

»Jede neue ästhetische Realität präzisiert die ethische. Denn die Ästhetik ist die Mutter der Ethik. Die Begriffe ›Schön‹ und ›Nicht-Schön‹ sind zunächst ästhetische Begriffe, welche den Kategorien ›Gut‹ und ›Böse‹ vorausgehen. In der Ethik ist gerade deshalb nicht ›alles erlaubt‹, weil in der Ästhetik nicht ›alles erlaubt‹ ist, zum Beispiel, weil die Farbskala des Spektrums begrenzt ist.«

Am Anfang des wahrnehmenden und sinnlichen Lebens steht nach Brodsky eine ästhetische Wahl, und bei dieser Wahl richten sich Menschen nach der Schönheit, die sie erfassen. Es ist nun diese auf andere Menschen gerichtete Wahrnehmung, aus der moralische Vorstellungen fließen, und es ist diese Wahrnehmung des Schönen, die sinnliche Erkenntnis der Wirklichkeit, auf die es sich zu besinnen gilt. Denn, so schreibt Brodsky:

»Je reicher die ästhetische Erfahrung eines Individuums, desto unbeirrbarer sein Geschmack, desto präziser sein moralisches Urteil, desto größer seine Unabhängigkeit.« Und er fügt hinzu:

»Gerade in diesem eher praktischen als platonischen Sinne muß der Ausspruch Dostojewskijs verstanden werden, ›Die Schönheit wird die Welt erretten‹, oder die Worte von Matthew Arnold, ›Uns wird die Lyrik retten.‹ Es wird wohl nicht mehr gelingen, die Welt zu erretten, aber den Einzelnen kann man immer retten. Der ästhetische Instinkt äußert sich eruptiv, denn selbst, wenn der Mensch nicht weiß, wer er ist und was er in Wirklichkeit braucht, weiß er doch in der Regel, was ihm gefällt und was ihm gegen den Strich geht. Anthropologisch gesehen ist der Mensch, ich wiederhole es, zunächst ein ästhetisches und dann erst ein ethisches Wesen. Deshalb ist die Kunst, und speziell die Literatur, nicht ein Nebenprodukt der Entwicklung der Art, sondern genau umgekehrt. Wenn das, was uns von den übrigen Spezies unterscheidet, die Sprache ist, so muß die Literatur und insbesondere die Lyrik als höchste Form sprachlichen Ausdrucks, vereinfacht gesagt, die Bestimmung unserer Art sein.«

So sehr ich das, was Brodsky da sagt, zutreffend finde, so sehr drängt es mich, auf ein Problem unserer Kultur hinzuweisen, das ärgerlich ist und zu wenig in der Tiefe verstanden wird. Gemeint ist die Spaltung in die zwei Kulturen der Natur- und Geisteswissenschaften bzw. in die szientistische und literarische Intelligenz, auf die zuerst der britische Physiker und Schriftsteller Charles Percy Snow 1959 in einem Vortrag hingewiesen hat, der »The Two Cultures and the Scientific Revolution« überschrieben war. Diese Trennung ist leider kein »Snow von gestern«, wie es in einem unglücklichen Kalauer heißt[8], sondern praktizierte Wirklichkeit, wie sie sich auch in dem Zitat von Brodsky findet. Für ihn, den Dichter, ist nur die Literatur und insbesondere die Lyrik die höchste Form sprachlichen Ausdrucks und also die »Bestimmung unserer Art«. Da müssen Naturwissenschaftler protestieren und fragen, wieso die mathematische Sprache der theoretischen Physik oder die Symbolsprache der analytischen Chemie oder überhaupt die Fachsprachen der modernen Wissenschaft diese Anerkennung nicht verdienen. Auch sie sind »höchste Formen« des sprachlichen Ausdrucks und können daher als »Bestimmung unserer Art« verstanden werden.

Natürlich besteht ein Unterschied im Gebrauch der wissenschaftlichen und der literarischen Sprache, aber er ist nicht so einfach zu finden, wie oft gedacht wird. Der Unter-

---

[8] Die Formel »Schnee von gestern« ist übrigens falsch – literarisch und sachlich. Tatsächlich kann der Schnee von gestern ja noch liegen und sich als harte Realität erweisen, und literarisch hat Bert Brecht den entsprechenden Ausdruck seines französischen Vorbilds François Villon – »Mais où sont les neiges d´antan?« – mit den schönen Worten »Wo ist der Schnee vom vergangenen Jahr?« übersetzt. Mir scheint, daß die ästhetische Wende noch eine Zeit braucht, wenn die gebildete Öffentlichkeit unbelehrbar am schrecklichen »Schnee von gestern« festhält.

schied besteht *nicht* darin, daß die Sprache der Dichter *jeder* versteht, während die Sprache der Forscher *niemand* versteht. Ich bezweifle nämlich sehr, daß mehr Menschen ein Gedicht von Paul Celan verstehen als einen Satz bzw. eine Formel von Einstein. Der Unterschied besteht vielmehr darin, daß wir an einem literarischen Text mehr die *Form* (das *Werk)* und an einem wissenschaftlichen Text mehr den *Inhalt* bewundern. In der Literatur kommt es mehr auf das *Wie* und in der Wissenschaft mehr auf das *Was* an. In Physik, Chemie oder Biologie sind die Begriffe wichtig, die einzelnen Termini, in denen das Wissen steckt – zum Beispiel Gen, Atom, Energie, Stoffwechsel, Welle und Gleichgewicht. Es kommt darauf an, zu wissen, *was* damit gemeint ist. In der Literatur ist nicht so sehr von Bedeutung, *was* beschrieben wird. Es kommt mehr darauf an, *wie* dies geschieht und gelingt.

So gesehen scheinen die Wissenschaften, die ihr Können in Konzepte stecken, ohne Form zu sein. Doch diesen Irrtum durchschaut man rasch, wenn man sich klarmacht, daß die Naturwissenschaften zwar laufend nach dem *Was* fragen – Was ist Leben? Was ist Materie? Was ist Energie? Was ist ein Gen? –, aber mit dem Antworten nie fertig werden. Es gehört zu den Vorurteilen über die Naturwissenschaften, daß sie sich mit beantwortbaren (sprich: banalen) Fragen befassen. Naturwissenschaften können zwar immer noch (und eigentlich sogar immer besser) *herausfinden*, was etwas ist, sie können aber schon lange nicht mehr *sagen*, was etwas ist. In den Worten von Niels Bohr, die sich auf die vielfach erwähnte, wundersame Physik der Atome, welche mit den Quanten zu tun hat, beziehen:

»Die Quantentheorie ist ein wunderbares Beispiel dafür, daß man einen Sachverhalt in völliger Klarheit verstanden haben kann und gleichzeitig doch weiß, daß man nur in Bildern und Gleichnissen von ihm reden kann.«

Man kann dies auch in poetischer Form tun, wie es zum Beispiel Richard Feynman einmal versucht hat, als er sich darüber klarzuwerden versuchte, was eigentlich passiert, wenn die Schwerkraft ihre Wirkung entfaltet und dafür sorgt, daß sich zwei Massen gegenseitig anziehen. Theroetisch-physikalisch besteht da kein Problem. Aber wie drückt man dies mit normalen Worten aus, ohne den Reiz des Themas und die Lust am Problem zu verlieren? Feynman hat sich dazu einmal an einem Haiku-ähnlichen Vers versucht, der wie folgt lautet:

»Principles
You can´t say A is made of B
or vice versa.
All mass is interaction.«

(»Prinzipien
Man kann nicht sagen, A bestehe aus B
Oder umgekehrt.
Masse ist stets Wechselwirkung.«)

Auch die Naturwissenschaften müssen (und können) einige ihrer Ergebnisse wenigstens manchmal in einer Form angeben, die man eher aus der Literatur kennt. Wenn aber die exakten Wissenschaften und ihre Technik sprachlich und auch sonst in ihren Kommunikationsbemühungen ästhetischer werden, dann sollten sie auch moralisch besser Tritt fassen können. Zwar ist die Naturwissenschaft nach wie vor eine technische Kultur mit Antwort (Singular), weil sie Verantwortung übernimmt, aber sie kann einer ästhetischen Kultur mit Antworten (Plural) und dabei den schöngeistigen Bemühungen immer ähnlicher werden. Auch die Physiker, Biologen oder Chemiker formulieren inzwischen die Wahrheit so, daß sie ihr Geheimnis behält. Dann ist sie übrigens für die Menschen am schönsten, vor allem dann, wenn man sie in der geeigneten Form vorfindet. Denn das Geheimnisvollste ist bekanntlich das Schönste, das wir erleben können, wie es Einstein einmal ausgedrückt hat.

Mit alledem soll nicht gesagt werden, daß die Natur- und Geisteswissenschaften eine einzige Kultur werden können – es sei denn in dem Sinne, daß die Naturwissenschaften das werden, was das englische Wort »*moral science*« ausdrücken wollte, das im 19. Jahrhundert mit »Geisteswissenschaft« übersetzt worden ist. Die Natur- und die Geisteswissenschaften bleiben auf alle Zeiten unterschiedlich, denn in dem einen Bereich der Kultur geht es immer auch um die Dinge, auf die man sich einigen kann – die Temperatur des Wassers oder die Energie einer Feder –, während es in dem komplementären Bereich der Kultur in erster Linie um die Dinge geht, die den Menschen etwas bedeuten – um Freude, Zuneigung und Lieben zum Beispiel. Wenn es heute im europäischen Haus der Kultur eine vordringliche Aufgabe gibt, dann die, sich darauf zu einigen, daß *beide* Kulturen etwas bedeuten und ihren Wert für Menschen haben.

Kann man hoffen, daß unser gegenwärtiges Wissenschaftssystem dies erlaubt? Ich denke, die Antwort auf diese Frage lautet Nein, und ein Grund steckt meines Erachtens in der Zersplitterung der Fachbereiche an den Universitäten. Sie bietet keine Chance, das »harmonische Gleichgewicht der geistigen Funktionen« zu finden, von dem Adolf Portmann gesprochen hat. Man kann auch sagen, die heutigen Universitäten bieten keine *universitas* mehr, die diesen Namen verdient. *Universitas* meint sowohl die Einheit der wissenschaftlichen Disziplinen als auch die Einheit der Menschen, die sich in diesem Sinne betätigen.

Der Traum, von dem oben die Rede war, könnte vielleicht erfüllt werden, wenn irgendwo auf dieser Welt ein Ort entstünde, an dem Wissenschaft und Kunst gemeinsam unterrichtet werden und niemals getrennt auftreten. Es müßte ein Ort sein, an dem Studierende gemeinsam mit Lehrenden ihren persönliche Zugang zur Wahrnehmung suchen und finden könnten: durch die Beschäftigung mit den beiden oben genannten Gebieten menschlichen Bemühens. Nur so kann gelernt werden, wie der bisherige Sachverstand der Menschen durch Erkenntnismethoden zu ergänzen ist, die es erlauben, den Wert der Natur und ihre Schönheit zu erfassen, ohne dabei den einzig tragfähigen Boden der Wissenschaftlichkeit zu verlassen. Diese Methode ist die Ästhetik mit ihrer Betonung der Wahrnehmung.

Ein persönlicher Anhang

Das Schöne ist, daß es solch einen Ort tatsächlich seit einiger Zeit gibt. Er heißt Holzen und liegt im Markgräflerland. Hier entsteht ein privates Studienkolleg, das eine Schule der Wahrnehmung sein will. Ich zitiere aus dem Hochschulmanifest, das bislang noch nicht publiziert worden ist:

»Die Hochschule Holzen will als Stätte der wissenschaftlichen Forschung die Tragweite der Ästhetik erkunden, um zum einen der Versöhnung und dem Zusammenwirken der Disziplinen näherzukommen, und um zum anderen die Trennung von Erleben und Wissen zu überwinden, die zum Unbehagen an den modernen Naturwissenschaften geführt hat.«

Wer das inzwischen fertige Gebäude der Hochschule betritt, kann auf dem Grundstein lesen, wie Immanuel Kant die Gemeinsamkeit ausgedrückt hat, die in Holzen angestrebt wird:

»Der Mensch ist bestimmt, in einer Gesellschaft mit Menschen zu sein und in ihr sich durch Kunst und Wissenschaften zu kultivieren.«

Hinweise zur Literatur

Allgemeine Angaben (in alphabetischer Reihenfolge):

Chandrasekhar, Subrahmanyan: »Truth and Beauty«, Chicago 1987
Cooper, David (Hg.): »A Companion to Aesthetics«, Oxford 1995
Cramer, Friedrich/ Kaempfer, Wolfgang: »Die Natur der Schönheit«, Frankfurt 1992
Curtin, D.W. (Hg.): »The Aesthetic Dimension of Science«, New York 1982
Dissanayake, Ellen: »Homo aestheticus«, Seattle 1995
Gregory, Richard et al. (Hg.): »The Artful Eye«, Oxford 1995
Hauskeller, Michael (Hg.): »Was das Schöne sei«, München 1994
Hutcheson, Francis: »An Inquiry Concerning Beauty, Order, Harmony, Design«, Den Haag 1973
Löw, Reinhard: »Über das Schöne«, Stuttgart 1994
McAllister, James: »Beauty and Revolution in Science«, Ithaca 1996
Miller, Arthur: »Insights of Genius«, New York 1996
Portmann, Adolf: »Vom Lebendigen«, Frankfurt 1973
Rentschler, Ingo/ Herzberger, Barbara/ Epstein, David (Hg.): »Beauty and the Brain«, Basel 1988
Ridley, Matt: »The Red Queen«, London 1993
Rock, Irvin: »Perception«, New York 1995
Santayana, George: »The Sense of Beauty«, New York 1955
Schweizer, Hans Rudolf: »Vom ursprünglichen Sinn der Ästhetik«, Zug (Schweiz) 1967
Seel, Martin: »Eine Ästhetik der Natur«, Frankfurt 1991
Tauber, Alfred (Hg.): »The Elusive Synthesis – Aesthetics and Science«, Dordrecht (Holland) 1996
Turner, Frederick: »Beauty – The Value of Values«, Charlottesville 1990

Hinweise zu den Zitaten

Vorwort:

Das Goethe-Zitat findet sich in seiner Winckelmann-Schrift von 1805.

Heideggers abweisende Bemerkung wurde zitiert nach R. Safranskis Biographie »Ein Meister aus Deutschland« (Frankfurt 1997), S. 179.

Das Märchen bzw. der Mythos wird nach der Darstellung in C.G. Jungs Buch »Der Mensch und seine Symbole« (Solothurn 1983) erzählt.

Ernst Haeckels Bild ist der Ausgabe der »Kunstformen der Natur« entnommen, die 1974 im Dover Verlag (New York) erschienen ist.

Das Schlußzitat steht in Josef Poppers Schrift »Die technischen Fortschritte und ihre ästhetische und kulturelle Bedeutung«, die 1901 im Verlag Carl Reiser, Dresden erschienen ist; das Zitat findet man auf den Seiten 4/5.

1. Kapitel:

Das Zitat von Thomas von Aquin findet sich in der »Summa theologica« I/II, Questio 27, Art. 1.

Mehr über Johannes Kepler und Richard Feynman findet der interessierte Leser in meinem Buch »Aristoteles, Einstein & Co.«, das 1995 im Piper Verlag erschienen ist. Die Zitate aus den Werken von Kepler (in der Übersetzung von Marie Luise Franz) finden sich in dem langen Essay von Wolfgang Pauli zum Thema »Der Einfluß archetypischer Vorstellungen auf die Bildung naturwissenschaftlicher Theorien bei Kepler«, der in dem gemeinsam mit C.G. Jung verfaßten Buch »Naturerklärung und Psyche« zu finden ist. Dieses Buch ist 1952 im Rascher Verlag, Zürich erschienen. Dort finden sich auch alle Hinweise auf die Originalstellen in den Schriften »Mysterium Cosmographicum«, »Ad Vitellionem Paralipomena« und »Harmonices mundi«.

Die Thesen zu Einstein sind ausführlicher dargestellt in meinem Buch »Einstein – Ein Genie und sein überfordertes Publikum« (Heidelberg 1996).

Das Zitat aus Faust sind die Zeilen 434ff. L. Boltzmanns Rede findet sich in den »Populären Schriften« (Braunschweig 1979). Henri Poincarés Anmerkungen stammen aus dem Buch »Wissenschaft und Methode« (Darmstadt 1974).

Die Arbeit von Watson und Crick wurde publiziert in der Zeitschrift ›Nature‹, Band 171 (1953), Seiten 737-738. Es gibt noch eine zweite Arbeit des Duos in demselben Band auf den Seiten 956-966.

Die klassische Arbeit von Meselson und Stahl ist erschienen unter dem Titel »The Replication of DNA in Escherichia Coli« in der Zeitschrift ›Proceedings of the National Academy of Sciences, USA‹, Band 44 (1958), Seiten 671-682.

Die Analyse zu Robert Millikan findet sich in dem Aufsatz »On the Art of Scientific Imagination« von Gerald Holton; er ist erschienen in der Zeitschrift ›Daedalus‹, Ausgabe Spring 1996, Seiten 183-208.

2. Kapitel:

Das Zitat von Dürer habe ich dem Buch »Schule des Sehens« von Wolfgang Hildesheimer entnommen (Frankfurt 1996). Die im Text angesprochenen klassischen Texte (Plotin, Burke, Kant) befinden sich in Auszügen (und versehen mit Kommentaren) in dem oben erwähnten Band »Was das Schöne sei«, den M. Hauskeller herausgegeben hat (München 1994).

Auf das Buch »Schönheit – Ein Versuch«, das 1936 erschienen ist, weist R. Löw in seinem Versuch »Über das Schöne« hin (Stuttgart 1994).

Das Zitat des taoistischen Philosophen Zhuangzi habe ich dem Buch »Wie man mit Fundamentalisten diskutiert, ohne den Verstand zu verlieren« von H. Schleichert entnommen (C.H. Beck, München 1997). Es steht dort auf S. 30.

G.A. Baumgartens Ästhetik hat H.R. Schweizer vor allem wiederentdeckt, als er sein wichtiges Buch »Vom ursprünglichen Sinn der Ästhetik« (Zug 1967) geschrieben hat. Baumgartens Text selbst ist vergriffen, kann aber in Bibliotheken gefunden werden. H. R. Schweizer hat einige seiner Schriften im Meiner Verlag ediert.

Das Zitat von Hans Blumenberg findet sich in dem Buch »Die Ästhetik als Antwort auf das Kopernikanische Weltbild«, das Michael Jäger geschrieben hat (Olms Verlag 1984).

Francis Hutchesons Buch wird oben in den allgemeinen Literaturangaben angeführt.

Die Zitate von Leibniz finden sich in dem Aufsatz »Die mathematisch-physikalische Schönheit bei Leibniz« von Herbert Breger, publiziert 1994 in der ›Revue internationale de philosophie‹, Band 48, Seiten 127-140.

Die Zitate von Max Planck findet man zum Beispiel in dem Band »Vorträge und Erinnerungen«, der 1969 in der Wissenschaflichen Buchgesellschaft (Darmstadt) erschienen ist; die entsprechenden Seiten sind 28 und 65.

3. Kapitel:

Das Zitat von G.H. Hardy findet sich in seinem Buch »A Mathematician´s Apology« (Cambridge 1967).

Die Bemühungen der Psychologen um »Die Wissenschaft vom Schönen« beschreibt M. Plauen in einem Aufsatz mit diesem Titel, der 1995 erschienen ist in der ›Zeitschrift für philosophische Forschung‹, Band 49, Seiten 54-75.

Der goldene Schnitt wird vor allem behandelt in dem Aufsatz »Der Goldene Schnitt in der Natur – Harmonische Proportionen und die Evolution« von Peter H. Richter und Hans-Joachim Scholz; er ist erschienen in dem von B.O. Küppers herausgegebenen Buch »Ordnung aus dem Chaos« (München 1987), Seiten 175-214.

Benoît Mandelbrot hat das große Buch »Die fraktale Geometrie der Natur« geschrieben (Basel 1987). »The Beauty of Fractals« gibt es in vielen Variationen (zum Beispiel im Springer Verlag).

4. Kapitel:

Das Zitat von P. Friedländer findet sich in dem von D.W. Curtin herausgegebenen Buch »The Aesthetic Dimension of Science« (New York 1982).

Werner Heisenbergs Autobiographie ist 1969 unter dem Titel »Der Teil und das Ganze« erschienen (München 1969). Seine Originalarbeit ist 1925 erschienen unter dem Titel »Über quantentheoretische Umdeutung kinematischer und mechanischer Beziehungen«, ›Zeitschrift für Physik 33‹ (1925), Seiten 879-893.

Die Quelle zu G.T. Fechner ist der von E. Florey und O. Breidbach herausgebene Band »Das Gehirn – Organ der Seele?« (Berlin 1993), S. 269ff.

Kekulés Traum wird an vielen Stellen beschrieben, zum Beispiel in dem oben im Vorwort zitierten Buch von C.G. Jung »Der Mensch und seine Symbole«; hier auf S. 37/38.

Der »Essay on the Psychology of Invention in the Mathematical Field« von J. Hadamard ist 1945 in Princeton erschienen.

Die Zitate von Eddington und Rutherford finden sich in dem Buch von Arthur Miller, das in den allgemeinen Literaturangaben genannt ist.

Paul Diracs Äußerungen – und anderes über Einstein – finden sich in meinem Buch »Einstein – Ein Genie und sein überfordertes Publikum« (Heidelberg 1996).

Mehr über Niels Bohr ist in meiner Biographie »Die Lektion der Atome« zu finden, die 1987 bei Piper erscheinen ist.

Zu den alchemistischen Überlegungen und den archetypischen Spekulationen steht mehr in meinem Buch »Die aufschimmernde Nachtseite der Wissenschaft«, das 1995 im Libelle Verlag (Lengwil, Schweiz) erschienen ist. Die hier verhandelte Thematik geht auf den Briefwechsel zwischen Wolfgang Pauli und C. G. Jung zurück, der 1991 im Springer Verlag publiziert worden ist. »Der Pauli-Jung-Dialog und seine Bedeutung für die moderne Wissenschaft« war Thema einer Tagung, deren Ergebnisse 1995 in dem gleichnamigen Buch vorgelegt wurden, das von H. Atmanspacher et al. herausgegeben worden ist (Springer Verlag).

5. Kapitel:

Das Zitat von Simone Weil findet sich auf S. 134 des Buches »Zwischen den Zeichen«, das Hans-Jürgen Quadbeck-Seeger herausgegeben hat (Weinheim 1988).

Über Revolutionen im allgemeinen äußert sich I.B. Cohen in »Revolutionen in der Naturwissenschaft« (Frankfurt 1994).

Die Bohr-Anekdote findet sich zum Beispiel in Werner Heisenbergs »Der Teil und das Ganze« (München 1969).

Karl Poppers »Logik der Forschung« habe ich in einer Ausgabe von 1969 (Mohr Verlag, Tübingen) gelesen.
Die Zitate von Einstein finden sich in Band 5 der »Gesammelten Schriften« (Princeton 1993), und zwar auf den Seiten 271 und 604.
Das Zitat von Thomas Kuhn findet sich in seinem Buch »Struktur wissenschaftlicher Revolutionen« (Frankfurt 1969), in dem auch die Rolle der Wahrnehmung in der Wissenschaft kurz angesprochen wird. Die Festlegung des Paradigmas steht in dem Essay-Band »The Essential Tension« (Chicago 1977).
Über Lavoisier finden sich Details in dem von Michel Serres herausgegebenen Buch »Elemente einer Geschichte der Wissenschaft« (Franfurt 1994).
Über Gestaltwahrnehmung berichten das Buch »Gestaltpsychologie« von H. Fitzek und W. Salber (Darmstadt 1996) und zum Beispiel W. Metzger in der von Boehringer Mannheim herausgegeben Zeitschrift ›n+m‹, Ausgabe Nr. 23 (1968), Seiten 3-24.
Über Richard Feynman berichtet die Biographie »Genius«, die James Gleick geschrieben hat (New York 1992).
Der Aufsatz von Konrad Lorenz findet sich zum Beispiel in seinen »Gesammelten Abhandlungen«, »Über tierisches und menschliches Verhalten«, die 1965 bei Piper erschienen sind.
Die Verbindung zwischen Schönheit und Revolution beschreibt James McAllister systematisch in »Beauty and the Revolution in Science« (Dordrecht 1996).

6. Kapitel:

Zur Symmetrie gibt es viele Bücher, unter anderem von Henning Genz (»Symmetrie – Bauplan der Natur«, München 1988), Klaus Mainzer (»Symmetrie der Natur«, Berlin 1987) und Anthony Zee. Sein Buch nennt sich »Magische Symmetrie« (Frankfurt 1993). Der Klassiker stammt von Hermann Weyl (Princeton, 1952).
Keplers Arbeit »Vom sechseckigen Schnee« ist zuletzt als Ostwalds Klassiker in Leipzig (1987) erschienen.
Das »Lehrbuch der Theoretischen Physik« von L.D. Landau und E.M. Lifschitz ist 1990 im Akademie Verlag (Berlin) erschienen.
Viele biologische Aspekte zur Ästhetik bringt der Band »Beauty and the Brain«, der von Ingo Rentschler, Barbara Herzberg und David Epstein herausgegeben worden ist (Basel 1988).

Über das Rechts-Links-Sehen von Bildern informiert M. Gaffron in »Right and Left in Pictures«, erschienen in ›Art Quaterly‹ 13 (1950) auf den Seiten 312-331. Die funktionellen Asymmetrien des Gehirns beschreiben S. Springer und G. Deutsch in dem Buch »Linkes-rechtes Gehirn« (Heidelberg 1987).

Die Arbeit über die Symmetrie der Gesichter stammt von D.I. Perret et al., sie ist in der Zeitschrift ›Nature‹ erschienen, und zwar in Band 368 (1994), Seiten 239-242.

Der wichtige Beitrag von O.J Grüsser et al. mit dem Titel »Cerebral Lateralisation and Some Implications for Art, Aesthetic Perception, and Artistic Creativity« steht auf den Seiten 257-295 des oben zitierten Bandes »Beauty and the Brain«.

7. Kapitel:

Das Zitat von Edmund Burke habe ich in der »Geschichte des Schmerzes« von David B. Morris (Frankfurt 1996) gefunden; es steht in Burkes Abhandlung »Philosophische Untersuchung über den Ursprung unserer Ideen vom Erhabenen und Schönen«.

Die Zitate von J. Brodsky entstammen zum einen dem Essayband »On Grief and Reason« (New York 1995) und zum zweiten dem 1994 in der edition tertium (ohne Herausgeber) erschienenen Band »Das sichtbar Unsichtbare«.

Hildes Neunhöffers Ansichten finden sich in ihrem Buch »Freie Frauen und ihre Rolle bei der Evolution des Homo sapiens« (Hamburg 1995) und in einem Beitrag mit dem Titel »Ein Kind von Liebe und Freiheit«, der 1997 in der Reihe ›Hörsaal Holzen‹ (Band 2) erschienen ist.

Die Naturgeschichte der Sexualität erzählt Matt Ridley unter dem Titel »Eros und Evolution« (München 1995).

Über die Verbindung zwischen »Sex & the symmetrical body« findet sich Material in dem gleichnamigen Beitrag von David Concar, erschienen in ›New Scientist‹, Ausgabe 22.April 1995, Seiten 40-44.

Die Thesen von G. Miller wurden zitiert in einem Beitrag über »Arts of seduction«, den Rosie Mestel in ›New Scientist‹ publiziert hat, in der Ausgabe vom 23.12. 1995 auf den Seiten 26-31.

Die »Ästhetik« von Nicolai Hartmann ist 1966 in Berlin erschienen.

Der Artikel »Nature« stammt von Magnus Enquist und Anthony Arak, die über »Symmetry, beauty and evolution« geschrieben haben (Band 372 (1994), Seiten 169-172.

Über »The Biology of Beauty« hat das Magazin ›Newsweek‹ in seiner Ausgabe vom 3. Juni 1996 berichtet, und zwar auf den Seiten 43-50.

8. Kapitel:

Das Zitat und der Vortrag von Adolf Portmann finden sich zum Beispiel in dem Band »Biologie und Geist«, der 1956 als Taschenbuch in der Herder-Bücherei erschienen ist.

»Die aufschimmernde Nachtseite der Wissenschaft« wird von mir in einem Buch mit diesem Titel dargestellt (Libelle Verlag, Lengwil 1995).

Die Zitate von Wolfgang Pauli finden sich in den Bänden, die seinen »Wissenschaftlichen Briefwechsel« enthalten; sie erscheinen seit 1974 im Springer Verlag, Heidelberg. Weiter sei auf den von C.A. Meier herausgegebenen Briefwechsel zwischen W. Pauli und C.G. Jung hingewiesen, der 1992 erschienen ist. Paulis Kepler Studie ist 1952 in dem gemeinsam mit C.G. Jung verfaßten Band »Naturerklärung und Psyche« (Rascher Verlag, Zürich) erschienen.

Der Aufsatz von Konrad Lorenz findet sich zum Beispiel in seinen »Gesammelten Abhandlungen«, »Über tierisches und menschliches Verhalten«, die 1965 bei Piper erschienen sind.

Über die Wahrnehmung informiert am besten Irvin Rocks Buch »Perception«, das in New York (1995) erschienen ist.

Der zitierte Text von Michael Hauskeller findet sich in dem Band ›Hörsaal Holzen‹ (Band 2), der 1997 unter dem Titel »Verantwortliches Handeln« erschienen ist.

»Das Prinzip Verantwortung« von Hans Jonas ist 1984 als Suhrkamp Taschenbuch erschienen, Das Zitat steht auf S. 235.

»Das Milgram-Experiment« findet sich in dem gleichnamigen Buch von S. Milgram (Hamburg 1982).

Über das klonierte Schaf informiert die Zeitschrift ›Nature‹ in ihrer Ausgabe 385 (1997) ab S. 810. Kommentare dazu gibt es z.B. im Band 386 derselben Zeitschrift auf S. 119. Meine Analyse dazu habe ich in der einfach und ›Weltwoche‹ vom 6. März 1997 unter der Überschrift »Wer hat Angst vor meinem Klon« beschrieben.

Meine Ansichten zum Thema »Wertvolle Wissenschaft« sind schon verkürzt in der Reihe der ›Oldenburger Universitätsreden‹ (Nr. 87, 1997) erschienen.

Nachwort:

Das Zitat von Peter Sitte habe ich einem Gespräch mit ihm entnommen, wobei er den Satz selbst einer Bemerkung von Joseph Haydn verdankt.

»The Notebooks of Raymond Chandler« sind 1976 in New York von Frank MacShane herausgegeben worden.

Die »Ästhetik« von Nicolai Hartmann ist 1966 in Berlin erschienen. Das Zitat steht auf S. 48.

Das Zitat von Hans Jonas findet sich in »Prinzip Verantwortung« (Frankfurt 1984) auf S. 392.

Die Zitate von Joseph Brodsky finden sich in einem Essay, der in dem 1994 in der edition tertium (ohne Herausgeber) erschienenen Band »Das sichtbar Unsichtbare« zu finden ist.

»The End of Science« von John Horgan ist 1996 in New York erschienen. »The Nature of Space and Time« von St. Hawking und R. Penrose ist 1996 in Princeton erschienen.

Die in Gründung befindliche Hochschule Holzen hat ihre Absichten in einem »Holzener Manifest« zusammengestellt, das vor allem auf Martin Rabe zurückgeht und gemeinsam von ihm, Daniel Meynen und dem Autor dieses Buches verfaßt wurde. Das Manifest kann in Holzen bestellt werden. Die Anschrift lautet: Hochschule Holzen, Kirchstr. 8, D 79400 Kandern-Holzen; die Telefonnummer ist +49-76 26-9 15 80, und die Fax-Nummer heißt +49-76 26-91 58 23.

Register